JN417202

양자 사인-고든 모형

Quantum Sine-Gordon Model

양자 사인-고든 모형
Quantum Sine-Gordon Model

안 창 림 지음

이화여자대학교출판부

머리말

이 책은 이론물리학의 가장 중요한 방법이라고 할 수 있는 양자장론의 비섭동적 방법에 관한 책이다. 양자역학은 원자 정도의 크기를 설명하는 데에는 효과적이지만 이보다 훨씬 크기가 작은 쿼크 등 물질의 궁극적 구조를 기술하지 못하는 한계를 갖는다. 그 이유는 양자역학뿐 아니라 특수 상대성 이론도 만족해야 하기 때문이다. 이를 통일시킨 이론이 양자장론으로 20세기 중반 이후 물리학의 발전에 지대한 공헌을 한 이론 분야이다. 양자역학이 주어진 입자들의 행동을 정량적으로 계산한다면 양자장론은 입자들이 어떻게 만들어지고, 다른 입자들로 어떻게 변화하며 없어지는지를 정량적으로 계산하게 하는 이론 체계이다.

최근 양자장론은 소립자물리학 분야는 물론이고 응집물질계에서도 그 중요성이 부각되고 있다. 원자들이 가지는 전자들의 복잡한 상호작용들은 '준입자(quasi-particle)'들의 생성과 소멸로 설명하는 것이 매우 편리하기 때문이다. 이런 점에서 양자장론은 과거 양자역학이 담당하는 역할을 대신하는 경향이 매우 크고, 전통적 물리 교과과정에서 양자장론의 교육을 새롭게 정립해야 할 시점이 되었다고 생각한다.

양자장론은 일반적으로 비선형적 상호작용을 하기 때문에 그 해를 수학적으로 엄밀한 형태로 찾는 것은 매우 힘들다. 양자역학에서도 단진자운동과 쿨롱 위치에너지 정도만이 정확한 해를 찾을 수 있으며 이들이 교과과정의 중요한 부분이 되고 있으며 후반부에 가서야 좀더 일반적인 위치에너지에 대한 근사적 방법으로 섭동 이론을 다루게 된다. 섭동 이론은 위치에너지에 포함된 작은 상수에 대한 거듭곱의 전개로서 상수가 작기만 하다면 점점 더 많은 섭동항의 계산을 통해 정확한 계산값을 얻을 수 있는 방법이다. 양자장론도 지난 수십 년간 주로 이

섭동 이론에 바탕을 두고 발전하여 왔다. 특히 파인만(R. Feynman)의 그림 방법을 통해 체계적인 섭동 계산이 발전되어 특정한 물리 현상에 대해 임의의 정확성을 가진 이론적 계산이 가능하였다. 반면에 양자장론의 정확한 해를 찾는 것은 매우 힘들다. 양자역학과 달리 무수히 많은 입자들이 생성 또는 소멸되며 서로 변환이 가능하기 때문에 자유도가 무한대가 되기 때문이다. 따라서 표준적인 교과과정에서는 상호작용이 없는 기본적인 양자장론의 내용을 다룬 후 게이지 이론과 같은 특별한 상호작용들에 대한 섭동적 계산을 주로 다루게 된다. 그러나 양자장론이 항상 작은 결합상수를 포함하고 있는 것은 아니어서 섭동적 계산이 애초 불가능한 경우가 많은데, 오히려 이들이 물리적으로 흥미로운 현상들이다.

21세기 이론물리학은 비섭동 현상에 크게 의존하고 있다. 섭동 이론으로 설명할 수 있는 양자장론적 물리 현상들은 모두 성공적으로 이해된 반면, 강한 상호작용과 같이 섭동적인 방법을 사용할 수 없는 경우가 소립자물리학은 물론이고 최근 많은 연구의 대상이 되고 있는 초끈 이론에서도 자주 발견되고 있기 때문이다. 비섭동 이론은 어떤 통일된 패러다임을 가지고 있지 못한 상태로서 각각의 특정한 경우에 따라 접근방법이 다양하게 존재한다. 그러나 시공간의 차원이 작아지면 보다 체계적이고 잘 정립된 패러다임들이 가능하며 이미 상당한 결과들이 유도된 바 있다.

이 책은 2차원 시공간에서 정의된 양자장론들 중 비섭동적 결과를 유도할 수 있는 모형들에 공통으로 적용되는 방법들에 대한 입문서이다. 논의를 좀 제한하기 위해 사인-고든 모형을 중심으로 기술하였지만 그 접근방법은 이 모형에 국한되지 않고 매우 다양한 2차원 양자장론에 적용될 수 있다. 비록 2차원 시공간이라는 제한이 현실성을 약화시키고 있지만 응집물질계의 여러 문제들이나 초끈이론의 여러 문제들, 최근에는 4차원 양-밀스 게이지 이론에 이르기까지 이 책에서 설명하는 비섭동적 방법론들이 활발히 응용되고 있다. 이 방법론들이 앞으로 더욱 개발되고 발전한다면 양자장론의 새로운 패러다임으로 자리 잡을 수도 있다는 개인적인 기대도 가지고 있다.

필자는 이 분야에서 십여 년간 연구해오면서 국내는 물론이고 해외에서도 최근의 연구 내용까지 포함하는 입문서가 없다는 사실에 안타까움을 가지고 있었다. 바로 관련 논문을 읽을 단계가 되지 못하는 대학원생들이 스스로 공부를 해나갈 수 있는 책이 없다는 점은 학문 후속 세대의 양성에 큰 지장을 초래할 수 있다고 생각하여 이 책을 구상하게 되었다. 기본적인 양자장론의 교과과정을 이수한 대학원 학생이나 연구자들을 대상으로 그 내용을 구성하였다. 가능하면 다른 참고문헌을 참조하지 않아도 되도록 하였고, 특별히 전문적인 내용이나 고급 수준은 *로 표시하였으며 처음 읽을 경우 이 내용을 건너뛰어도 전체적인 내용을 이해하는 데 문제는 없을 것이다.

2년 가까이 책을 쓰면서 느낀 점은 아는 것을 표현하기가 쉽지 않다는 사실이었다. 특히 전문적인 내용들이 많아 이를 가능한 자세히 설명하기란 강의처럼 쉽지 않아 많은 어려움이 있었다. 또 책에서 설명하는 내용은 이 분야의 세계적인 권위자들의 연구 업적을 바탕으로 한 것으로 필자가 기여한 부분은 매우 작기 때문에 이를 통일적인 시각에서 제공하려고 노력을 하였지만 많은 부족한 점들이 있을 것이다. 이런 점들은 전적으로 필자의 책임이며 독자들이 지적해준다면 감사히 수용할 생각이다.

이 책을 저술할 수 있게 된 데에는 많은 분들의 도움이 절대적이었다. 무엇보다 처음 이 분야 연구를 시작하였을 때 친절히 가르쳐주고 공동 연구를 진행해준 여러 외국 학자들에게 감사한다. 그들을 통해 새로운 내용을 배울 수 있었고 이를 국내에 소개할 수 있는 기회를 얻게 되었다. 학문이란 국경이나 이해관계를 초월하는 것임을 느끼게 해준 국내외 많은 학자들과 공동 연구자들에게도 감사한다. 출판을 맡아준 이화여대출판부에도 감사한다. 끝으로 개인적으로 다사다난했던 올해에 변함없는 사랑을 보내준 가족들에게 이 책을 바친다.

2006년 1월

안 창 림

Contents

제 1 장

고전 및 섭동 이론

양자장론은 양자역학과 특수 상대성 이론이 융화된 이론으로서 양자 효과에 의해 입자들이 만들어지고 다른 입자들과 상호작용을 하기도 하며 없어지기도 하는 과정을 정량적으로 다루는 학문이다. 이 이론은 소립자와 같은 미시 현상을 연구하는 데 있어서 필수적일 뿐 아니라 그 정확성이 이미 실험으로 확립된 바 있으며, 현대 물리학에서도 가장 발전된 이론 체계이다. 양자장론은 보통 라그랑지안으로 기술되는데 다루려는 계에 따라 보존(boson)장이나 페르미온(fermion)장, 그리고 게이지(gauge)장 등을 포함한다. 라그랑지안은 크게 운동에너지와 상호작용으로 나뉜다. 운동에너지는 양자장들을 이루는 생성 및 소멸 작용자들로 표현되고, 상호작용항은 양자장들의 결합으로 기술된다[1, 2].

입자들은 양자장들의 생성 작용자가 진공상태(혹은 바닥상태)에 작용되어 만들어지며 복잡한 과정을 거친 후 소멸 작용자에 의해 없어질 수 있다. 만약 상호작용이 없다면 한번 만들어진 입자들은 변화없이 그대로 존재하겠지만, 동역학 이론으로서 양자장론의 중요성은 입자들의 복잡한 상호작용을 정량적으로 정확히 기술할 수 있다는 점에 있기 때문에 상호작용은 양자장론에서 가장 중요한 역할을 한다.

무한 개의 자유도를 다루는 양자장론에서 상호작용이 있을 경우 문제는 매우 복잡해진다. 양자장론이 발전되어온 과거 수십 년간 대부분의 연구는 상호작용의 크기가 작다고 가정하여 이에 대한 체계적 근사계산인 섭동 이론에 바탕을 두어왔다. 이에 따르면 상호작용이 작을 경우는 상호작용이 없을 때와 같은 입자들을 갖는다고 가정한다. 입자들은 양자장에 의해 생성 및 소멸되므로 섭동 이론에서는 입자의 스펙트럼은 라그랑지안에 나타나는 양자장들에 의해서 이미 결정되어 있다. 예를 들어 소립자물리학에서 주로 사용되는 게이지 양자장론의 하나인 양자전기역학(Quantum Electrodynamics)의 경우 상호작용은 전자와 같은 입자가 갖는 전하에 의해 결정되며 이 크기가 매우 작으므로 파인만 그림 등을 이용한 섭동 이론이 중요하게 사용된다. 존재하는 입자들의 스펙트럼은 이 상호작용의 크기와 무관하게 이미 정해져 있다. 재규격화(renormalization)에 의해 전하나 질량 등 존재하는 입자들의 성질들은 상호작용의 정도에 따라 달라지기는 하지만 그렇다고 존재하던 입자들이 사라지거나 원래는 없던 입자들이 새롭게 등장하는 것은 아니다.

이러한 섭동 이론의 기본 가정이 항상 옳은 것은 아니다. 특히 입자 스펙트럼이 상호작용에도 불구하고 변하지 않는다는 가정은 일반적으로 성립하지 않는다. 이 책에서 다루는 사인-고든 모형은 솔리톤(soliton)이라는 입자를 갖는데 이는 사인-고든 모형의 라그랑지안을 기술하는 양자장의 생성·소멸 작용자만으로 설명될 수 없고 이들간의 강한 상호작용으로만 설명할 수 있는 것이다. 실제로 솔리톤은 보존 양자장의 섭동적 측면으로는 얻을 수 없는 페르미온의 성질을 갖는다. 또 라그랑지안의 기본 양자장이 만드는 입자조차도 단순한 섭동 이론만 가지고는 그 성질을 제대로 설명할 수 없다. 이 입자는 솔리톤과 반솔리톤 입자가 서로 강하게 잡아당겨 구속상태를 이루는 복합입자로서 마치 강한 상호작용에서 쿼크와 반쿼크가 모여 이루는 메손(meson)입자와 비슷하다. 강한 상호작용을 기술하는 양자색소역학(Quantum Chromodynamics) 양자장론은 앞서 예시한 양자전기역학과 달리 상호작용의 크기가 측정하는 에너지 스케일에 따라 달라지기 때문에 섭동 이론을 적용할 수 없는 대표적인 이론이다. 메손입자나 양성자와 같은 강입자(hadron)들에 대한 비섭동적 이해는 현대 이론물리학의 가장 중요한 풀리지 않은 문제로 간주된다.

다행히 4차원 시공간의 게이지 양자장론과는 달리 이 책에서 주로 다룰 양자장론은 2차원 시공간에서 정의된 모형들로서 비섭동적 특성을 연구할 수 있는 다양한 이론적 체계가 발달되어 있다. 사인-고든 모형이 비섭동적 방법이 가능한 모형들 중 가장 대표적이고 응용성이 많기는 하지만 2차원 시공간에서 비섭동적 이해가 가능한 다양한 양자장론들 중 하나일 뿐이다. 단지 앞으로 설명할 비섭동적 방법들은 비단 사인-고든 모형뿐 아니라 대부분의 비섭동적 양자장론에도 적용될 수 있다는 점에서 이 책에서는 여러 모형들을 도입하기보다는 특정한 모형에 초점을 맞추기로 한 것이다.

이 책에서 설명할 비섭동적 방법들은 섭동적 방법과는 애초 패러다임부터 다르다. 이미 설명하였듯이 사인-고든 모형의 입자인 솔리톤은 보존 양자장의 섭동적 상태로는 이해할 수 없는 입자일 뿐만 아니라 동역학적 물리량들을 계산하기 위해서 섭동 전개를 무한대 항까지 계산하여 다 더하는 방식은 현실적으로 불가능할 뿐더러 비섭동적 현상들에 대해 직관적 이해를 주지 못한다. 이처럼 사인-고든 모형의 입자상태들과 그들의 상호작용은 처음부터 새로운 접근 방법을 필요로 한다.

사인-고든 모형은 비교적 간단한 모형이면서도 비섭동 양자장론의 중요한 특징을 모두 갖추고 있기 때문에 저차원 양자장론 분야에서 오랜 기간 연구되어 온 모형이다. 최근에는 사인-고든 모형이 다양한 강상관 전자계의 비섭동적 특성을 연구하는 데 중요한 역할을 하는 것이 알려짐으로써 그 중요성이 부각되고 있다. 이 장에서는 이 모형의 라그랑지안을 정의하고 대부분 잘 알려진 고전적 방법과 섭동적 양자장론에 의한 결과를 간략히 살펴본다.

제 1 절 고전적 방법

1.1 라그랑지안

사인-고든 모형은 스칼라(scalar)장의 코사인함수로 주어지는 위치에너지를 갖는 양자장론으로서 라그랑지안 밀도(Lagrangian density)는

$$\mathscr{L}_{\mathrm{SG}} = \frac{1}{2}\partial_\mu\varphi\partial^\mu\varphi + \frac{m_0^2}{\beta^2}\cos\beta\varphi + \gamma_0 \tag{1.1}$$

로 주어진다. 여기서 ∂_μ는 2차원 민코프스키 공간의 좌표 $x^\mu = (t, x)$에 의한 미분 작용자 $\partial/\partial x^\mu$를 간단히 표시한 것이다. 또 $\varphi(t, x)$는 2차원 시공간의 한 점에서 보존값을 갖는 양자장이다.

정준 양자화(canonical quantization)의 과정을 거치기 위해 φ의 짝운동량(conjugate momentum)을 정의하면

$$\Pi_\varphi = \frac{\delta\mathscr{L}_{\mathrm{SG}}}{\delta\dot{\varphi}}$$

로부터 $\Pi_\varphi = \partial_t\varphi$를 얻을 수 있다. 해밀토니안(Hamiltonian) 밀도의 정의

$$\mathscr{H}_{\mathrm{SG}} = \Pi_\varphi\partial_t\varphi - \mathscr{L}_{\mathrm{SG}}$$

로부터 해밀토니안

$$H_{\mathrm{SG}} = \int_{-\infty}^{\infty} dx \left[\frac{1}{2}\Pi_\varphi^2 + \frac{1}{2}(\partial_x\varphi)^2 - \frac{m_0^2}{\beta^2}\cos\beta\varphi - \gamma_0\right] \tag{1.2}$$

를 유도할 수 있다.

고전적으로 가장 낮은 에너지(바닥상태)를 주는 양자장 φ의 모습은 운동에

너지항들이 없어져야 하므로 $\varphi(t,x)=\varphi_0$, 즉 상수값을 가져야 하고 이 값은 뒤에 나오는 위치에너지를 최소화하는 것이어야 한다. 즉

$$\beta\varphi_0 = 2\pi n, \qquad n \in \mathbb{Z}$$

를 만족해야 한다. 일단 위치에너지가 상수값이 되면 식 (1.2)로부터 에너지는 공간에 대한 적분 때문에 무한대가 될 것이다. 물론 에너지는 절대값이 아니라 상대적인 값만이 물리적으로 중요하므로 해밀토니안이 갖는 상수 γ_0는 임의로 잡을 수 있다. 따라서 $\gamma_0 = -m_0^2/\beta^2$로 잡아서 바닥상태의 에너지가 0이 되도록 하기로 한다. 즉 일반성을 잃지 않고 사인-고든 모형의 라그랑지안을

$$\mathscr{L}_{\mathrm{SG}} = \frac{1}{2}\partial_\mu\varphi\partial^\mu\varphi + \frac{m_0^2}{\beta^2}(\cos\beta\varphi - 1) \tag{1.3}$$

로 정의할 수 있고 에너지도 식 (1.2)로부터

$$E_{\mathrm{SG}}[\varphi] = \int_{-\infty}^{\infty} dx \left[\frac{1}{2}\Pi_\varphi^2 + \frac{1}{2}(\partial_x\varphi)^2 + \frac{m_0^2}{\beta^2}(1-\cos\beta\varphi)\right] \tag{1.4}$$

를 얻게 된다.

식 (1.4)의 각 항은 모두 0보다 크거나 같다. 따라서 유한한 에너지를 가지려면

$$\varphi(x=\pm\infty, t) = \frac{2\pi n_\pm}{\beta}, \qquad n_\pm \in \mathbb{Z} \tag{1.5}$$

가 되어야 한다. 두 임의의 정수 $n_\pm$가 같다면 바닥상태가 되지만 같지 않을 경우에는 유한한 에너지를 갖는 들뜬상태가 된다.

1.2 솔리톤

라그랑지안 (1.3)으로부터 오일러-라그랑제(Euler-Lagrange) 고전 운동방정

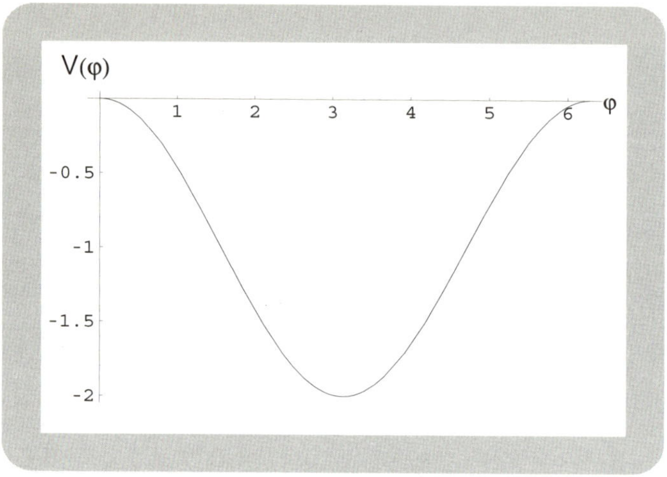

그림 1.1 위치에너지

식을 계산하면

$$\left(\frac{\partial^2}{\partial t^2}-\frac{\partial^2}{\partial x^2}\right)\varphi(t,x)+\frac{m_0^2}{\beta}\sin\beta\varphi(t,x)=0 \tag{1.6}$$

이 된다. 좌변의 미분방정식 형태는 파동방정식임을 말해주며 움직이는 파동 형태의 해를 구하기 위해서 $y\equiv x-vt$와 $\phi(y)\equiv\beta\varphi(t,x)$를 정의하면 상(常) 미분방정식

$$\frac{d^2\phi(y)}{dy^2}=\frac{m_0^2}{1-v^2}\sin\phi(y)$$

를 얻을 수 있고, 이는 손쉽게

$$\frac{1}{2}\left(\frac{d\phi}{dy}\right)^2+\frac{m_0^2}{1-v^2}\left[\cos\phi(y)-1\right]=0 \tag{1.7}$$

의 형태로 쓸 수 있다. 여기서 적분상수에 해당하는 우변은 경계조건 (1.5)에 의해 결정된 것이다.

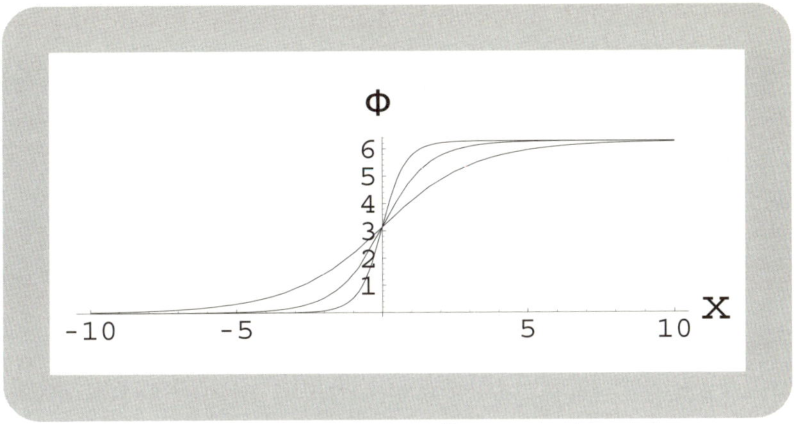

그림 1.2 솔리톤 파동 ($\frac{m_0}{\sqrt{1-v^2}} = 2, 1, 1/2$)

식 (1.7)은 ϕ와 y를 각각 '위치'와 '시간'으로 간주한다면 에너지가 0인 입자가 $\cos\phi - 1$인 위치에너지안에서 움직이는 고전역학 문제로 볼 수도 있다(그림 1.1). 이 식에 제곱근을 취하면

$$\frac{d\phi}{dy} = \pm\frac{2m_0}{\sqrt{1-v^2}}\sin\frac{\phi(y)}{2} \tag{1.8}$$

가 되고 이를 적분하면 다음과 같은 해를 구할 수 있다.

$$\varphi(t,x) = \frac{4}{\beta}\tan^{-1}\left[\exp\left(\pm m_0\frac{x-vt}{\sqrt{1-v^2}}\right)\right] \tag{1.9}$$

이 해는 $x - vt$의 함수이기 때문에 일정한 속도 v로 움직이는 파동으로서 시간이 흘러도 파의 형태가 분산되지 않고 일정한 모양을 유지한다(그림 1.2). 이 파동은 경계조건대로 $y \to \infty$에서 $\varphi \to 2\pi/\beta$을 만족한다.

이 파동이 가지는 에너지를 계산하기 위해서는 솔리톤 파동 (1.9)를 식 (1.4)에 대입하면 된다. 솔리톤이 정지해 있다면($v = 0$) 에너지는 곧 질량이 되며 그 값은 간단한 적분을 거쳐

$$M = \frac{8m_0}{\beta^2}$$

임을 유도할 수 있다. 이 결과는 고전 운동방정식의 해를 바탕으로 한 것이므로 $\beta \to 0$에서만 성립된다. 정확한 질량을 얻기 위해서는 섭동 계산을 통해 보정해주어야 한다. 여기서 자세한 설명은 하지 않겠지만, 양자 보정 후 솔리톤의 질량은

$$M = \frac{8m_0}{\gamma}, \qquad \gamma = \frac{8\pi\beta^2}{8\pi - \beta^2} \tag{1.10}$$

이 되는 결과를 얻게 된다[3].[1] 하지만 이 결과는 어디까지나 섭동 이론에 의한 결과로서 제3장에서 비섭동적 결과를 유도할 것이다.

이 솔리톤은 보존되는 전하를 가진다. 이를 이해하기 위해 다음과 같은 전류를 정의하자.

$$j^{\mu} = \frac{\beta}{4\pi}\varepsilon^{\mu\nu}\partial_{\nu}\varphi \tag{1.11}$$

이 식에서 $\varepsilon^{\mu\nu}$은 반대칭 텐서로서 $\varepsilon^{01} = -\varepsilon^{10}$이기 때문에 이 전류는 라그랑지안에 무관하게 보존법칙 $\partial_{\mu}j^{\mu} = 0$을 만족한다. 이 전류의 보존전하를 계산하면

$$Q = \int_{-\infty}^{\infty} dx\, j^0(t,x) = \frac{\beta}{4\pi}\int_{-\infty}^{\infty} dx\,\partial_x\varphi = \frac{\beta}{4\pi}[\varphi(\infty) - \varphi(-\infty)] \tag{1.12}$$

로서 솔리톤의 전하는 $Q = \pm 1$의 값을 갖게 된다.

또한 여러 개의 솔리톤들이 모여 있는 계의 전하는 각각의 전하를 더해서 얻어진다. 이 경우에 해당하는 솔리톤의 파동방정식의 해도 구할 수 있다. 만약 파동방정식이 선형이라면 식 (1.9)의 해를 선형으로 더해서 쉽게 얻을 수 있겠지만, 사인-고든 모형의 파동방정식은 비선형이라 특별한 방법이 필요하다. 이를 백크룬트(Bäckgrund) 변환이라고 하는데 이 방법을 이용하여 임의의 개수

---

1) 이후로 [ ] 안의 번호는 참고문헌을 지칭하는 것임.

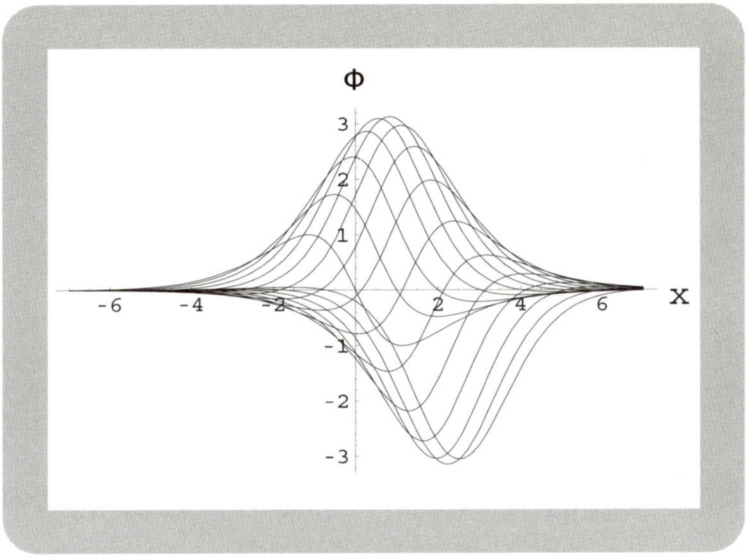

그림 1.3 브리더 파동(시간에 따라 파동들을 중첩한 그림)

의 솔리톤들의 해를 얻을 수 있다.

1.3 브리더

식 (1.9)와 달리 파동방정식 (1.6)은 항상 시간에 따라 변화하는 해 또한 가짐을 알 수 있다. 특히 이 해는 시간에 따라 진동하는 양상을 보이기 때문에 숨쉰다는 의미의 '브리더(breather)'라고 불린다(그림 1.3). 이 해는 다음과 같이 주어진다.

$$\phi_{\tau,v}(x,t)=\frac{4}{\beta^2}\tan^{-1}\left\{k\frac{\sin\left[\frac{2\pi}{\tau}\frac{(t-vx)}{\sqrt{1-v^2}}\right]}{\cosh\left[k\frac{(x-vt)}{\sqrt{1-v^2}}\right]}\right\},\quad k=\left[\left(\frac{\tau m_0}{2\pi}\right)^2-1\right]^{1/2} \tag{1.13}$$

시간과 공간좌표가 분모와 분자에 각기 다른 형태로 들어가기 때문에 이 파동

이 정지하는 좌표계는 존재하지 않는다.

브리더 파동의 에너지를 계산하기 위해서 솔리톤의 경우와 마찬가지로 고전 파동의 해를 에너지식에 대입한 후 여기에 섭동적 계산을 더해야 한다. 이를 통해 브리더와 솔리톤의 질량 사이의 관계식

$$m_n = 2M \sin\frac{n\gamma}{16}, \qquad n = 1, 2, \ldots < 8\pi/\gamma \tag{1.14}$$

를 유도할 수 있고 이는 비섭동적 결과임을 보일 수 있다[3].

제 2 절 섭동적 방법

작용상수 β가 작을 경우에 라그랑지안 (1.3)을 테일러급수전개(Taylor series expansion)하면

$$\mathscr{L}_{\text{SG}} = \frac{1}{2}\partial_\mu\varphi\partial^\mu\varphi - \frac{1}{2}m_0^2\varphi^2 + \frac{1}{4!}m_0^2\beta^2\varphi^4 - \frac{1}{6!}m_0^2\beta^4\varphi^6 + \ldots \tag{1.15}$$

이 되어 질량이 m_0인 스칼라입자가 φ^{2n} ($n \geq 2$)의 상호작용을 하는 양자장론으로 볼 수 있다. 식 (1.9)와 (1.13)에서 보듯 이 방법은 솔리톤, 브리더 등 비섭동적 성질을 유도하는 데 사용될 수는 없지만 그 결과의 타당성을 검증하는 데는 효과적일 수 있다. 이 장에서 사용되는 양자장론의 기본적 섭동 이론은 표준적 양자장론의 책들[1, 2]을 참조하기 바란다.

특별한 경우에는 섭동적 전개를 다시 합하여 비섭동적 결과를 얻을 수 있다. 이에 대한 가장 대표적인 결과가 사인-고든 모형과 질량이 있는 써링 모형(massive Thirring model)이 동일함을 보인 콜만(S. Coleman)의 결과 [4]이다.

2.1 정준순서

섭동 계산에 있어서 가장 염두에 두어야 할 것은 양자고리(loop)로서 고리에 대한 에너지-운동량 적분은 대부분 무한대가 되기 때문이다. 일반적으로 이런 무한대들은 재규격화(renormalization)를 통해서 라그랑지안이 가지는 몇 개의 변수들에 흡수되는 게 보통이다. 사인-고든 모형의 경우 우리는 무한대가 되는 파인만 그림들을 간단하게 분류할 수 있다. 라그랑지안의 전개식 (1.15)로부터 보존양자장의 전달자(propagator)는

$$\frac{i}{p^2 - m_0^2}$$

로 주어지고, 꼭지점(vertex)은 짝수 개의 보존들이 상호작용하는 형태가 된다. 예를 들어 그림 1.4의 파인만 그림 (a)와 같이 N ($N \geq 2$)개의 꼭지점들이 하나의 고리에 붙은 경우를 고려해보자. 에너지-운동량의 적분 부분만 써보면

$$\int \frac{d^2p}{(2\pi)^2} \frac{i}{(p+p_1)^2 - m_0^2} \frac{i}{(p+p_2)^2 - m_0^2} \cdots \frac{i}{(p+p_N)^2 - m_0^2}$$

이 된다. 질량이 있기 때문에 적외선(IR)적분 영역에서 발산하지 않고 분모의 에너지-운동량의 차수인 $2N$이 적분 차원 2보다 크기 때문에 자외선(UV) 적분 영역에서도 유한한 값을 가지므로 이런 파인만 그림은 유한하다. 또한 파인만 그림 (b)의 경우처럼 세 개의 고리가 있다고 하더라도 전달자의 개수가 네 개이기 때문에 역시 유한하다. 일반적으로 전달자의 개수가 고리의 개수보다 항상 크기 때문에 유한하다.

유일하게 무한대가 되는 경우는 그림 (c)처럼 꼭지점이 하나만 있는 경우이다. 이때는

$$\int \frac{d^2p}{(2\pi)^2} \frac{i}{(p+p_1)^2 - m_0^2}$$

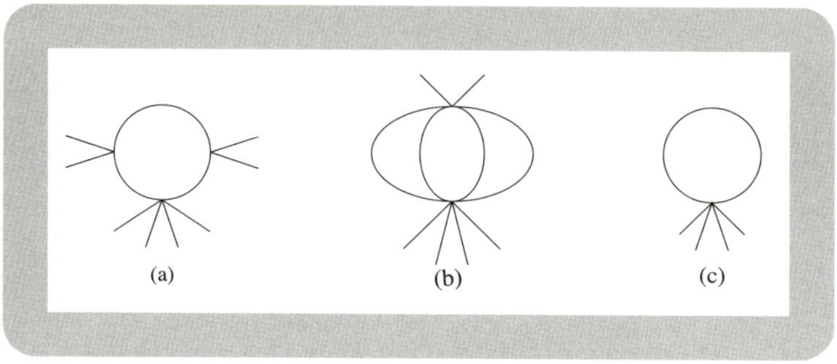

그림 1.4 사인-고든 모형의 파인만 그림들

의 형태로 로그적인 발산이 생긴다. 따라서 (c)와 같은 파인만 그림들을 배제하기만 한다면 간단히 무한대를 없앨 수 있다. 하나의 꼭지점에 다시 돌아오는 이유는 한 작용자가 자기 자신과 수축(contraction)되기 때문이므로 이를 없애기 위해서는 이 작용자에 정준순서(normal ordering)를 취하면 된다.

정준순서란 생성 및 소멸 작용자들의 곱을 생성 작용자부터 먼저 표시하는 것이다. 따라서 정준순서로 배열된 작용자들의 곱에 대한 진공상태의 기대값을 계산하면 0이 된다. 특히 지수 형태의 작용자들에 대한 정준순서에 대해서는 다음과 같은 공식이 중요하게 사용된다.

$$N_\nu \exp\left[i\int J(x)\varphi(x)d^2x\right] = \exp\left[\frac{1}{2}\int J(x)\Delta(x-y,\nu)J(y)d^2xd^2y\right] \times \exp\left[i\int J(x)\varphi(x)d^2x\right] \quad (1.16)$$

여기서 기호 N_ν는 질량이 ν인 보존장에 대해 정준순서를 적용했음을 뜻한다. 우변의 첫 번째 항은 φ들끼리 수축하여 생기는 상수로서 $\Delta(x,\nu)$는 보존장의 전달자(propagator)이다.

정준순서에 의한 재규격화를 자세히 설명하기 위해 라그랑지안을 상호작용항과 운동에너지 및 질량 부분을 포함하는 기본항으로 나눠서 생각하기로 한다. 사인-고든 모형의 경우 기본항에 포함될 질량을 ν로 표시하기로 한다. 이는 양자장 φ의 질량이 되지만 상호작용에 의해 재규격화될 것이다. 이 기본항에 대해서는 양자장을

$$\varphi(x) = \int \frac{dk}{2\pi} \frac{1}{\sqrt{2\omega(k,\nu)}} \left[a(k,\nu) e^{-ik\cdot x} + a^{\dagger}(k,\nu) e^{ik\cdot x} \right]$$

로 전개할 수 있다. 여기서 $\omega(k,\nu) = (k^2+\nu^2)^{1/2}$로 주어진다. 이로부터 전달자는

$$\Delta(x,\nu) = \int_0^{\infty} \frac{dk}{2\pi} \frac{1}{\sqrt{k^2+\nu^2}} e^{-ik|x|} = \frac{1}{2\pi} K_0(\nu|x|)$$

가 된다. 여기서 K_0는 베셀(Bessel)함수, $|x| = \sqrt{-x\cdot x}$이다. 만약 $|x| << 1$ 이면 베셀함수의 전개에 의해

$$\Delta(x,\nu) = -\frac{1}{4\pi} \log(c\nu^2 x^2) + \mathcal{O}(x^2) \tag{1.17}$$

가 된다. 여기서 $c = 2^{-1/2} e^{\gamma_E/2}$로 주어지고 γ_E는 오일러상수이다. 전달자는 $x^2 \to 0$에서 발산하기 때문에 적절한 재규격화가 필요하다.

이를 위해 많이 쓰이는 파울리-빌라(Pauli-Villa) 방법을 사용하여 UV발산을 다스리기 위해 새롭게 전달자를 정의한다.

$$\Delta(x,\nu;\Lambda) = \Delta(x,\nu) - \Delta(x,\Lambda)$$

이를 이용하면 $x^2 \to 0$의 경우에도 전달자는

$$\Delta(0,\nu;\Lambda) = -\frac{1}{4\pi} \log \frac{\nu^2}{\Lambda^2}$$

로 유한하다.

이를 이용하여 정준순서를 계산하기 위해 $J(x)=\beta\delta(x-x')$를 식 (1.16)에 대입하면

$$e^{\pm i\beta\varphi(x')} = \left(\frac{\nu^2}{\Lambda^2}\right)^{\beta^2/8\pi} N_\nu e^{\pm i\beta\varphi(x')}$$

를 얻는다. 만약 정준순서를 정의할 때의 기준항의 질량을 다르게 잡으면(μ라고 하자) 같은 방식으로

$$e^{\pm i\beta\varphi(x')} = \left(\frac{\mu^2}{\Lambda^2}\right)^{\beta^2/8\pi} N_\mu e^{\pm i\beta\varphi(x')}$$

를 얻는다. 따라서 이 둘을 연립하면

$$N_\nu \cos(\beta\varphi) = \left(\frac{\mu^2}{\nu^2}\right)^{\beta^2/8\pi} N_\mu \cos(\beta\varphi) \tag{1.18}$$

의 관계를 가짐을 알 수 있다. 이로부터 해밀토니안 (1.2)의 위치에너지 계수는

$$m^2 = m_0^2 \left(\frac{\nu^2}{\Lambda^2}\right)^{\beta^2/8\pi}$$

로 재규격화된다.

해밀토니안 (1.2)의 운동에너지항(처음 두 항)을 $\mathscr{H}_0$라고 부르면 이는 양자장의 이차식이므로 정준순서에 의해 수축하면

$$\mathscr{H}_0 = N_\nu \mathscr{H}_0 + e_0(\nu), \quad e_0(\nu) = \int \frac{dk}{8\pi}\frac{2k^2+\nu^2}{\omega(k,\nu)}$$

을 얻는다. e_0는 발산하므로 이를 식 (1.2)의 상수 γ_0를 재규격화하여 흡수할 수 있다.

$$\gamma = \gamma_0 + e_0(\nu) \tag{1.19}$$

또 서로 다른 두 질량들에 의한 정준순서의 관계는

$$N_\nu \mathscr{H}_0 = N_\mu \mathscr{H}_0 + e_0(\mu) - e_0(\nu) = N_\mu \mathscr{H}_0 + \frac{1}{8\pi}(\mu^2 - \nu^2)$$

이 된다.

지금까지 구한 재규격화 양들을 더하면 해밀토니안 (1.2)는

$$\mathscr{H}_{\text{SG}} = N_\mu \left[\mathscr{H}_0 - \frac{m^2}{\beta^2} \left(\frac{\mu^2}{\nu^2} \right)^{\beta^2/8\pi} \cos\beta\varphi + \frac{1}{8\pi}(\mu^2 - \nu^2) - \gamma \right]$$

이 된다. 이 해밀토니안의 바닥상태가 N_μ에 대한 진공상태인 $|0, \mu\rangle$라고 하면 이 바닥상태가 갖는 에너지는

$$\langle 0, \mu | \mathscr{H}_{\text{SG}} | 0, \mu \rangle = -\frac{m^2}{\beta^2} \left(\frac{\mu^2}{\nu^2} \right)^{\beta^2/8\pi} + \frac{1}{8\pi}(\mu^2 - \nu^2) - \gamma$$

이 된다. 이 바닥상태의 에너지를 μ의 함수로 보고 ν를 상수로 고정하면 $\beta^2 > 8\pi$일 경우 μ가 증가함에 따라 $-\infty$로 끝도 없이 작아짐을 알 수 있다. 이 경우에는 바닥상태가 잘 정의될 수 없으므로 사인-고든 모형은 $0 < \beta^2 < 8\pi$에서만 잘 정의됨을 알 수 있다.

2.2 질량이 있는 써링 모형과의 동등성

사인-고든 모형의 cos 포텐샬항을 섭동항으로 생각해보자. 이 경우 보존의 질량이 없어지므로 고리 계산에서 수많은 IR발산이 생긴다. 이를 방지하기 위해 가상의 질량 μ를 도입하여 계산한 후 $\mu \to 0$을 취하기로 한다. 이제 다음의 상관함수를 고려하자.

$$\langle 0, \mu | \prod_i N_\nu e^{i\beta_i \varphi(x_i)} | 0, \mu \rangle \tag{1.20}$$

식 (1.17)과 (1.18)을 이용하면 $|x_i - x_j| << 1$일 때 이 상관함수는

$$\left(\frac{\mu^2}{\nu^2}\right)^{(\sum\beta_i)^2/8\pi} \prod_{k>j} \left[c\mu^2(x_i - x_j)^2\right]^{\beta_i\beta_j/4\pi} \tag{1.21}$$

가 됨을 계산할 수 있다. 따라서 $\mu \to 0$을 취하면 $\sum \beta_i = 0$일 때를 제외하면 상관함수는 0이 됨을 알 수 있다. 이는 질량이 없는 자유보존 양자장론이 가지는 $\varphi \to \varphi + c$ 대칭성을 상관함수 (1.20)에 적용함으로써 쉽게 확인할 수 있다.

이 결과를 사인-고든 모형에 적용하기 위해

$$A_{\pm} = N_{\nu} e^{\pm i\beta\varphi}$$

를 정의하면 cos 포텐샬은 $A_+ + A_-$로 주어진다. 바로 위 결과에 의해 A_+와 A_-가 같은 수만큼 있을 때만 상관함수가 0이 안 되므로 cos 항에 대한 짝수 섭동항만 고려하면 된다. 구체적으로 $2n$-번째 섭동전개항은

$$\langle 0| \prod_{i=1}^{n} A_+(x_i) A_-(y_i) |0\rangle$$

으로 주어지고 이는 식 (1.21)을 이용하면

$$\frac{\prod_{i>j}\left[(x_i - x_j)^2(y_i - y_j)^2 c^2 m^4\right]^{\beta^2/4\pi}}{\prod_{i,j}\left[(x_i - y_j)^2 c m^2\right]^{\beta^2/4\pi}}.$$

가 된다.

한편 질량이 없는 써링 모형(massless Thirring model)은 디락 페르미온이 상호작용하는 형태의 라그랑지안

$$\mathscr{L}_T = i\bar{\psi}\partial\psi - \frac{1}{2}j_{\mu}j^{\mu}, \qquad j^{\mu} = \bar{\psi}\gamma^{\mu}\psi \tag{1.22}$$

로 기술된다. 여기에 추가로 질량에 해당하는 항을 더하면 질량이 있는 써링 모형(massive Thirring model)이 정의된다.

$$\mathscr{L}_{MTM} = \mathscr{L}_T - m'\sigma, \qquad \sigma = Z\overline{\psi}\psi$$

이때 Z는 재규격화상수이다. 이 모형에서 σ항을 섭동으로 다루기 위해

$$\sigma_+ = \frac{Z}{2}\overline{\psi}(1+\gamma_5)\psi = Z\psi_1^\dagger\psi_2, \quad \sigma_- = \frac{Z}{2}\overline{\psi}(1-\gamma_5)\psi = Z\psi_2^\dagger\psi_1$$

을 정의하면 섭동항은 $\sigma = \sigma_+ + \sigma_-$로 쓸 수 있다. 여기서 $\gamma_5 = i\gamma_0\gamma_1$으로 정의된다.

질량이 없는 써링 모형에 대해서는 다음과 같은 상관함수의 결과가 알려져 있다[5].

$$\langle 0|T\prod_{i=1}^{n}\sigma_+(x_i)\sigma_-(y_i)|0\rangle = \frac{1}{2^{2n}}\left[\frac{\prod_{i>j}\left[(x_i-x_j)^2(y_i-y_j)^2M^4\right]}{\prod_{i,j}\left[(x_i-y_j)^2M^2\right]}\right]^{\frac{1}{1+g/\pi}} \tag{1.23}$$

여기서 M은 무한대를 없애는 과정에서 도입되는 질량 차원을 갖는 임의의 상수이다.

이 결과를 식 (1.21)과 비교하여 만약

$$-\sigma_\pm = \frac{1}{2}A_\pm, \qquad M^2 = cm^2, \qquad \frac{1}{1+g/\pi} = \frac{\beta^2}{4\pi} \tag{1.24}$$

과 섭동계수

$$m' = \frac{m^2}{\beta^2}$$

이 만족된다면 임의의 n에 대해 두 상관함수가 정확히 일치하고 따라서 사인-고든 모형과 써링 모형은 동일함을 알 수 있다.

질량이 있는 써링 모형의 페르미온은 사인-고든 모형의 솔리톤에 해당한다는 만델스탐(Mandelstam)의 결과 [6]도 중요한 업적이다. 식 (1.12)로부터 솔리톤은 φ를 $2\pi/\beta$만큼 이동시키기 때문에 사인-고든 모형의 솔리톤 작용자를 ψ라고 하면

$$[\varphi(y), \psi(x)] = \frac{2\pi}{\beta}\psi(x) \quad (y < x), \qquad [\varphi(y), \psi(x)] = 0 \quad (y > x)$$

를 만족해야 한다. 이를 만족하는 ψ는

$$\psi(x) =: \exp\left[-\frac{2\pi i}{\beta}\int_{-\infty}^{x} d\xi\,\dot{\varphi}(\xi) + C\varphi(x)\right]: \tag{1.25}$$

로 쓸 수 있다. 여기서 :...:는 정준순서를 의미하며 상수 C는 ψ가 페르미온의 성질

$$\psi(x)\psi(y) = -\psi(y)\psi(x)$$

를 만족한다는 조건으로부터 $C = (N+1/2)i\beta$를 유도할 수 있다. 이때 정수 N은 임의의 정수이므로 이를 간단히 $N = 0$으로 잡으면

$$C = \frac{i\beta}{2}$$

로 정할 수 있다. 이 페르미온 작용자가 써링 모형의 페르미온장임을 보이기 위해서는 식 (1.25)가 써링 모형의 운동방정식을 만족함을 증명하면 되는데 이에 대한 자세한 내용은 [6]을 참조하기 바란다.

질량이 있는 써링 모형과 사인-고든 모형의 동등성은 이론적으로 매우 중요한 의미를 지닌다. 우선 사인-고든 모형의 양자장 φ가 생성하는 입자는 불안정할 수도 있는 구속입자로서 솔리톤과 아무 상관이 없기 때문에 사인-고든 모형의 라그랑지안을 바탕으로 한 섭동 계산으로는 솔리톤의 산란행렬을 구할 수 없다. 이에 반해 써링 모형의 양자장 ψ가 솔리톤이라면 질량이 있는 써링 모

형을 사용하여 솔리톤의 동역학적 성질을 섭동 이론으로 계산할 수 있다. 두 모형의 결합상수들은 식 (1.24)의 관계를 가지므로 강약 이중성(strong/weak duality)을 보여준다. 즉 써링 모형의 결합상수 g가 작으면 β가 커지고 반대로 β가 작아지면 g가 커지는 것이다. 이런 이중성은 이징(Ising) 모형과 같은 통계역학이나 초대칭적 양-밀스 이론 혹은 초끈 이론에서 공통적으로 발견되는 중요한 특징이다.

특히 사인-고든 모형의 결합상수가 $\beta = \sqrt{4\pi}$가 되면 이에 상응하는 써링 모형의 결합상수는 $g = 0$이 되어 페르미온들의 상호작용이 없어지기 때문에 문제를 쉽게 해결할 수 있다.

제 2 장

산란행렬

양자장론에서 가장 중요한 역할을 하는 물리량은 산란행렬(scattering matrix, S-matrix)이다. 산란행렬은 상호작용에 의해 산란하기 전의 입자상태가 산란한 후 다른 입자상태로 바뀔 확률진폭(probability amplitude)이다. 산란 과정은 가속기 등에서 손쉽게 실험할 수 있기 때문에 산란행렬이 이론과 실험 데이터를 연결하는 중요한 역할을 하게 된 것이다. 파인만 그림을 이용한 섭동적 전개로 계산한 산란행렬을 통해 산란단면적을 유도하고 이를 실험과 비교함으로써 선택된 물리 현상을 양자장론으로 이해하게 되는 것이다.

저차원 비섭동적 양자장론에서 이 산란행렬은 더욱 중요한 역할을 담당한다. 그 자체로서 중요한 물리량일 뿐 아니라, 이를 통하여 카시미어 효과, 상관함수와 같은 다른 물리량들도 비섭동적으로 얻을 수 있기 때문이다. 이런 의미에서 기존의 섭동적 양자장론이 라그랑지안에서 시작한다면 비섭동적 양자장론은 산란행렬에서 시작한다고 말할 수 있다. 더 나아가 어떤 경우에는 산란행렬이 양자장론을 정의할 때도 있다. 또한 산란행렬은 라그랑지안보다 주어진 양자장론이 가지는 대칭성이나 입자 스펙트럼 등을 더 직접적으로 보여주기도 한다. 이 장은 참고문헌 [7]을 주로 참조하였다.

제 1 절 가적분 산란행렬의 성질

1.1 양자적 가적분성: 양-박스터 방정식

사인-고든 모형은 고전적 운동방정식을 사용하여 무한히 많은 보존량을 얻을 수 있다. 또한 이런 고전적 보존량들은 아노말리(anomaly)만 없다면 양자적으로도 그대로 보존된다. 사인-고든 모형은 무한 개의 보존전하들을 갖는데, 이들은 양자화 후에도 여전히 보존된다. 무한히 많은 보존량들을 가질 경우 양자장론적 산란과정은 매우 독특한 성질을 보여준다.

이것을 이해하기 위해서 N개의 입자들이 상호작용을 통해서 산란하는 과정을 생각해보자. 전하들이 보존되므로 이 전하들은 산란하기 전과 후가 같은 값을 가져야 한다. 산란하기 전에는 입자들 간의 거리가 충분히 멀리 떨어져 있다고 가정한다면 입자들 간의 상호작용을 무시할 수 있으므로[2)] N개 입자들이 갖는 특정 전하의 값 Q_n은 개개의 입자들이 갖는 전하값을 더하면 된다. 이를 식으로 나타내면

$$\mathrm{Q}_n \Big| p_1, p_2, \ldots, p_N \Big\rangle_{\mathrm{in}} = \left(\sum_{i=1}^{N} f_n(p_i) \right) \Big| p_1, p_2, \ldots, p_N \Big\rangle_{\mathrm{in}}$$

이 된다. 여기서 입사되는 입자상태를 나타내기 위해 각각의 입자들이 갖는 에너지-운동량 벡터 p를 사용하였고, 전하 Q_n이 i-번째 입자에 작용하여 얻어지

2) 이를 점근상태(asymptotic state)라고 한다. 강한 상호작용과 같이 입자들 간의 거리가 멀어지면 상호작용이 커지고, 입자들이 가까워져서 상호작용이 작아지는 경우에는 가까운 거리에 있는 입자들로 점근상태를 만들 수 있다.

는 전하값을 $f_n(p_i)$로 표시하였다.

같은 계산을 산란 후 나가는 입자들에 대해 적용해보자. 일반적으로 양자장론의 상호작용은 입자들의 운동량은 물론이고 입자들의 개수와 종류 등도 바꿀 수 있다. 만약 산란을 거치면서 입자들의 운동량과 개수가 각각 p_i'와 M으로 변했다고 한다면 전하 Q_n의 값은

$$\mathrm{Q}_n \left| p_1', p_2', \ldots, p_M' \right\rangle_{\text{out}} = \left(\sum_{i=1}^{M} f_n(p_i') \right) \left| p_1', p_2', \ldots, p_M' \right\rangle_{\text{out}}$$

이 된다. 전하 Q_n은 보존되므로 산란하기 전과 산란 후는 같은 값을 가져야 하므로

$$\sum_{i=1}^{N} f_n(p_i) = \sum_{i=1}^{M} f_n(p_i') \tag{2.1}$$

가 성립된다. 일반적으로 보존전하는 양자장들을 시공간 좌표로 미분하여 얻어지므로 입자상태에 대한 보존전하의 값은 입자들이 갖는 에너지-운동량의 다항식이 된다. 즉 $f_n(p) = c_n p^n$으로 나타낼 수 있고 여기서 c_n은 운동량과 무관한 비례상수이다. 사인-고든 모형과 같은 가적분 모형은 무한 개의 보존전하가 존재하므로 식 (2.1)과 같은 무한 개의 관계식들이 만족되어야 한다. 그러나 운동량의 개수 N 혹은 M은 유한한 정수이므로 무한 개의 관계식들이 모두 만족되기 위한 유일한 조건은

$$N = M, \qquad \{p_1, p_2, \ldots, p_N\} = \{p_1', p_2', \ldots, p_N'\}$$

을 만족하는 것이다.

이 결과를 요약하면 다음과 같다. 첫째, 새로운 입자가 탄생하거나 존재하던 입자가 소멸되는 등 입자의 개수가 변하는 현상은 생기지 않는다. 둘째는 입자들이 가지는 에너지-운동량들이 보존된다. 이렇게 산란 전후의 입자들이 가지는 에너지-운동량이 변하지 않는 경우를 완전 탄성산란(elastic scattering)이라

고 한다.

이 결과를 두 개의 입자들이 산란하는 경우에 적용해보자. 이들의 질량을 각각 m_1, m_2, 입사할 때 갖는 2차원 에너지-운동량 벡터를 p_1과 p_2라고 한다면 이들은 $p_1^2 = m_1^2$과 $p_2^2 = m_2^2$을 만족한다. 이를 보통 질량껍질조건(mass on-shell condition)이라고 부른다. 또 산란 후 이들이 갖는 에너지-운동량 벡터를 각각 p_1', p_2'라고 하면, 이들 역시 질량껍질조건 $p_1'^2 = m_1^2$과 $p_2'^2 = m_2^2$을 만족할 것이다. 산란에 의해 에너지-운동량은 보존되어 $\{p_1, p_2\} = \{p_1', p_2'\}$를 만족하므로 만약 두 질량이 다르다면 가능한 해는 $p_1 = p_1'$, $p_2 = p_2'$ 뿐임을 알 수 있다.

2차원 시공간의 에너지-운동량 2차원 벡터를 나타내기 위해서 다음과 같이 빠르기(rapidity)를 정의하는 것이 효과적이다.

$$p^\mu = (E, P) = (m\cosh\theta, m\sinh\theta) \tag{2.2}$$

한 입자의 운동상태는 이 빠르기와 질량에 의해 결정되고 이를 편의상 빠르기에 의해 결정되는 기울기를 갖는 직선으로 표현할 수 있다. 입자들의 산란은 서로 다른 기울기를 갖는 직선들이 교차하는 것으로 표현된다. 위에서 살펴본 바에 따르면 입사된 운동량들은 산란 후에도 그대로 존재하므로 직선들의 기울기는 그대로 유지된다. 이 결과는 섭동 계산에서도 나타난다. 라그랑지안을 바탕으로 계산할 수 있는 φ양자장이 만드는 입자(B_1브리더)의 산란을 나타내는 파인만 그림을 계산하면 운동량이 보존될 경우만 0이 아님을 확인할 수 있다.

만약 두 입자의 질량이 같다면 $p_1 = p_1'$, $p_2 = p_2'$와 $p_1 = p_2'$, $p_2 = p_1'$이 모두 가능하다. 만약 두 입자가 동일하다면 새로운 것이 없겠지만, 솔리톤과 반솔리톤이 산란하는 경우처럼 질량은 같지만 다른 내부자유도를 가지는 입자들이 산란하는 경우엔 이 두 가지가 서로 다른 상황을 나타낼 것이다. 그림 2.1처럼 실선으로 표시된 솔리톤과 파선으로 표시된 반솔리톤의 산란에는 두 가지

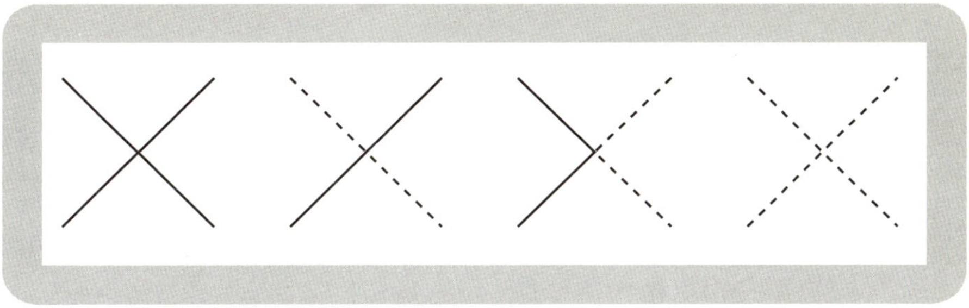

그림 2.1 두 솔리톤의 산란(실선은 솔리톤, 점선은 반솔리톤을 나타냄)

경우가 존재한다. 또한 입사되는 입자의 순서를 바꿀 경우 얻어지는 반솔리톤-솔리톤 산란의 경우에도 역시 산란 후에는 두 가지의 입자상태들이 가능하다.

이들 각각에 해당하는 산란진폭을 원소로 하는 행렬을 만들 수 있고 이를 산란행렬(S-matrix)이라고 한다. 일반적인 사인-고든 모형의 솔리톤-반솔리톤 산란행렬은 다음과 같이 정의된다.

$$|A_a(\theta_1)A_b(\theta_2)\rangle_{\text{in}} = S_{ab}^{cd}(\theta_1,\theta_2)|A_c(\theta_2)A_d(\theta_1)\rangle_{\text{out}}, \qquad a,b,c,d = A,\overline{A}$$

여기서 $A,\overline{A}$는 솔리톤, 반솔리톤을 나타내고, A_a는 각 입자를 생성하는 작용자이며, 산란행렬은 두 입자의 에너지-운동량의 함수로 주어진다. 예를 들어 그림 2.1의 두 번째 산란행렬 요소는 $S_{A\overline{A}}^{\overline{A}A}$가 된다. 상대론적 불변성을 부과하면 산란행렬은 일반적으로 만델스탐 변수의 함수가 된다. 그러나 2차원 시공간에서는 이들 중 하나만이 독립적인 값을 갖기 때문에 여기서는 질량중심 좌표계의 에너지의 제곱에 해당하는 변수 s를 선택하기로 한다.

이 변수를 빠르기 변수로 쓰면

$$s = (p_1 + p_2)^2 = m_1^2 + m_2^2 + m_1 m_2 \cosh\theta_{12} \tag{2.3}$$

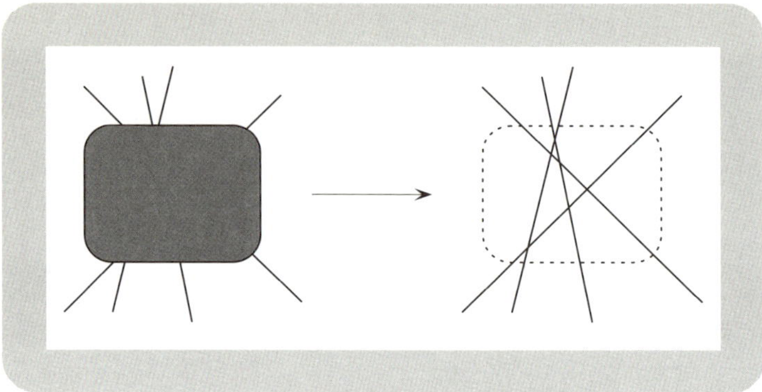

그림 2.2 가적분 모형의 산란과정

가 되므로 산란행렬은 두 빠르기의 차이 $\theta_{12} \equiv \theta_1 - \theta_2$의 함수가 된다. 브리더들처럼 산란 후 가능한 상태가 하나뿐인 경우의 산란진폭은 복소수로서 θ_{12}의 함수이다.

여러 입자들이 산란할 경우를 생각해보자. 사인-고든 모형은 국소적 양자장론으로서 두 입자 간의 상호작용만이 가능하기 때문에 그림 2.2처럼 가능한 모든 짝의 두 입자들의 산란이 연속하는 것으로 볼 수 있다. 이를 분리산란 이론(factorizable scattering theory)이라고 하며 식으로 표현하면

$$S(\theta_1, \theta_2, \ldots, \theta_N) = \prod_{i>j} S(\theta_i, \theta_j)$$

가 된다.

입자 스펙트럼들이 축퇴되지 않았다면 각각의 산란행렬은 하나의 복소수이므로 그 순서에 관계가 없지만 사인-고든 모형의 솔리톤-반솔리톤처럼 내부자유도가 있어서 축퇴되었다면 산란행렬은 말 그대로 행렬이 되기 때문에 산란하는 순서에 따라 그 결과가 달라질 수 있다. 그러나 양자장론적으로 입자가 산란하는 순서는 정해져 있는 것이 아니기 때문에 그 결과도 순서에 상관이 없어

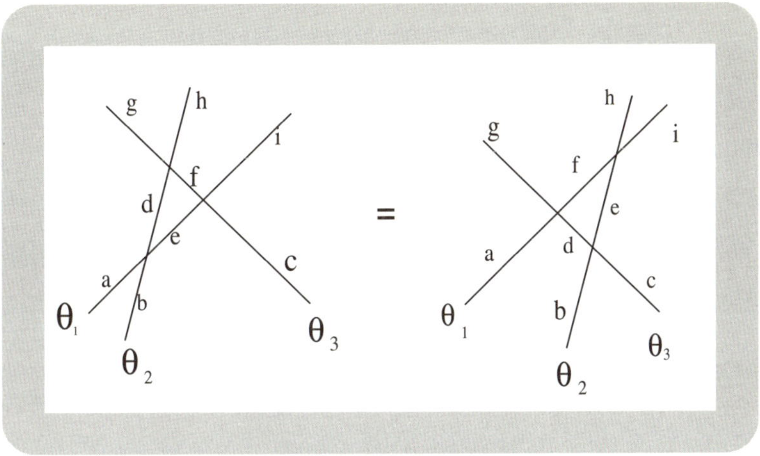

그림 2.3 양-박스터 방정식

야 한다. 입자들의 산란행렬이 산란순서와 상관없어야 한다는 조건으로부터 유명한 양-박스터(Yang-Baxter) 방정식이 나오게 된다. 이를 그림 2.3과 같이 나타낼 수 있다. 여기서 a, b, c는 입사입자들의 종류를, g, h, i는 산란 후 나가는 입자들의 종류를 나타내는 첨자이다. 또 세 입자들의 빠르기를 각각 θ_1, θ_2, θ_3라고 정하였다. 중간에 생기는 입자상태 d, e, f는 양자장론적으로 어떤 상태든 가능하기 때문에 모든 가능한 경우에 대해 합해야 한다. 에너지-운동량은 보존되므로 중간상태에 대한 합은 결국 가능한 입자의 종류들에 대한 합이다. 이를 식으로 써보면

$$\sum_{d,e,f} S_{ab}^{de}(\theta_{12}) S_{ec}^{fi}(\theta_{13}) S_{df}^{gh}(\theta_{23}) = \sum_{d,e,f} S_{bc}^{de}(\theta_{23}) S_{ad}^{gf}(\theta_{13}) S_{fe}^{hi}(\theta_{12}) \qquad (2.4)$$

가 된다. 사인-고든 모형은 축퇴된 경우가 솔리톤과 반솔리톤뿐이므로 각 첨자는 두 가지 경우가 가능하고, 따라서 식 (2.4)는 $2^6 = 64$개의 함수방정식이 된다. 브리더와 같이 축퇴가 되지 않는 경우 산란행렬은 복소수에 지나지 않으므로 식 (2.4)는 항상 성립하는 등식일 뿐이다.

지금까지의 설명을 간단히 요약하면 어떤 2차원 양자장론이 적분가능해지면 산란과정이 분리산란 이론으로 기술되어야 하고 두 입자의 산란행렬은 필요조건인 양-박스터 방정식을 만족한다. 입자들의 질량이 모두 다를 경우 양-박스터 방정식은 등식으로서 산란행렬의 계산에서 아무 도움도 되지 못하지만 질량의 축퇴가 있다면 양-박스터 방정식는 매우 많은 개수의 연립함수 방정식으로서 그 해를 찾을 수 있다. 물론 일반적으로 이를 푸는 것은 매우 난해한 문제이다. 그러나 '양자군(quantum group)'이라는 수학 분야의 발전으로 양-박스터 방정식의 일반적 해에 대한 이해가 가능해졌다.

1.2 산란행렬의 대칭성과 해석적 성질

양-박스터 방정식만으로 산란행렬을 완벽하게 결정할 수는 없다. 예를 들어 축퇴가 없는 경우 양-박스터 방정식은 단순한 등식이므로 산란행렬을 구하는데 전혀 도움이 되지 않는다. 축퇴가 있다 하더라도 양-박스터 방정식의 해에 임의의 함수를 곱해도 역시 해가 되기 때문에 무한히 많은 해들이 존재한다. 따라서 이런 임의의 함수들 중 어떤 것이 주어진 양자장론의 산란행렬로 올바른 것인지를 결정하는 문제가 남게 된다. 이런 문제들은 산란행렬이 만족해야 하는 몇 가지 추가 조건을 부여함으로써 해결할 수 있다.

대칭성

사인-고든 모형과 같은 가적분 양자장론은 무한히 많은 보존전하를 가지므로 무한 차원의 대칭성을 가지고 있고 이는 산란행렬이 양-박스터 방정식을 만족한다는 조건과 연결된다. 그러나 이런 대칭성 말고도 비연속적 대칭성도 중요한 역할을 한다. 우선 패리티(parity) 대칭성 $\mathscr{P}$와 시간역전(time reversal) 대칭성 $\mathscr{T}$를 도입할 수 있다. 사인-고든 모형을 포함한 대부분의 2차원 양자장론이 이를 만족함은 자명하다. $\mathscr{P}$-대칭성은 입자의 위치를 바꾸기 때문에 산

란행렬이 이 대칭성을 만족하려면

$$\mathscr{P} - \text{invariance}: \qquad S_{ab}^{cd}(\theta) = S_{ba}^{dc}(\theta)$$

를 만족해야 한다. 시간역전 대칭성은 산란 전후가 뒤바뀌는 것이므로

$$\mathscr{T} - \text{invariance}: \qquad S_{ab}^{cd}(\theta) = S_{cd}^{ab}(\theta) \tag{2.5}$$

를 만족한다.

해석적 성질

산란행렬은 실수인 변수 s의 함수이지만, 산란행렬의 성질을 이해하기 위하여 해석적 확장(analytic continuation)을 택하여 이를 복소수 s의 함수로 다루는 것이 필요하다. 식 (2.3)으로부터 θ를 s로 쓰면,

$$\theta = \log\left[\frac{s-(m_1^2+m_2^2)+\sqrt{[s-(m_1-m_2)^2][s-(m_1+m_2)^2]}}{2m_1m_2}\right] \tag{2.6}$$

이 된다. 여기서 제곱근 때문에 $s=(m_1 \pm m_2)^2$이 특이점이 되어 그림 2.4에 표시된 것처럼 실수축을 따라 브랜치컷(branch cut)을 도입해야 한다. 그 외의 복소평면에서 산란행렬은 s의 해석함수이다.

산란행렬을 복소평면으로 확장할 경우

$$S_{ab}^{cd}(s)^* = S_{ab}^{cd}(s^*) = S_{cd}^{ab}(s^*) \quad \rightarrow \quad S^\dagger(s) = S(s^*)$$

를 만족한다. 여기서 '$*$'는 복소짝을, '$\dagger$'는 허미션(Hermitian)짝을 의미하고, 두번째 등식에서는 $\mathscr{T}$-대칭성 (2.5)를 이용하였다. 이 식이 의미하는 바를 빠르기로 쓰기 위해 식 (2.6)을 이용하여 θ-복소평면을 그리면 그림 2.5와 같이 된

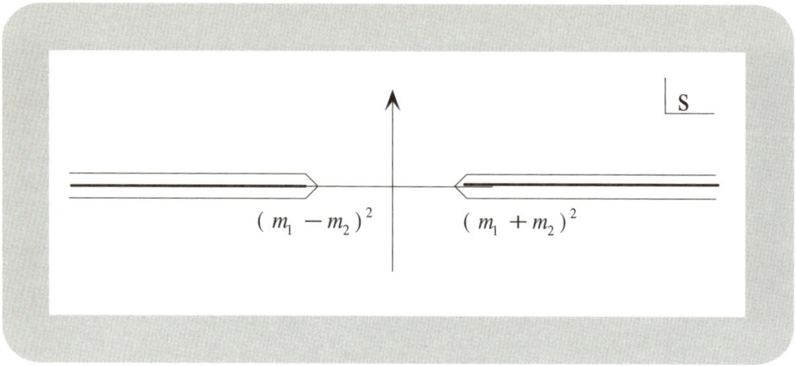

그림 2.4 s의 해석적 평면

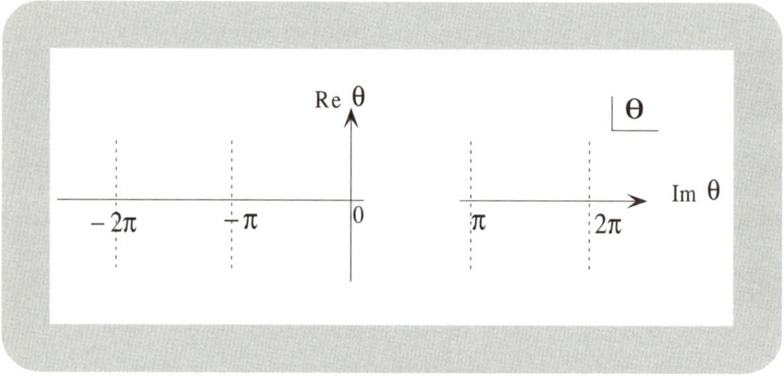

그림 2.5 θ의 해석적 평면

다. 이 두 그림의 관계는 식 (2.3)과 (2.6)으로부터 유추할 수 있다. 먼저 그림 2.4의 왼쪽 컷은 그림 2.5의 $\Im m\ \theta = \pi$선에, 오른쪽 컷은 $\Im m\ \theta = 0$선에 해당한다. 이 영역을 '기본 영역(fundamental domain)'이라고 하며 다른 영역의 θ는 주기함수의 성질을 이용하여 이 영역으로 옮겨올 수 있다.

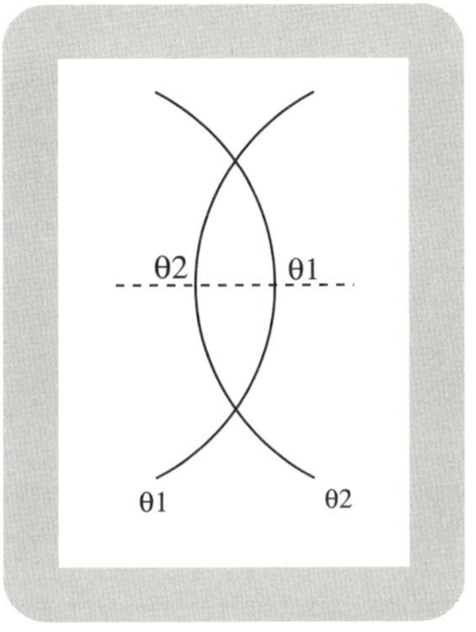

그림 2.6 유니태리티: 두 산란행렬의 곱

유니태리티

이 조건은 양자장론적 확률보존의 법칙에 해당한다. 산란행렬은 확률진폭 (probability amplitude)이므로 확률은 그 절대값의 제곱으로 구해진다. 어떤 입자들이 산란할 때 나올 수 있는 경우를 모두 고려하여 그 확률을 전부 합한다면 1이 되어야 할 것이다. 이런 성질을 유니태리티(unitarity)라고 한다. 이를 식으로 표현하면

$$S(s)S^{\dagger}(s) = S(s)S(s^{*}) = 1$$

이 된다. 이 식을 빠르기 변수로 쓰면 $(\theta = \theta_1 - \theta_2)$

$$S(\theta)S(-\theta) = 1$$

이 되고 그림 2.6처럼 나타낼 수 있다.

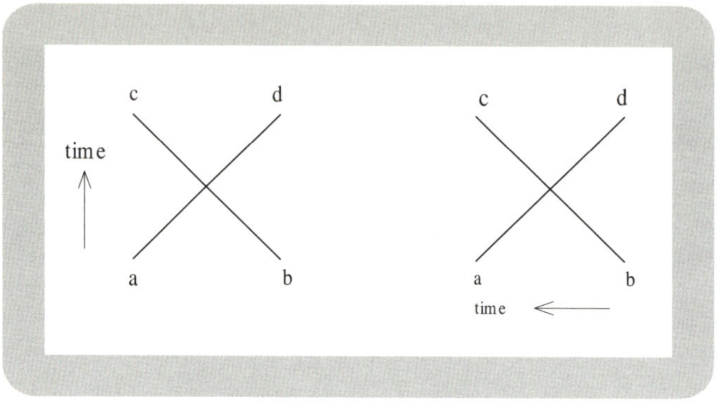

그림 2.7 교차 대칭성

교차 대칭성

산란행렬 이론에서 정의되는 교차 대칭성(crossing symmetry)은 그림 2.7처럼 시간을 공간과 바꾸는 것으로 볼 수 있다. 따라서 p_1, p_2를 각각 p_2, $-p_1$으로 바꾸는 것에 해당하고 따라서 s변수는 $t=(p_1-p_2)^2$으로 바뀐다. t변수를 전개하여 빠르기로 표시하면

$$t = m_1^2 + m_2^2 - 2m_1 m_2 \cosh\theta_{12}$$

이 되므로 교차 대칭성은 빠르기 θ를 $i\pi-\theta$로 바꾸게 된다.

또한 입자 a는 입사 입자에서 나가는 입자로, 입자 d는 나가는 입자에서 입사되는 입자로 바뀌므로 이 입자들은 입자는 반입자로, 반입자는 입자로 변환해주어야 한다. 이를 종합하면 교차 대칭성은

$$S_{ab}^{cd}(\theta) = S_{b\bar{d}}^{\bar{a}c}(i\pi-\theta) \tag{2.7}$$

의 조건식으로 표현된다.

질량에 대한 축퇴가 없어서 산란행렬이 복소수일 경우 양-박스터 방정식은

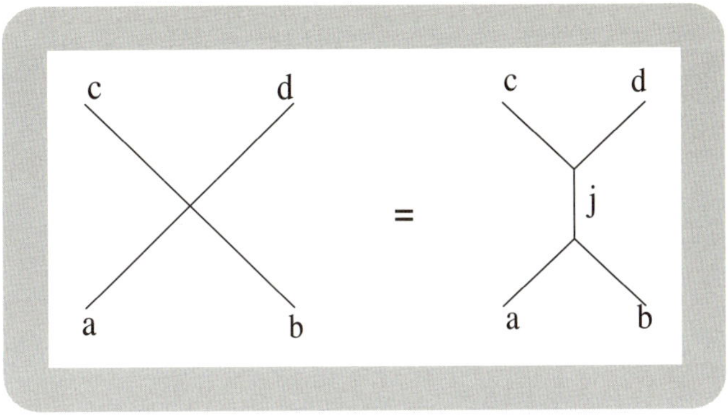

그림 2.8 구속입자에 의한 산란행렬의 폴

등식이 되어 방정식의 역할을 할 수 없다. 그럼에도 불구하고 유니태리티와 교차 대칭성은 산란행렬을 '거의' 결정할 수 있다. 우선 섭동 계산에서도 알 수 있듯이 산란행렬은 에너지-운동량의 다항식이나 그들의 비로 씌어지기 때문에 빠르기 변수의 sinh나 cosh 함수, 그리고 그들의 다항식, 또는 다항식의 비로 씌어진다. 또한 산란행렬함수 $S(\theta)$가

$$S(\theta)S(-\theta)=1, \qquad S(\theta)=S(i\pi-\theta)$$

를 만족해야 하므로 가장 일반적인 해는

$$S(\theta)=\prod_{i=1}^{M}\frac{\sinh\theta-i\sin\alpha_i}{\sinh\theta+i\sin\alpha_i}$$

가 된다. 여기서 α_i들은 임의의 실수들로서 이를 결정할 수 없기 때문에 위에서 '거의'라고 표현하였다.

이런 형태의 해를 'CDD-인자(Castillejo-Dalitz-Dyson factor)'라고 한다. 만약 $\alpha_j < 0$을 만족하면 기본 영역 안에 위치하는 $\theta = i|\alpha_j|$에서 $S(\theta)$가 폴

(pole)을 갖는다. 산란행렬의 폴이 갖는 물리적 의미는 산란하는 두 입자가 중간에 새로운 입자를 생성하는 것이다(그림 2.8). 이 새로운 입자는 입자 a와 b가 만드는 구속입자라고 해석할 수 있으며 이 입자는 다른 입자와 구속하여 다시 입자 a를 만들 수도 있다. 이런 방법으로 적분가능한 양자장론의 입자 스펙트럼과 산란행렬의 폴의 위치를 전부 알 수 있기 때문에 $\alpha_j < 0$에 대한 CDD-인자는 완전히 결정할 수 있다. 만약 입자 스펙트럼이 알려져 있지 않을 경우에도 입자들 간에 서로가 서로의 구속상태라는 사실과 보존되는 전하량을 이용하여 CDD-인자를 결정할 수 있는데 이런 방법을 '구두끈 방법(Bootstrap method)'이라고 한다.

구두끈 방법

강하게 상호작용하는 양자장론은 구속입자를 갖는다. 그러나 이의 성질을 이해하는 것은 매우 어려운데, 그 이유는 섭동 이론이 적용되지 않기 때문이다. 2차원에서 이 문제를 보다 효과적으로 이해하는 방법이 구두끈 방법이다. 먼저 두 입자 a, b가 모여서 다른 입자 c를 만든다고 가정한다. 이 입자가 또 다른 입자 d와 산란한다면 산란행렬들 사이의 새로운 관계식을 얻게 된다(그림 2.9).

$$f_{ab}^{c} S_{cd}(\theta) = S_{ad}(\theta - i\alpha_{ab}^{c}) S_{bd}(\theta + i\alpha_{ab}^{c}) f_{ab}^{c} \tag{2.8}$$

여기서 상수 f_{ab}^{c}는 산란행렬이 갖는 구속입자 폴에 대한 잉여(residue)항으로 주어진다.

$$S_{ab}(\theta) \sim \frac{f_{ab}^{c} f_{ab}^{c}}{\theta - i\alpha_{ab}^{c}} \tag{2.9}$$

이 식으로부터 산란행렬 S_{cd}의 폴을 유추하여 c, d가 만드는 새로운 입자에 대한 정보를 얻을 수 있다. 이를 계속 진행함으로써 산란행렬의 폴들 사이의 관계식을 얻고 이로부터 입자 스펙트럼을 결정하게 된다.

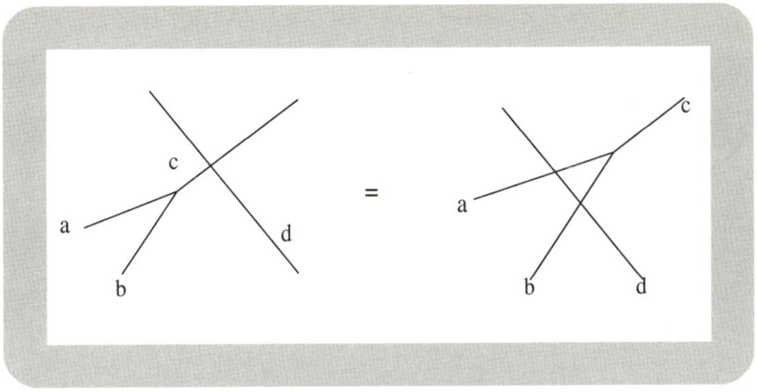

그림 2.9 구두끈 관계식

최소 원리

만약 $\alpha_j > 0$이라면 폴의 위치가 기본 영역에서 벗어나기 때문에 새로운 입자상태를 의미하지 않아서 이런 CDD-인자는 얼마든지 곱해져도 지금까지 언급한 산란행렬의 모든 성질을 그대로 만족할 수 있다. 따라서 이런 인자를 결정할 조건은 존재하지 않는다. 그럼에도 불구하고 이 분야의 오랜 연구 결과 이런 CDD-인자는 최대한 배제된다는 최소 원리가 성립됨을 알게 되었다. 지금까지 이에 어긋나는 이론은 존재하지 않기 때문에 이를 하나의 공리로 받아들여도 좋을 것이다. 예를 들어 사인-고든 모형의 첫 번째 브리더들 간의 산란행렬에 임의의 CDD-인자를 곱하는 것이 원칙적으로 가능하지만, 이를 섭동계산과 비교해보면 이런 CDD-인자가 없어야 맞음을 쉽게 확인할 수 있는 것이다. 또 사인-고든 모형의 솔리톤-반솔리톤 산란행렬에도 이런 인자를 곱할 수 있지만, 이를 써링 모형의 페르미온들의 산란행렬을 섭동적으로 계산한 것과 비교해보면 역시 이런 인자는 없는 것이 옳음을 알 수 있다.

제 2 절 사인-고든 모형의 산란행렬

2.1 입자 스펙트럼

양자장론에서 점근적 입자상태를 아는 것은 매우 중요하다. 이 입자상태들은 실제로 자연에 존재함으로써 실험을 통해 규명될 수도 있고 양자적 요동상태로 존재하여 간접적으로 영향을 미칠 수도 있다. 이런 이유에서 양자장론의 첫번째 임무는 이 입자상태를 파악하는 것이다. 일반적으로 하나의 양자장은 하나의 입자에 대응된다. 예를 들어 양자전기역학에서 전자장은 전자와, 게이지장은 포톤(빛)과 대응한다. 그러나 이것은 사인-고든 모형에는 해당되지 않는다. 사인-고든 모형은 하나의 스칼라장만을 갖는 양자장론이기는 하지만 매우 풍부한 입자상태를 갖는다. 우리는 앞에서 고전적 방법을 통해서 솔리톤, 반솔리톤, 그리고 여러 개의 브리더 등의 해들이 존재함을 살펴본 바 있으며 양자화한 후에도 이런 입자들이 그대로 존재할 것으로 예상한 바 있다.

고전적 해들로부터 이들 입자상태들에 대응할 양자장들은 스칼라장의 매우 비선형적, 비국소적인 형태로 씌어질 것임을 알 수 있지만, 양자적으로 이런 성질들을 다루는 것은 매우 힘든 일이다. 예를 들어 솔리톤은 써링 모형의 페르미온이므로 써링 페르미온장으로는 쉽게 기술될 수 있지만, 사인-고든 모형의 스칼라장으로는 매우 비국소적이고 비섭동적인 형태로만 쓸 수 있다. 브리더 입자들도 마찬가지로서 단지 가장 질량이 낮은 브리더(보통 '제1브리더'라고 불림)만이 스칼라장에 해당될 뿐이고 나머지들은 양자장과 관련지을 수 없다. 사인-고든 모형의 산란행렬은 애초부터 섭동적으로 얻을 수 없음을 알 수 있다. 따라서 섭동 이론의 바탕을 둔 양자장-입자상태의 대응관계를 포기하고 대신 고전 이론에서 확인한 입자상태들과 그들간의 산란을 새로운 방법으로 기술하게 될 것이다.

우리는 제1장에서 WKB와 같은 준고전적 방법으로 밝혀진 성질을 간략히 살펴본 바 있다. 이를 다시 요약하면 다음과 같다.

- 사인-고든 모형의 작용상수는 $0 < \beta^2 < 8\pi$에서만 정의된다.
- $4\pi \leq \beta^2 < 8\pi$에서는 솔리톤과 반솔리톤만이 존재한다. 이를 '척력 영역(repulsive regime)'이라고 부른다.
- $0 < \beta^2 < 4\pi$에서는 솔리톤/반솔리톤뿐 아니라 이들의 구속상태인 브리더들이 존재한다. 이들의 질량은

$$m_k = 2M \sin \frac{k\gamma}{16}, \qquad k = 1, 2, \ldots < \frac{8\pi}{\gamma} \tag{2.10}$$

  로 주어지고 여기서 M은 솔리톤의 질량이다. 구속상태가 존재한다는 뜻에서 이를 '인력 영역(attractive regime)'이라고 부른다.

준고전적 분석을 바탕으로 알아낸 입자 스펙트럼은 산란행렬을 비섭동적으로 결정하는 데 중요한 역할을 하게 된다.

2.2 양-박스터 방정식

사인-고든 모형의 솔리톤 산란행렬은 위에서 언급한 일반적 성질 외에도 추가적 대칭성을 가진다. 먼저 솔리톤과 반솔리톤의 위상전하가 보존되기 때문에 이를 위반하는 산란과정의 확률은 0이 되어야 한다. 이에 따라

$$S_{AA}^{A\bar{A}} = S_{\overline{AA}}^{AA} = \ldots = 0$$

이 되어 0이 아닌 행렬 성분은

$$S_{AA}^{AA}, \quad S_{\overline{AA}}^{\overline{AA}}, \quad S_{A\bar{A}}^{A\bar{A}}, \quad S_{A\bar{A}}^{\bar{A}A}, \quad S_{\bar{A}A}^{A\bar{A}}, \quad S_{\bar{A}A}^{\bar{A}A}$$

뿐이다.

또한 사인-고든 모형의 경우 $\varphi \to -\varphi$에 대해 라그랑지안이 변하지 않는다. 이 변환은 식 (1.12)에 의해 위상전하를 Q에서 $-Q$로 바꾸기 때문에 솔리톤은 반솔리톤으로 변환한다. 따라서 이 $\mathbf{Z}_2$-대칭성이 존재함은 솔리톤과 반솔리톤을 동시에 각각 반솔리톤과 솔리톤으로 변화시켜도 모든 물리량이 변하지 않아야 함을 뜻한다. 이를 사인-고든 모형의 산란행렬에 적용하면

$$
\begin{aligned}
S^{AA}_{AA}(\theta) &= S^{\overline{AA}}_{\overline{AA}}(\theta) \equiv S(\theta), \\
S^{\bar{A}A}_{A\bar{A}}(\theta) &= S^{A\bar{A}}_{\bar{A}A}(\theta) \equiv S_T(\theta), \\
S^{A\bar{A}}_{A\bar{A}}(\theta) &= S^{\bar{A}A}_{\bar{A}A}(\theta) \equiv S_R(\theta)
\end{aligned}
$$

를 얻게 된다. 이를 행렬의 형태로 정리하면

$$
S_{\mathrm{SG}}(\theta) = \begin{pmatrix} S(\theta) & 0 & 0 & 0 \\ 0 & S_T(\theta) & S_R(\theta) & 0 \\ 0 & S_R(\theta) & S_T(\theta) & 0 \\ 0 & 0 & 0 & S(\theta) \end{pmatrix} \tag{2.11}
$$

가 된다. 이를 다른 형태로 쓰면 $(\theta \equiv \theta_{12})$

$$
\begin{aligned}
S^{cd}_{ab}(\theta) &= {}_{\mathrm{out}}\langle A_c(\theta'_1)A_d(\theta'_2)|A_c(\theta_1)A_d(\theta_2)\rangle_{\mathrm{in}} \\
&= \delta(\theta_1-\theta'_1)\delta(\theta_2-\theta'_2)\,[\delta_{ab}\delta_{cd}S_1(\theta)+\delta_{ac}\delta_{bd}S_2(\theta) \\
&+ \delta_{ad}\delta_{bc}S_3(\theta)] + \{a \leftrightarrow b,\ \theta_1 \leftrightarrow \theta_2\}
\end{aligned}
$$

가 되는데, 이 형태는 $a,b,c,d=1,2$에 해당하는 사인-고든 모형뿐 아니라 일반적인 $O(N)$ 모형$(a,b,c,d=1,2,\ldots,N)$으로 일반화할 수 있다. 두 형태의

산란행렬 성분들의 관계는

$$\begin{aligned} S(\theta) &= S_3(\theta)+S_2(\theta), \\ S_T(\theta) &= S_1(\theta)+S_2(\theta), \\ S_R(\theta) &= S_1(\theta)+S_3(\theta) \end{aligned}$$

임을 쉽게 알 수 있다.

이 형태를 양-박스터 방정식 (2.4)에 대입하면 다음 형태의 함수관계식을 얻는다. (식을 간단히 표현하기 위하여 각 함수의 변수를 생략하였다. 순서대로 $\theta, \theta+\theta', \theta'$를 변수로 갖는 함수이다.)

$$S_2S_1S_3+S_2S_3S_3+S_3S_3S_2 = S_3S_2S_3+S_1S_2S_3+S_1S_1S_2 \tag{2.12}$$

$$\begin{aligned} S_3S_1S_3+S_3S_2S_3 &= S_3S_3S_1+S_3S_3S_2+S_2S_3S_1+ \\ +S_2S_3S_3+2S_1S_3S_1+S_1S_3S_2 &+ S_1S_3S_3+S_1S_2S_1+S_1S_1S_1 \end{aligned} \tag{2.13}$$

또한 산란행렬은 교차 대칭성

$$S_2(\theta)=S_2(i\pi-\theta), \qquad S_1(\theta)=S_3(i\pi-\theta) \tag{2.14}$$

와 유니태리티

$$\begin{aligned} &S(\theta)S(-\theta)=S_T(\theta)S_T(-\theta)+S_R(\theta)S_R(-\theta)=1, \\ &S_T(\theta)S_R(-\theta)+S_R(\theta)S_T(-\theta)=0 \end{aligned} \tag{2.15}$$

을 만족해야 한다. 식 (2.15)는

$$S_2(\theta)S_2(-\theta)+S_3(\theta)S_3(-\theta)=1,$$

$$S_2(\theta)S_3(-\theta)+S_3(\theta)S_2(-\theta)=0, \qquad (2.16)$$

$$\begin{aligned}2S_1(\theta)S_1(-\theta) &+S_1(\theta)S_2(-\theta)+S_2(\theta)S_1(-\theta)\\ &+S_1(\theta)S_3(-\theta)+S_3(\theta)S_1(-\theta)=0\end{aligned}$$

으로 쓸 수도 있다.

이 함수식을 풀기 위하여 우선 다음과 같은 함수를 정의하자.

$$h(\theta)=\frac{S_2(\theta)}{S_3(\theta)}, \qquad g(\theta)=\frac{S_1(\theta)}{S_3(\theta)}$$

이를 식 (2.12)와 (2.13)에 대입하면

$$\begin{aligned}&h(\theta)+h(\theta')-h(\theta+\theta')\\ =\ &g(\theta')h(\theta+\theta')-h(\theta')g(\theta+\theta')+g(\theta')g(\theta+\theta')h(\theta), \qquad (2.17)\\ &\left[1+h(\theta+\theta')+g(\theta+\theta')\right]\left[1-g(\theta)g(\theta')\right]+h(\theta)h(\theta')\\ =\ &\left[1+g(\theta)+h(\theta)\right]\left[1+g(\theta')+h(\theta')\right] \qquad (2.18)\end{aligned}$$

이 식은 임의의 θ,θ'에 대해 성립하므로 $\theta=0$이나 $\theta'=0$인 경우에 대한 식을 얻을 수 있다.

$$\begin{aligned}\left[1-g^2(\theta)\right]h(0) &= 0,\\ [1+g(\theta)]\left[(1+g(\theta)+h(\theta))g(0)+h(0)\right] &= 0,\\ [1+g(\theta)]\left[h(0)-g(0)h(\theta)\right] &= 0\end{aligned}$$

이들을 만족하는 해는

$$\text{(a)} \qquad g(\theta)=1; \quad h(\theta)=-1$$

$$\text{(b)} \qquad g(\theta) = -1; \quad h(\theta) = \text{arbitrary}$$

$$\text{(c)} \qquad g(0) = h(0) = 0$$

이다.

(a)의 경우는 식 (2.16)으로부터 얻어지는

$$h(\theta) = -h(-\theta)$$

를 만족할 수 없고, (b)의 경우는 $S_1(\theta) = -S_3(\theta)$, 즉 $S_R(\theta) = 0$이어서 대각 성분만 있으므로 양-박스터 방정식이 항등식이 되기 때문에 이를 제외하고 (c)의 경우만 고려하면 된다.

식 (2.17)과 (2.18)을 θ'에 대해 미분한 후 $\theta' = 0$을 대입하면

$$\begin{aligned} h'(\theta) &= (1 + g(\theta))(\eta - \xi h(\theta)), \\ h'(\theta) + g'(\theta) &= (1 + g(\theta))\left[\eta + \xi h(\theta) + \xi(1 + g(\theta))\right] \end{aligned}$$

가 되고 ($\eta \equiv h'(0)$, $\xi \equiv g'(0)$), 이를 정리하면

$$g(\theta) = \xi h(\theta) \frac{h(\theta) + 1}{\eta - \xi h(\theta)}, \quad h'(\theta) = \xi h^2(\theta) + \eta$$

를 얻는다. 특히 두 번째 식은 쉽게 풀 수 있어서

$$h(\theta) = -i \tan\left(\frac{\lambda\delta}{2}\right) \tanh\left(\frac{\lambda\theta}{2}\right)$$

를 얻을 수 있고 이를 첫 번째 식에 대입하면

$$g(\theta) = \coth\left[\frac{\lambda}{2}(i\delta - \theta)\right] \tanh\left(\frac{\lambda\theta}{2}\right)$$

를 얻는다. 여기서 δ, λ는

$$\eta = -i\frac{\lambda}{2}\tan\left(\frac{\lambda\delta}{2}\right), \quad \xi = -i\frac{\lambda}{2}\cot\left(\frac{\lambda\delta}{2}\right) \tag{2.19}$$

로 주어지는 상수이다. 따라서,

$$\begin{aligned} S_3(\theta) &= i\cot\left(\frac{\lambda\delta}{2}\right)\coth\left(\frac{\lambda\theta}{2}\right)S_2(\theta) \\ S_1(\theta) &= i\cot\left(\frac{\lambda\delta}{2}\right)\coth\left(\frac{\lambda(i\delta-\theta)}{2}\right)S_2(\theta) \end{aligned}$$

를 유도할 수 있다.

또한 교차 대칭성에 의한 관계식 (2.14)로부터

$$\delta = \pi$$

임을 결정할 수 있다. 따라서 산란행렬의 성분은

$$S_T(\theta) = \frac{\sinh(\lambda\theta)}{\sinh(i\lambda\pi)}S_R(\theta), \quad S(\theta) = \frac{\sinh(\lambda(i\pi-\theta))}{\sinh(i\lambda\pi)}S_R(\theta) \tag{2.20}$$

가 된다.

또 유니태리티 (2.16)에 이 결과를 대입하면

$$S_2(\theta)S_2(-\theta) = \frac{\sin^2(\lambda\pi/2)\sinh^2(\lambda\theta/2)}{\cosh(\lambda(i\pi-\theta)/2)\cosh(\lambda(i\pi+\theta)/2)} \tag{2.21}$$

를 얻게 된다. 이를 풀기 위해서 우변을 다시 쓰면 ($\hat{\theta} \equiv \theta/(i\pi)$)

$$\begin{aligned} S_2(\theta)S_2(-\theta) &= -\frac{4}{\pi^2}\sin^2\frac{\lambda\pi}{2}\sinh^2\frac{\lambda\theta}{2}\sinh\frac{\lambda}{2}(i\pi-\theta)\sinh\frac{\lambda}{2}(i\pi+\theta) \\ &\times\ \Gamma(\lambda(1-\hat{\theta}))\Gamma(1-\lambda(1-\hat{\theta}))\Gamma(\lambda(1+\hat{\theta}))\Gamma(1-\lambda(1+\hat{\theta})) \end{aligned}$$

가 되는데, 우변은 좌변과 같은 형태이므로, 다음의 해를 시도해볼 수 있다.

$$S_2(\theta) = -\frac{2}{\pi}\sin\frac{\lambda\pi}{2}\sinh\frac{\lambda\theta}{2}\sinh\frac{\lambda}{2}(i\pi-\theta)\Gamma(\lambda(1+\hat{\theta}))\Gamma(1-\lambda(1-\hat{\theta}))$$

그러나 이 해는 식 (2.21)은 만족하지만, 식 (2.14)를 만족하지 않는다. 따라서 이를 만족하게 하기 위해 다음의 Γ함수들을 곱하면

$$\begin{aligned} S_2(\theta) &= -\frac{2}{\pi}\sin\frac{\lambda\pi}{2}\sinh\frac{\lambda\theta}{2}\sinh\frac{\lambda}{2}(i\pi-\theta)\Gamma(\lambda(1+\hat{\theta}))\Gamma(1-\lambda(1-\hat{\theta})) \\ &\times \Gamma(\lambda(2-\hat{\theta}))\Gamma(1-\lambda(\hat{\theta})) \end{aligned}$$

가 된다. 이 해는 식 (2.14)를 만족하지만 이번에는 새롭게 곱해준 Γ함수들 때문에 식 (2.21)이 만족되지 않는다. 이를 해결하기 위해 이번에는 다음과 같이 나누어줄 수 있다.

$$\begin{aligned} S_2(\theta) &= -\frac{2}{\pi}\sin\frac{\lambda\pi}{2}\sinh\frac{\lambda\theta}{2}\sinh\frac{\lambda}{2}(i\pi-\theta)\Gamma(\lambda(1+\hat{\theta}))\Gamma(1-\lambda(1-\hat{\theta})) \\ &\times \frac{\Gamma(\lambda(2-\hat{\theta}))\Gamma(1-\lambda\hat{\theta})}{\Gamma(\lambda(2+\hat{\theta}))\Gamma(1+\lambda\hat{\theta})} \end{aligned}$$

식 (2.14)와 (2.21)을 모두 만족하기 위하여 이 과정을 무한히 반복하면

$$\begin{aligned} S_2(\theta) &= -\frac{2}{\pi}\sin\frac{\lambda\pi}{2}\sinh\frac{\lambda\theta}{2}\sinh\frac{\lambda}{2}(i\pi-\theta)\Gamma(1-\lambda\hat{\theta})\Gamma(1-\lambda(1-\hat{\theta})) \\ &\times \prod_{n=1}^{\infty} R_n(\theta)R_n(i\pi-\theta) \\ R_n(\theta) &= \frac{\Gamma(\lambda(2n-\hat{\theta}))\Gamma(1+\lambda(2n-\hat{\theta}))}{\Gamma(\lambda(2n+1-\hat{\theta}))\Gamma(1+\lambda(2n-1-\hat{\theta}))} \end{aligned}$$

를 유도할 수 있다. 또한 이로부터

$$S_R(\theta) = \frac{\sin\lambda\pi}{\pi}U(\theta),$$

$$U(\theta) \equiv \Gamma(1-\lambda\hat{\theta})\Gamma(1-\lambda+\lambda\hat{\theta})\prod_{n=1}^{\infty} R_n(\theta)R_n(i\pi-\theta) \qquad (2.22)$$

를 얻는다.

지금까지 사인-고든 모형에 대해 양-박스터 방정식과 유니태리티, 교차 대칭성만을 적용하여 산란행렬을 유도하였다. 아직도 완전한 해를 얻기 위해서는 두 가지가 더 결정되어야 한다. 첫째는 양-박스터 방정식를 푸는 과정에서 도입된 임의의 상수 λ를 사인-고든 모형의 작용상수 β와 관련짓는 것이다. 둘째는 $S_2(\theta)$의 CDD-인자를 결정하는 것이다. 이를 위해서는 고전적으로 결정한 사인-고든 모형의 입자 스펙트럼이 중요한 역할을 한다.

2.3 해석적 성질

사인-고든 모형의 산란행렬이 기본 영역에서 폴을 가지면 이는 입자의 구속상태인 브리더가 되므로, 솔리톤-반솔리톤 산란행렬인 $S_R(\theta)$과 $S_T(\theta)$만 폴이 있어야 하고, 솔리톤-솔리톤 산란행렬 성분인 $S(\theta)$는 기본 영역($0 \leq \Re e\ \hat{\theta} \leq 1$)에서 폴이 존재하지 말아야 한다. 먼저 $S_R(\theta)$의 폴의 위치를 보면

$$\theta = \frac{i\pi k}{\lambda}, \quad i\pi - \frac{i\pi k}{\lambda} \quad k = 1, 2, \ldots$$

이다. 이들은 s-채널과 t-채널의 폴에 해당한다. $S_T(\theta)$는 $\sinh(\lambda\theta)$를 가지고 있으므로 $S_R(\theta)$의 폴 중 첫 번째 종류는 폴이 되지 못한다. ($S_T(\theta)$는 t-채널이 솔리톤-솔리톤 산란이 되므로 브리더 폴을 가지지 못한다.) 따라서 진정한 폴은 $i\pi(1-k/\lambda)$뿐이다. 반면에 이 폴들은 $S(\theta)$에서는 $\sinh(\lambda(i\pi-\theta))$에 의해 상쇄되므로 $S(\theta)$는 폴을 갖지 못한다.

이들이 물리적으로 구속상태를 기술하기 위해서는 폴의 위치가 기본 영역에 존재하여야 한다. 즉 $\lambda < 1$이면 기본 영역에 폴이 없으므로 브리더가 존재하

지 않고 $\lambda > 1$이라면 브리더가 존재하는데, 이때 가능한 자연수 k는

$$k = 1, 2, \cdots < \lambda$$

로 주어진다. 또한 식 (2.3)을 이용하여 브리더의 질량을 계산하면

$$m_k = 2M \cosh\left[\frac{i\pi}{2}\left(1 - \frac{k}{\lambda}\right)\right] = 2M \sin\frac{\pi k}{2\lambda}$$

를 얻는다. 이 결과들을 준고전적 결과인 식 (2.10)과 비교하면

$$\lambda = \frac{8\pi}{\gamma} = \frac{8\pi}{\beta^2} - 1 \tag{2.23}$$

을 유도할 수 있다. 이로써 산란행렬은 정확히 브리더에 해당하는 폴만을 가지며 더 이상의 CDD-인자가 존재할 수 없음을 알 수 있다.

우리가 유도한 사인-고든 모형의 산란행렬은 다음과 같이 요약된다.

$$S_{\mathrm{SG}}(\theta) = \frac{U(\theta)}{i\pi}\begin{pmatrix} \sinh(\lambda\overline{\theta}) & 0 & 0 & 0 \\ 0 & \sinh(\lambda\theta) & \sinh(i\pi\lambda) & 0 \\ 0 & \sinh(i\pi\lambda) & \sinh(\lambda\theta) & 0 \\ 0 & 0 & 0 & \sinh(\lambda\overline{\theta}) \end{pmatrix} \tag{2.24}$$

여기서 $\overline{\theta} \equiv i\pi - \theta$로 정의되고, $U(\theta)$는 식 (2.22)의 무한곱으로 주어지는데, 경우에 따라서는 이를 다음의 적분 형태로 표시하는 것이 유용할 때가 있다.

$$S(\theta) = \frac{U(\theta)}{i\pi}\sinh(\lambda\overline{\theta}) \tag{2.25}$$

$$= \exp\int_0^\infty \frac{dx}{x}\frac{\sinh\left[\frac{x}{2}\left(1-\frac{1}{\lambda}\right)\right]}{\sinh\frac{x}{2\lambda}\cosh\frac{x}{2}}\sinh\frac{x\theta}{i\pi} \tag{2.26}$$

사인-고든 모형의 솔리톤 산란행렬은 몇 가지 흥미로운 특징을 보여준다. 먼저 자유전자점(free fermion point)은 $\beta^2 = 4\pi$로서 $\lambda = 1$에 해당하므로 식 (2.26)에 의해 $S_{SG}(\theta) = 1$임을 알 수 있다. 이는 솔리톤 간의 상호작용이 전혀 없음을 뜻하여 써링 모형의 페르미온들이 사인-고든 모형의 솔리톤임을 다시 확인시켜준다. 또한 $\lambda = n$(n 정수)이면 $S_R(\theta) \propto \sinh(i\pi n) = 0$이 된다. 이런 사실 때문에 이 경우를 무반사점(reflectionless point)이라고 한다. 따라서 산란행렬은 대각 성분만 가지게 되고 특히 무한곱으로 씌어지는 산란 성분도 매우 간단히

$$S_T(\theta) = e^{i\pi n} \prod_{k=1}^{n-1} \frac{e^{\theta - i\pi k/n} + 1}{e^{\theta} + e^{-i\pi k/n}}$$

로 씌어진다. ($S(\theta) = e^{i\pi(n+1)} S_T(\theta)$) 이 결과는 양-박스터 방정식에 의해 완전한 산란행렬이 유도되기 이전에 이미 알려져 있었다[8]. 입자 스펙트럼은 솔리톤-반솔리톤 외에도 $n-1$개의 브리더들로 이루어지는데, 특히 $n = 1$이 되면 제1브리더마저도 솔리톤-반솔리톤 짝으로 갈라져서 브리더는 완전히 없어진다.

2.4 브리더 산란행렬

$\lambda > 1$인 경우 브리더가 존재한다. 이들은 솔리톤-반솔리톤의 구속입자이므로 솔리톤 산란행렬 (2.24)를 구두끈 관계식 (2.8)에 대입하여 브리더와의 산란행렬을 유도할 수 있다.

브리더-솔리톤

사인-고든 모형의 n-브리더 상태는 솔리톤-반솔리톤으로 이루어져 있다. 이 경우 산란행렬의 고유 상태는

$$|\pm\rangle = \frac{1}{\sqrt{2}} \left(|A(\theta_1)\bar{A}(\theta_2)\rangle \pm |\bar{A}(\theta_1)A(\theta_2)\rangle \right)$$

의 두 가지가 가능하고, 식 (2.24)로부터 고유값은

$$S_{\pm}(\theta) = \frac{1}{2}\left[S_T(\theta) \pm S_R(\theta)\right]$$

이 됨을 알 수 있다. 이 산란행렬 성분은 각각 n이 짝수일 때와 홀수일 때 브리더-폴들을 가짐을 알 수 있다.

따라서 브리더 상태는

$$|B_n(\theta)\rangle = \frac{1}{\sqrt{2}}\left[|A(\theta_+)\overline{A}(\theta_-)\rangle + (-1)^n|\overline{A}(\theta_+)A(\theta_-)\rangle\right] \qquad (2.27)$$

로 주어진다. 여기서 솔리톤이 갖는 빠르기 변수는

$$E = m(\cosh\theta_+ + \cosh\theta_-) = m_n \cosh\theta,$$
$$P = m(\sinh\theta_+ + \sinh\theta_-) = m_n \sinh\theta$$

로부터 다음과 같이 얻어진다.

$$\theta_{\pm} = \theta \pm i\frac{\alpha_n}{2}, \qquad \alpha_n = \left(1 - \frac{n}{\lambda}\right) \qquad (2.28)$$

이를 이용하여 $S + B_n \to B_n + S$ 산란을 계산하면(그림 2.10)

$$\begin{aligned} S^{(n)}(\theta) &= \frac{1}{2}\left[S(\theta_-)S_T(\theta_+1) + S_R(\theta_-)S_R(\theta_+) + S_T(\theta_-)S(\theta_+)\right] \\ &= \frac{\sinh\theta + i\cos\frac{n\gamma}{16}}{\sinh\theta - i\cos\frac{n\gamma}{16}} \prod_{l=1}^{n-1} \frac{\sin^2\left(\frac{n-2l}{32}\gamma - \frac{\pi}{4} + i\frac{\theta}{2}\right)}{\sin^2\left(\frac{n-2l}{32}\gamma - \frac{\pi}{4} - i\frac{\theta}{2}\right)} \end{aligned}$$

를 얻을 수 있다.

이 산란행렬은 $\theta = i\left[\pi/2 + (2l-n)\gamma/16\right]$에서 이중 폴을 갖지만, 산란 이론에서 이중 폴은 보통의 폴(simple pole)과 달리 구속입자에 해당하는 것은

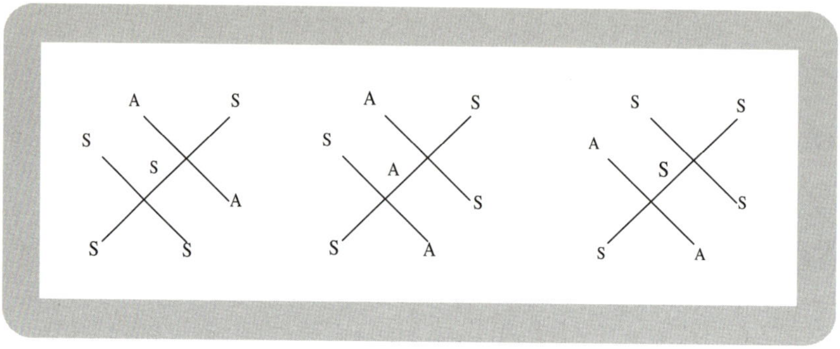

그림 2.10 브리더와 솔리톤의 산란

아니다. $\theta = i[\pi/2 \pm n\gamma/16]$에서 발생하는 폴은 각각 s-,u-채널의 솔리톤 폴에 해당한다.

브리더-브리더

같은 방식으로 두 브리더 간의 산란행렬을 얻을 수 있다.

$$|B_n(\theta_1)B_m(\theta_2)\rangle_{\text{in}} = S^{(n,m)}(\theta_1 - \theta_2)|B_m(\theta_2)B_n(\theta_1)\rangle_{\text{out}}$$

에 식 (2.27)을 대입하면 그림 2.11과 같이 네 개의 솔리톤-반솔리톤 산란행렬들을 곱한 형태가 되어, 내부선은 가능한 모든 입자상태에 대해 합을 취해야 한다. 이를 통해 다음과 같은 산란행렬을 얻을 수 있다($n \geq m$).

$$\begin{aligned} S^{(n,m)}(\theta) \;=\; & \frac{\sinh\theta + i\sin\frac{(n+m)\gamma}{16}}{\sinh\theta - i\sin\frac{(n+m)\gamma}{16}} \frac{\sinh\theta + i\sin\frac{(n-m)\gamma}{16}}{\sinh\theta - i\sin\frac{(n-m)\gamma}{16}} \\ & \times \prod_{l=1}^{n-1} \frac{\sin^2\left(\frac{m-n-2l}{32}\gamma + i\frac{\theta}{2}\right)}{\sin^2\left(\frac{m-n-2l}{32}\gamma - i\frac{\theta}{2}\right)} \frac{\cos^2\left(\frac{m+n-2l}{32}\gamma + i\frac{\theta}{2}\right)}{\cos^2\left(\frac{m+n-2l}{32}\gamma - i\frac{\theta}{2}\right)} \end{aligned}$$

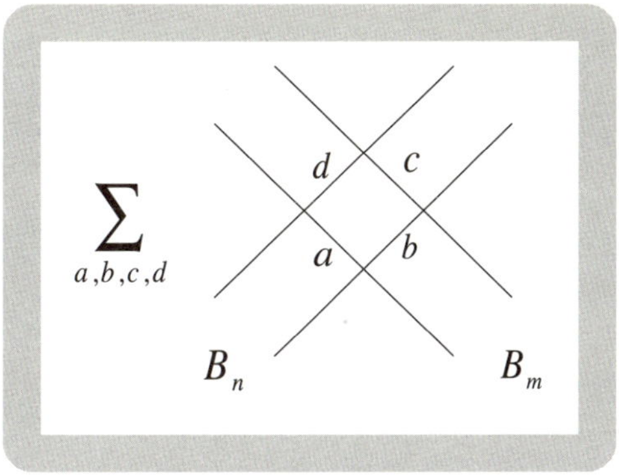

그림 2.11 브리더와 브리더의 산란

이 산란행렬은 $\theta = (n+m)\gamma/16$에서 폴을 갖는데, 이에 해당하는 질량을 계산하면 이것이 B_{n+m} 브리더임을 알 수 있다. 따라서 B_{n+m} 브리더는 B_n과 B_m의 구속상태이고, B_n은 n개의 제1브리더들로 이루어진 것임을 알 수 있다.

제1브리더끼리의 산란행렬은

$$S^{(1,1)}(\theta) = \frac{\sinh\theta + i\sin\frac{\gamma}{8}}{\sinh\theta - i\sin\frac{\gamma}{8}} \tag{2.29}$$

이 된다. 이는 작용상수 β^2에 대한 섭동 계산과 일치한다.

제 3 절 양자군*

양-박스터 방정식의 일반적인 해는 양자군(quantum group)의 표현(representation)에 의해 구해질 수 있다. 이 절에서는 양-박스터 방정식의 수학적인 구조에 대해 설명하고, 사인-고든 모형 안에서 이 대칭성을 유도한다.

3.1 고전적 가적분 모형

고전역학에서 도입되는 작용량-각도 변수(action-angle variable) 방법을 무한 개의 자유도를 가진 고전장론에 적용하여 가적분한 모형을 찾는 방법은 양자가적분의 방법과 거의 유사하다[9]. 먼저 락스 짝(Lax pair)이라고 불리는 두 개의 작용자를 정의하여

$$L=\frac{d}{dx}-U(t,x), \qquad M=\frac{d}{dt}-V(t,x)$$

이들이 제로곡률(zero-curvature) 조건, $[L,M]=0$을 만족하면 모노드로미(monodromy)행렬

$$T_L(\lambda,t)=\overrightarrow{\exp}\int_{-L}^{L}U(x,t|\lambda)dx$$

를 정의할 수 있고 $\mathrm{tr}(T_L)$은 t에 무관한 작용자가 된다. 여기서 '$\overrightarrow{\exp}$'는 시간의 순서대로 곱함을 의미한다. 이때 시간을 짧은 간격으로 쪼개어 모노드로미 행렬을

$$T_L(\lambda)=\overrightarrow{\prod_i}L_i(\lambda)$$

로 나타내고, 이 L-작용자가 다음의 푸아송 괄호(fundamental Poisson bracket)를 만족하면,

$$\{L_i(\lambda)\otimes L_j(\mu)\}=\left[r(\lambda-\mu),L_i(\lambda)\otimes L_j(\mu)\right]$$

두 개의 다른 값의 변수들에 대해서

$$\{\mathrm{tr}T_L(\lambda),\mathrm{tr}T_L(\mu)\}=0$$

이 만족되어 무한 개의 보존되는 양들이 존재하게 된다. 이때 $r(\lambda-\mu)$는 고전적 양-박스터 방정식

$$[r(\lambda-\mu), r(\mu-\nu)] + [r(\mu-\nu), r(\nu-\lambda)] + [r(\nu-\lambda), r(\lambda-\mu)] = 0$$

을 만족한다. 이 식은 양자적 양-박스터 방정식의 고전적 극한에 해당되는데 그 이유는 R-행렬을

$$R(u) = U(u)\left[\mathbf{1} + \hbar r(u) + \mathscr{O}(\hbar^2)\right]$$

으로 치환하여 양-박스터 방정식에 대입하면 r이 만족하는 방정식이 되기 때문이다.

고전적 양-박스터 방정식은 일반적인 고전적 리-대수(classical Lie algebra)에 대해서 세 가지 유형의 해들이 존재한다[10]. 고전적 양-박스터 방정식의 해는

$$r(u) = \sum_a r_a(u) X_a \otimes X_a$$

로 쓸 수 있는데, 여기서 X_a는 리-대수의 제너레이터(generator)이다. 이때 함수 $r_a(u)$가 유리함수, 삼각함수, 그리고 타원(elliptic)함수만이 가능하다는 사실이 알려졌다. 첫째로 유리함수는 $R(u) = u\mathbf{1} + \mathbf{P}$로 씌어지고, 여기서 $\mathbf{P}$는 두 벡터 공간들을 바꾸는 교환 작용자이다. 둘째는 $R(u, \gamma)$가 삼각함수로 나타내어지는 경우로서 새로운 변수 γ가 추가로 도입된다. 셋째의 타원함수는 두 개의 변수가 추가로 도입되는 해이다. 이 결과는 고전적 양-박스터 방정식뿐 아니라 양자적 양-박스터 방정식에도 그대로 적용된다.

따라서 고전 대수(classical algebra)와 고전적 양-박스터 방정식의 해는 일대일의 관계에 있음을 알 수 있다. 이를 확장하여, 양-박스터 방정식의 해를 고전 대수를 $\hbar$로 변형한 양자군이라는 수학적 구조에 해당하는 것으로 생각할 수 있

을 것이다. 이를 위해서는 양-박스터 방정식을 새로운 관계식으로 나타내야 한다.

3.2 보편적 R-행렬

(2.4)를 만족하는 R-행렬을 찾는 대신 다음과 같은 식을 생각해보자.

$$R_{12}(x/y)\mathbf{T}_1(x)\mathbf{T}_2(y)=\mathbf{T}_2(y)\mathbf{T}_1(x)R_{12}(x/y) \tag{2.30}$$

여기서 $\mathbf{T}_1=\mathbf{T}\otimes\mathbf{1}$, $\mathbf{T}_2=\mathbf{1}\otimes\mathbf{T}$이다. 이를 짐보(Jimbo) 관계식이라고 하며, 이 식이 만족되면 R이 양-박스터 방정식의 해가 됨을 보일 수 있다[11].

이 식을 가장 간단한 $sl(2)$ 대수에 대해서 자세히 살펴보자. $\widehat{R}(x)\equiv\mathbf{P}R(x)$를 정의하면 식 (2.30)은

$$\left[\widehat{R}(x),e\otimes k^{-1}+k\otimes e\right]=0 \tag{2.31}$$

$$\left[\widehat{R}(x),k\otimes k\right]=0$$

$$\widehat{R}(x)\left(xf\otimes k+k^{-1}\otimes f\right)=\left(f\otimes k+xk^{-1}\otimes f\right)\widehat{R}(x)$$

$$\widehat{R}(x)\left(x^{-1}e\otimes k+k^{-1}\otimes e\right)=\left(e\otimes k+x^{-1}k^{-1}\otimes e\right)\widehat{R}(x) \tag{2.32}$$

로 나타내질 수 있다. 여기서 $k\equiv q^{-h}$이고 h,e,f는 $sl(2)$의 제너레이터들이다.

처음 두 개의 빠르기와 무관한 관계식은 작용자 $\Delta: sl(2)\rightarrow sl(2)\otimes sl(2)$를 이용하여

$$\left[\widehat{R}(x),\Delta(a)\right]=0,\qquad a\in\mathscr{U}_q[sl(2)] \tag{2.33}$$

로 씌어질 수 있다. 이 작용자를 코멀티플리케이션(comultiplication)이라고 하며 이를 가지는 대수를 수학에서 보편적 감싸기 대수(univeral enveloping algebra) 혹은 양자군(quantum group)이라고 부르고 $\mathscr{U}_q[sl(2)]$ 혹은 $sl_q(2)$ 로 표시한다. 이 대수는 $k \otimes e$와 같이 제너레이터들의 텐서곱을 제너레이터로 가지는 대수이다. 이 $\mathscr{U}_q[sl(2)]$의 교환식은

$$[f,h] = -2f, \quad [e,h] = 2e, \quad [f,e] = \frac{q^h - q^{-h}}{q - q^{-1}}, \tag{2.34}$$

처럼 변형되어 있고, $q \to 1$이면 원래의 $sl(2)$의 교환식으로 되돌아간다. 식 (2.33)의 해를 '보편적 R-행렬'이라 하고, $R = \sum_\alpha X_\alpha \otimes X_\alpha$가 된다.

(2.32)의 나중 두 식은 빠르기에 관계하는데 이는 어파인 대수(affine algebra)를 이용하면 간단히 나타낼 수 있다. 먼저 세발리 베이시스(Chevalley basis)를 이용하여 어파인 대수 $\widehat{sl(2)}$를 정의하면

$$\begin{aligned} \hat{e}_0 = xf, \quad \hat{f}_0 = x^{-1}e, \quad \hat{h}_0 = -h \\ \hat{e}_1 = xe, \quad \hat{f}_1 = x^{-1}f, \quad \hat{h}_1 = h \end{aligned}$$

가 되어, (2.32)는

$$\begin{aligned} \left[\widehat{R}(x), h_\alpha \otimes \mathbf{1} + \mathbf{1} \otimes h_\alpha\right] = 0 \\ \widehat{R}(x)\left(\hat{e}_\alpha \otimes k_\alpha^{-1} + k_\alpha \otimes \hat{e}_\alpha\right) = \left(\hat{e}_\alpha \otimes k_\alpha^{-1} + k_\alpha \otimes \hat{e}_\alpha\right)\widehat{R}(x) \\ \widehat{R}(x)\left(\hat{f}_\alpha \otimes k_\alpha^{-1} + k_\alpha \otimes \hat{f}_\alpha\right) = \left(\hat{f}_\alpha \otimes k_\alpha^{-1} + k_\alpha \otimes \hat{f}_\alpha\right)\widehat{R}(x) \end{aligned}$$

로 표시되고 이들은 $\mathscr{U}_q[\widehat{sl(2)}]$의 코멀티플리케이션에 의해

$$\left[\widehat{R}(x), \widehat{\Delta}(a)\right] = 0, \qquad a \in \mathscr{U}_q[\widehat{sl(2)}]$$

로 씌어진다.

3.3 양-박스터 방정식의 해

(2.32)의 일반적 해는

$$\widehat{R}(x)=\sum_{j}\rho_{j}(x)P^{(j)}$$

로 쓸 수 있다. 이때 j는 $sl(2)$의 비환원 표현(irreducible representation)에 해당하는 스핀이고, $P^{(j)}$는 두 벡터 공간의 텐서곱을 특정한 스핀 j에 사영시키는 작용자이다. $P^{(j)}$와 Δ는 서로 다른 공간에 작용하므로 (2.33)을 만족시킨다.[3] $\mathscr{U}_q[sl(2)]$의 $P^{(j)}$는

$$P^{(j)}_{m,m'}=|j,m\rangle\langle j,m'|=\sum_{\alpha,\beta,\alpha',\beta'}|\alpha\beta\rangle\langle\alpha\beta|j,m\rangle\langle j,m'|\alpha'\beta'\rangle\langle\alpha'\beta'|$$

를 이용하여, 양자 클렙슈-고단(qauntum-Clebsch-Gordan; q-CG) 계수에 의해 얻어질 수 있다. $sl_q(2)$의 경우 간단한 경우의 q-CG는 다음과 같이 주어진다.

$$\left\langle j,\alpha+\beta \middle| j_1,\alpha;\frac{1}{2},\beta\right\rangle_q$$

$=$

j	$\beta=\frac{1}{2}$	$\beta=-\frac{1}{2}$
$j_1+\frac{1}{2}$	$q^{\frac{1}{2}(m-j_1-\frac{1}{2})}\sqrt{\frac{[j_1+m+\frac{1}{2}]}{[2j_1+1]}}$	$q^{\frac{1}{2}(m+j_1+\frac{1}{2})}\sqrt{\frac{[j_1-m+\frac{1}{2}]}{[2j_1+1]}}$
$j_1-\frac{1}{2}$	$-q^{\frac{1}{2}(m+j_1+\frac{1}{2})}\sqrt{\frac{[j_1-m+\frac{1}{2}]}{[2j_1+1]}}$	$q^{\frac{1}{2}(m-j_1-\frac{1}{2})}\sqrt{\frac{[j_1+m+\frac{1}{2}]}{[2j_1+1]}}$

(2.35)

3) $sl(2)$의 경우 두 개의 스핀 상태들의 텐서곱$|j_1,m_1\rangle\otimes|j_2,m_2\rangle$에 $\Delta(a)$를 작용시키면, 스핀 j는 바뀌지 않고 오직 m값만 변하는 반면, $P^{(j)}$는 이 텐서곱 상태 중 스핀 j만을 골라낸다.

여기서 양자 수(quantum number) $[n]$은 다음과 같이 정의된다.

$$[n] = \frac{q^n - q^{-n}}{q - q^{-1}}$$

한편 $\rho_j(x)$는 (2.32)의 나중 두 식들에 의해 다음과 같은 회귀식을 만족하며,

$$\frac{\rho_{j-1}(x)}{\rho_j(x)} = \frac{x - q^{2j}}{1 - xq^{2j}}$$

이로부터 기본 표현에 해당하는 양-박스터 방정식의 해는

$$\widehat{R}(x) = (1 - xq^2)P^{(1)} + (x - q^2)P^{(0)} \tag{2.36}$$

로 얻어진다. 이때 $P^{(1)} = 1 - P^{(0)}$이고, $P^{(0)}$는

$$P^{(0)} = \frac{1}{[2]} \begin{pmatrix} 0 & 0 & 0 & 0 \\ 0 & q & -1 & 0 \\ 0 & -1 & q^{-1} & 0 \\ 0 & 0 & 0 & 0 \end{pmatrix}$$

이다. 이 $\widehat{R}(x)$는 사인-고든 모형뿐 아니라 XXZ 스핀고리, 여섯 꼭지점 모형 등 가적분 통계 모형에서도 등장하게 된다.

일반적인 대수와 표현에 대하여 양자군의 해를 구하기 위해서는 위의 사영 행렬을 일반화시켜야 하고 이를 위해서 양자군의 일반적 표현을 알아야 한다. 여기에 관한 수학정리(Lusztig-Rosso 정리)가 존재한다.

Theorem. 만약 $\dim g < \infty$이고 $q \neq 1$의 근이면, $\text{Rep}\left[\mathscr{U}_q g\right] = \text{Rep}\left[\mathscr{U} g\right]$ 이다.

간단히 말하면 만약 변형 변수 q가 1의 근이 아니라면, 양자군은 보통 고전 대수와 같은 표현을 갖는다는 뜻이다. 따라서 이 경우에는 어렵지 않게 문제를 풀 수 있다. 하지만 물리학에서는 오히려 q가 1의 근이 될 경우가 중요해진다.

3.4 사인-고든 모형의 양자군 대칭성

앞에서 구한 사인-고든 모형의 산란행렬 (2.24)는 (2.36), 즉 $\mathscr{U}_q[sl(2)]$ 기본 표현에서의 R-행렬에 비례한다. 이 관계를 만족하기 위해서는 변형상수가

$$q = -e^{i\pi\lambda}$$

가 되어야 한다. 이 경우 솔리톤과 반솔리톤은 양자군 $sl_q(2)$의 스핀-$\frac{1}{2}$ 표현에 해당된다.

사인-고든 모형의 경우 이 양자군 대칭성은 숨겨져 있다[12]. 그 이유는 통상적 양자장론의 대칭성과 달리 이 대칭성에 해당하는 보존전하가 비국소적(non-local)이기 때문이다. 비국소적 보존전류는 이미 알려져 있었지만[13], 기존의 국소적 양자장론적 방법으로는 다룰 수가 없다는 한계 때문에 그간 관심의 대상이 되지 못했으나, 사인-고든 모형의 경우는 비국소적 보존전류로부터 양자군을 만들 수 있고 이를 이용하여 S-행렬을 얻을 수 있기 때문에 중요한 의미를 가진다. 먼저 사인-고든 모형의 기본장인 φ에 의해 다음의 비국소적 장을 만들면,

$$\begin{aligned} J_{\pm}(x,t) &= \exp\left[\pm\frac{i}{\hat{\beta}}\varphi(x,t) \pm \frac{i}{\hat{\beta}}\int_{-\infty}^{x} dy\,\dot{\varphi}(y,t)\right] \\ H_{\pm}(x,t) &= m^2\frac{\hat{\beta}^2}{\hat{\beta}^2-2}\exp\left[\pm\left(\frac{1}{\hat{\beta}^2}-\hat{\beta}\right)\varphi(x,t) \pm \frac{1}{\hat{\beta}^2}\int_{-\infty}^{x} dy\,\dot{\varphi}(y,t)\right] \end{aligned}$$

이들은 보존법칙을 만족한다.

$$\partial_{\bar{z}} J_{\pm} = \partial_z H_{\pm}, \quad \partial_z \bar{J}_{\pm} = \partial_{\bar{z}} \overline{H}_{\pm}$$

여기서 $\hat{\beta} \equiv \beta/\sqrt{4\pi}$로 정의된다.

이로부터 얻어지는 보존전하

$$\begin{aligned} Q_{\pm} &= \int dz J_{\pm} + \int d\bar{z} H_{\pm} \\ \overline{Q}_{\pm} &= \int d\bar{z} \bar{J}_{\pm} + \int dz \overline{H}_{\pm} \end{aligned} \tag{2.37}$$

는 교환식

$$\begin{aligned} Q_{\pm}\overline{Q}_{\pm} - q^2 \overline{Q}_{\pm} Q_{\pm} &= 0, \\ Q_{\pm}\overline{Q}_{\mp} - q^{-2} \overline{Q}_{\mp} Q_{\pm} &= a(1 - q^{\pm 2T}) \end{aligned}$$

를 만족한다. 여기서 $a = m^2\beta^2/64\pi^2 i$로 주어지는 상수이고, T는 위상전하이다. 이 교환관계식과 양자군의 교환식 (2.34)를 비교하면 $\mathcal{U}_q[\widehat{sl(2)}]$의 제너레이터들을 다음과 같이 연결할 수 있다.

$$Q_+ = \hat{e}_1 q^{h_1/2}, \qquad Q_- = \hat{e}_0 q^{h_0/2}, \qquad \overline{Q}_+ = \hat{f}_1 q^{h_1/2}, \qquad \overline{Q}_- = \hat{f}_0 q^{h_0/2}$$

이로부터 사인-고든 모형의 숨겨진 대칭성으로서 양자군이 존재함을 입증할 수 있다.

제 3 장

외부 전자기장

사인-고든 모형은 비섭동적 양자장론의 전형일 뿐 아니라 강상관계와 같은 저차원 양자계에 많이 응용되는 현실적인 모형이다. 강하게 상호작용하는 전자들이 보이는 집단 모드는 사인-고든 모형의 솔리톤에 해당하고 이들이 갖는 위상전하(topological charge)는 이 모드의 전하가 된다. 이런 물질계에 응용하기 위해서는 외부에서 전자기장 등을 걸어줄 때 이 물리계가 어떤 반응을 보이는지를 연구하는 것이 유용하다. 이들은 실험적으로 관찰할 수 있을 뿐더러 사인-고든 모형이 가지는 가적분 성질을 통하여 비섭동적인 결과를 얻을 수 있기 때문이다. 원래의 진공상태보다 더 낮은 에너지를 갖는 새로운 바닥상태가 나타나고, 이 상태는 매우 많은 솔리톤들이 서로 상호작용한다. 이를 완벽하게 기술하기 위해 베테안싸쯔 방법이 도입된다. 이 장은 참고문헌 [14]를 주로 참조하였다.

제 1 절 새로운 바닥상태

물리학의 가장 홍미로운 현상 가운데 하나는 바닥상태가 변하는 경우이다. 자발적 대칭성의 깨짐(spontaneous symmetry breaking), 상전이 현상 등이 이런 경우들에 속한다. 특히 사인-고든 모형과 같은 비섭동적 모형에서는 이를 정량적으로 다룰 수 있어서 홍미로운 결과를 보여준다.

1.1 라그랑지안

사인-고든 모형은 식 (1.11)에서 정의된 솔리톤의 위상전하를 나타내는 보존 전류

$$j^{\alpha} = \frac{\beta}{4\pi}\varepsilon^{\alpha\beta}\partial_{\beta}\varphi$$

를 가지므로 여기에 외부장이 걸리면 다음의 라그랑지안으로 기술된다.

$$\mathscr{L}_{mag} = \frac{1}{2}(\partial_{\alpha}\varphi)^2 - 2\mu\cos\beta\varphi + A_{\alpha}j^{\alpha} \tag{3.1}$$

μ는 사인-고든 모형의 라그랑지안 (1.3)을 적당한 재규격화에너지 Λ_R에서 정의한 것으로

$$\mu = \frac{m_0^2}{2\beta^2}[\Lambda_R^2]^{-\beta^2/8\pi}$$

로 주어진다.

위치에너지 $\cos\beta\varphi$의 등각 차원은 $\beta^2/8\pi = (1+\lambda)^{-1}$이므로 μ의 (질량) 차원은 $2\lambda/(1+\lambda)$가 된다. 따라서 이를 솔리톤의 질량으로

$$\mu = \varkappa(\lambda)M^{2\lambda/(1+\lambda)} \tag{3.2}$$

로 나타낼 수 있고 $\varkappa$는 사인-고든 모형의 작용상수 λ에 의해 결정되는 차원이 없는 상수이다. 이 상수를 정확히 계산하는 방법이 이 장의 중요한 주제 중 하나이다.

외부에서 걸어준 전자기장의 크기 $A \equiv |A_\alpha|$는 질량의 차원을 가지므로 자연스럽게 에너지 크기의 기준이 된다. 만약 $A^{2\lambda/(1+\lambda)} >> \mu$를 만족한다면 μ가 매우 작아지는 것이므로 라그랑지안 (3.1)의 두 번째 위치에너지항을 섭동항으로 다룰 수 있고 나머지는 $c = 1$ 자유보존 등각장론으로 볼 수 있다. 반대로 $A^{2\lambda/(1+\lambda)} << \mu$이면 외부장 A_α가 사인-고든 모형을 섭동하는 것으로 볼 수 있다. 두 번째 경우는 양자장론의 표준적인 섭동 이론으로 쉽게 계산이 가능하므로 여기서는 첫 번째 경우를 우선적으로 다루기로 한다.

이 물리계의 에너지는 A와 μ의 함수로 주어지는데, 이를 간편히 나타내기 위해 차원이 없는 비 ξ

$$\xi \equiv \frac{\mu}{A^{2\lambda/(1+\lambda)}} \tag{3.3}$$

를 도입하는 것이 편리하다. 에너지는 질량의 차원을 가지므로 단위 길이당 에너지는 질량의 제곱의 차원을 갖는다. 따라서 에너지 밀도를

$$\mathscr{E}(A) - \mathscr{E}(0) = -\frac{A^2}{\pi}\sum_{n=0}^{\infty} k_n \xi^{2n} \tag{3.4}$$

으로 쓸 수 있다. 여기서 ξ의 차수가 짝수만 나오는 이유는 라그랑지안 (3.1)이 $\mu \to -\mu$에 대해서 대칭적[4]이기 때문에 μ의 홀수승은 나올 수 없기 때문이다. UV극한에서는 $\xi \to 0$이므로 $\mathscr{E}(A) \propto -A^2$임을 알 수 있다. 이제 이를 등각장론에 대한 섭동으로 간주하여 그 계수를 계산해보자.

---

4) φ에 적당한 상수를 더하면 위치에너지 앞의 사인을 바꿀 수 있기 때문이다.

1.2 등각 섭동 이론

2차원 유클리드 시공간에서 분배함수(partition function)를 계산해보자. 시간과 공간의 크기를 각각 T와 L이라고 한다면 분배함수는

$$Z=\sum_i e^{-TE_i}=\sum_i e^{-LT\mathscr{E}_i}$$

가 된다. 만약 $T\to\infty$라면 $Z\approx e^{-LT\mathscr{E}}$로서 $\mathscr{E}$는 가장 낮은 에너지, 즉 진공 상태의 에너지 밀도이다. 따라서

$$\mathscr{E}=-\lim_{T\to\infty}\frac{1}{LT}\log Z$$

를 얻는다.

한편 분배함수 Z는 경로적분으로 정의할 수 있는데 식 (3.1)의 작용량 $S=S_0+\mu S_1$으로부터

$$Z(\mu)=\int\mathscr{D}\varphi e^{-S_0-\mu S_1}$$

이 된다. 이를 테일러전개하여 다시 쓰면

$$\begin{aligned}\log Z(\mu) &= \sum_{n=0}\frac{(-\mu)^n}{n!}G_c^{(n)}\mu^n\\ G_c^{(n)} &\equiv \langle S_1^n\rangle_c=(-1)^n\frac{\partial^n}{\partial\mu^n}\log Z(\mu)\Big|_{\mu=0}\end{aligned}$$

으로 주어진다. 여기서 $G_c^{(n)}$는 n개의 S_1들의 '연결된' 상관함수로서

$$G_c^{(n)}=\int\prod_{i=1}^n d^2x_i 2^n\langle\cos(\beta\varphi(x_1))\ldots\cos(\beta\varphi(x_n))\rangle_c$$

로 주어진다. 이를 식 (3.4)와 비교하면

$$k_n = \frac{1}{V}\frac{\pi}{(n!)^2}\left(\frac{2}{1+\lambda}\right)^{2-4n\lambda/(1+\lambda)} G_c^{(2n)} \tag{3.5}$$

임을 알 수 있다. 여기서 $V = LT$로 2차원 시공간의 부피이다.

먼저 $n=0$일 경우부터 생각해보자. 이 경우는 $\cos\beta\varphi$항이 없는 것에 해당된다. 라그랑지안

$$\mathscr{L}_0 = \frac{1}{2}(\partial_\alpha\varphi)^2 + \frac{\beta A}{4\pi}\partial_{x^1}\varphi$$

은 새로운 보존장

$$\tilde{\varphi}(x^0, x^1) = \varphi(x^0, x^1) - \frac{\beta A}{2\pi}x^1$$

을 정의하면 간단히 자유보존 모형

$$\frac{1}{2}(\partial_\alpha\tilde{\varphi})^2 + \frac{\beta^2 A^2}{8\pi^2} \tag{3.6}$$

으로 다시 쓸 수 있다.[5] 따라서 분배함수는

$$Z(A, \mu = 0) = Z(0,0)e^{-V\frac{\beta^2 A^2}{8\pi^2}}$$

이 되고,

$$k_0 = \frac{\beta^2}{8\pi} = \frac{1}{\lambda+1} \tag{3.7}$$

을 얻을 수 있다.

$n=1$인 경우 $G_c^{(2)}$는

$$G_c^{(2)} = \int d^2x_1 d^2x_2 \langle [e^{i\beta\varphi(x_1)} + e^{-i\beta\varphi(x_1)}][e^{i\beta\varphi(x_2)} + e^{-i\beta\varphi(x_2)}] \rangle_c$$

---

5) 여기서는 $A^1 = 0$의 게이지를 잡고 $A^0 = A$로 하였다.

$$
\begin{aligned}
&= V\int d^2x \langle [e^{i\beta\tilde{\varphi}(0)} + e^{-i\beta\tilde{\varphi}(0)}][e^{i\beta Ax^1}e^{i\beta\tilde{\varphi}(x)} + e^{-i\beta Ax^1}e^{-i\beta\tilde{\varphi}(x)}]\rangle_c \\
&= V\int d^2x \left[e^{-i\beta Ax^1}\langle e^{i\beta\tilde{\varphi}(0)}e^{-i\beta\tilde{\varphi}(x)}\rangle_c + e^{i\beta Ax^1}\langle e^{-i\beta\tilde{\varphi}(0)}e^{i\beta\tilde{\varphi}(x)}\rangle_c\right] \\
&= 2V\int dx^0 dx^1 \cos\left(\beta Ax^1\right)|x|^{-\beta^2/2\pi}
\end{aligned}
$$

으로 계산할 수 있다. 여기서 첫째 줄에서 상관함수는 두 좌표의 차이$(x_1 - x_2)$에만 관계하기 때문에 $x_1 = (0,0)$으로 고정한 후 x_1에 대해 적분하면 2차원 시공간의 부피 V가 나온다. 둘째 줄에는 앞에서 정의된 새로운 보존장을 대입하였고 이를 정리한 후 자유보존장에 대한 이점 상관함수를 대입하면 마지막 줄의 결과를 얻는다.

이 적분을 수행하기 위해 극좌표

$$
x^1 = r\cos\theta, \qquad x^0 = r\sin\theta
$$

를 도입한 후 먼저 θ에 대한 적분을 취하면

$$
\int_0^{2\pi} d\theta \cos(\beta Ar\cos\theta) = 2\pi J_0(\beta Ar)
$$

을 얻는다. 다음으로 r에 대해 적분하면

$$
\int_0^{\infty} dr\, r^{1-\beta^2/2\pi} J_0(\beta Ar) = \frac{1}{2}\left(\frac{2}{\beta A}\right)^{2-\beta^2/2\pi} \frac{\Gamma\left(1 - \frac{\beta^2}{4\pi}\right)}{\Gamma\left(\frac{\beta^2}{4\pi}\right)}
$$

이 되어 Γ함수들로 쓸 수 있고 이 결과를 식 (3.5)에 대입하면

$$
k_1 = \pi^2 \left(\frac{2}{1+\lambda}\right)^{2\frac{1-\lambda}{1+\lambda}} \frac{\Gamma\left(\frac{\lambda-1}{1+\lambda}\right)}{\Gamma\left(\frac{2}{1+\lambda}\right)} \tag{3.8}
$$

을 유도할 수 있다.

임의의 정수 n ($n > 2$)에 대해서는 등각장론의 쿨롱가스(Coulomb gas) 계산을 통해

$$k_n = \frac{\pi}{(n!)^2}\left(\frac{2}{1+\lambda}\right)^{2-4n\lambda/(1+\lambda)}\int_{x_1=0}\prod_{m=2}^{n} dx_m^2 dy_m^2 e^{2i(x_m^1-y_m^1)} \times \left[\left(\frac{\prod_{i>j}^{n}|x_i-x_j||y_i-y_j|}{\prod_{i,j=1}^{n}|x_i-y_j|}\right)^{\beta^2/2\pi} - \ldots\right]$$

가 되는데, 여기서 …은 연결된 파인만 그림들만을 포함하기 위하여 서로 떨어진 그림들을 빼기 위한 것이다.

제 2 절 베테안싸쯔

외부의 전자기장이 걸린 경우 사인-고든 모형은 그 입자들의 상태를 그대로 유지하지만 양자장론의 진공상태, 즉 에너지가 가장 낮은 바닥상태는 크게 변한다.

2.1 솔리톤에너지

식 (3.1)로 주어진 라그랑지안은 로렌쯔 변환에 대해 불변하므로 외부장을 x^0 방향으로 고정해도 일반성을 잃지 않는다. 이 경우 해밀토니안을 구하면

$$H_{\text{mag}} = H_{\text{SG}} - AQ \tag{3.9}$$

이 된다. ($A = |A_\alpha|$) 시공간 좌표에 무관하게 균일한 전자기장 A_α일 경우 새롭게 더해진 항은 전체 미분이 되어 오일러-라그랑지안 방정식에 영향을 주지

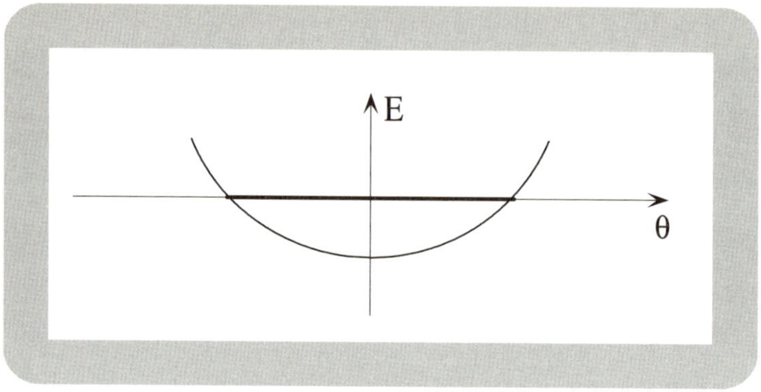

그림 3.1 솔리톤 페르미에너지

않는다. 따라서 제2장에서 설명한 보존전하와 가적분 성질은 그대로 유지되고 따라서 양-박스터 방정식을 바탕으로 유도된 산란행렬, 입자 스펙트럼 등도 그대로 유효하다.

반면에 솔리톤이 가지는 에너지는 전자기장에 영향을 받게 된다. 해밀토니안 (3.9)로부터 솔리톤 및 반솔리톤의 에너지와 운동량은 각각

$$E = M\cosh\theta \mp A, \qquad P = M\sinh\theta$$

로 주어진다(그림 3.1). 전자기장의 크기와 입자의 전하가 곱해지기 때문이다. 이 결과는 솔리톤과 반솔리톤의 에너지가 외부 전자기장에 의해 마치 지만(Zeeman) 효과처럼 축퇴가 없어짐을 뜻한다. 즉 $A > 0$일 경우 솔리톤의 에너지가 반솔리톤보다 더 작아져서 더 쉽게 생성될 것이고 $A < 0$이면 그 반대가 된다. 더욱이 $A > M$일 때에는 빠르기가

$$|\theta| \le B = \cosh^{-1}(A/M) \tag{3.10}$$

을 만족하면 솔리톤의 에너지가 음수가 되므로 이런 빠르기를 갖는 솔리톤이

더 많이 생성될수록 에너지는 더 낮아진다.

물론 이 조건은 입자가 하나일 때 성립하는 것으로 만약 매우 많은 솔리톤들이 함께 존재할 경우에는 서로간의 상호작용을 고려해야 올바른 바닥상태의 에너지를 계산할 수 있다. 이 바닥상태는 음의 에너지를 갖는 솔리톤들로 가득 찬 상태이다. 이 상태는 통상적인 양자장론의 바닥상태인 진공, 즉 입자가 전혀 없는 상태와 매우 다르고, 마치 음의 에너지를 갖는 페르미온들이 가득찬 상태로 정의되는 디락(Dirac)의 진공상태에 비유할 수 있다. 이미 밝혔듯이 솔리톤은 써링 모형의 페르미온에 해당하므로 파울리(Pauli)의 배타원리를 따르는 페르미-디락 통계 분포에 의해 음의 에너지를 갖는 상태수는 유한하고 따라서 이로부터 얻어지는 새로운 바닥상태도 유한한 에너지를 갖는다. 다음 절에서는 이 상호작용을 고려하여 바닥상태의 에너지를 계산하고자 한다.

2.2 주기적 경계조건

앞에서 설명하였듯이 바닥상태는 음의 에너지를 갖는 솔리톤들이 모여 있는 상태가 된다. 이 N개의 솔리톤들이 길이가 L인 1차원 상자 안에 있다고 가정하자. 솔리톤들의 공간의 위치를 x_i라고 하면 이들의 파동함수는

$$\Psi(x_1,\ldots,x_N)=\int d\theta_1\ldots d\theta_N A(\theta_1,\ldots,\theta_N)e^{iP_1x_1+\ldots+iP_Nx_N} \tag{3.11}$$

으로 기술된다. 여기서 진폭 $A(\theta_1,\ldots,\theta_N)$는 솔리톤들의 상호작용을 담고 있다. 이웃한 두 솔리톤들이 위치를 바꾸기 위해 서로 산란한다면

$$A(\ldots,\theta_i,\theta_{i+1},\ldots)=S(\theta_i-\theta_{i+1})A(\ldots,\theta_{i+1},\theta_i,\ldots) \tag{3.12}$$

의 관계가 존재한다. 여기서 $S(\theta)$는 제2장에서 유도한 솔리톤-솔리톤 산란행렬 (2.26)이다.

이제 이 파동함수가 주기적 경계조건(periodic boundary condition;PBC)을 만족한다면

$$\Psi(x_1,\ldots,x_N)=\Psi(x_1+L,\ldots,x_N)=\Psi(x_2,\ldots,x_N,x_1)$$

이 성립된다. 이 조건은 식 (3.11)로부터

$$e^{iP_1L}A(\theta_1,\ldots,\theta_N)=A(\theta_2,\ldots,\theta_N,\theta_1)$$

이 되고, 식 (3.12)를 이용하여

$$e^{iML\sinh\theta_1}=\prod_{j=2}^{N}S(\theta_j-\theta_1)$$

을 유도할 수 있다. 여기서는 첫 번째 솔리톤에 대해 PBC를 적용했지만 임의의 솔리톤에 대해서도 똑같은 유도과정이 적용되므로

$$e^{iML\sinh\theta_k}=\prod_{j\neq k}^{N}S(\theta_j-\theta_k),\quad k=1,\ldots,N$$

이 성립된다. 이 식의 양변에 로그(logarithm)를 취하면

$$ML\sinh\theta_k+i\sum_{j\neq k}\log\left[S(\theta_j-\theta_k)\right]=2\pi n_k \tag{3.13}$$

가 되는데, 여기서 n_k는 임의의 정수이다. 이 식을 N개의 빠르기 변수 θ들에 대한 연립방정식이라고 보면 정수 n들이 정해짐에 따라 θ들도 결정될 것이다.

2.3 상호작용이 없는 경우

이 방정식을 푸는 과정을 설명하기 위해 먼저 특별한 경우인 자유전자점 ($\beta = \sqrt{4\pi}$)을 고려해보자. 이때 솔리톤들은 서로 상호작용하지 않고 솔리톤 산란행렬은 $S(\theta) = 1$이 되므로 식 (3.13)의 해는 쉽게

$$ML \sinh\theta_k = 2\pi n_k \quad \rightarrow \quad \theta_k = \sinh^{-1}\left(\frac{2\pi n_k}{ML}\right)$$

임을 알 수 있다. 입자의 에너지는 $\cosh\theta - A$이므로

$$E_k = \sqrt{M^2 + \frac{4\pi^2 n_k^2}{L^2}} - A$$

로 주어진다. 솔리톤은 파울리 배타원리를 만족하는 페르미온이므로 두 입자가 같은 에너지를 가질 수 없기 때문에 n_k들은 모두 다른 정수이어야 한다. 위의 에너지는 n_k에 대한 증가함수이므로 낮은 에너지를 갖는 입자는 차례로 $n_k = 0, \pm 1, \pm 2, \ldots, \pm N$의 순서로 생성되어야 한다. 여기서 N은 $E_N = 0$을 만족시키는 정수이다.

이 입자들이 모두 모여서 바닥상태를 이루므로 이 상태의 단위 길이당 에너지 $\mathcal{E}$은

$$\mathcal{E} = \frac{1}{L} \sum_{n=-N}^{N} E_n$$

으로 주어진다. $L \rightarrow \infty$이면 $N \rightarrow \infty$이므로 이를 연속변수 $x \equiv n/L$로 써서

$$\mathcal{E} = \int_{-b}^{b} \left[M\sqrt{1 + \left(\frac{2\pi x}{M}\right)^2} - A \right] dx$$

의 적분으로 나타낼 수 있다. 여기서 b는 다음과 같이 정의된다.

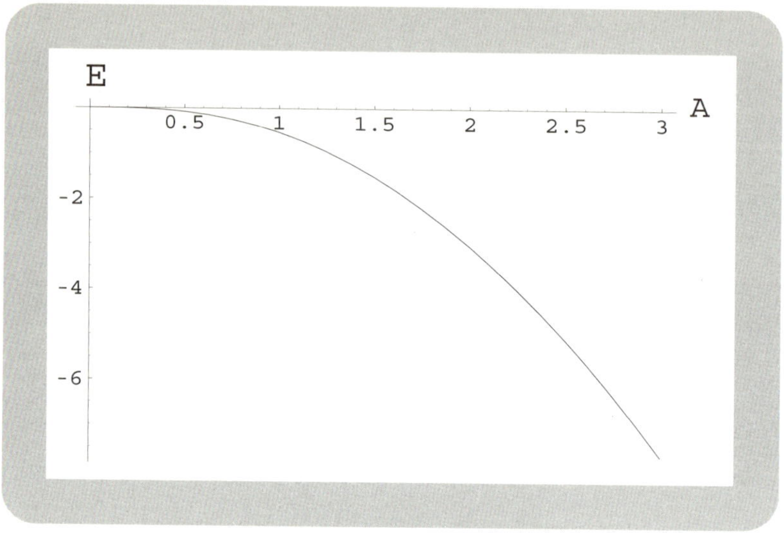

그림 3.2 바닥상태의 에너지

$$M\sqrt{1+\left(\frac{2\pi b}{M}\right)^2}=A$$

이 적분을 계산하면 ($\hat{A}=A/M$)

$$\mathcal{E}=\frac{M^2}{2\pi}\left[\log\left(\hat{A}+\sqrt{\hat{A}^2+1}\right)-\hat{A}\sqrt{\hat{A}^2+1}\right]$$

이 되고 그림 3.2와 같다.

2.4 일반적인 작용상수

솔리톤들 간의 상호작용이 있을 경우를 푸는 것은 훨씬 복잡하다. 식 (3.13)은 특정한 값의 정수 n_k들을 입력할 때마다 그에 상응하는 빠르기들을 결정한다. 이를 모든 가능한 정수값들에 대해 전부 시행했다고 가정한다면 식 (3.13)

에 의해 결정되는 빠르기들은 그림 3.3처럼 거의 연속적인 밴드 구조(band structure)를 이룰 것이다. 음의 에너지를 갖는 솔리톤들은 이 밴드 구조의 에너지 준위들을 가장 낮은 상태부터 채울 것이다.

입자들의 빠르기가 거의 연속적이므로 이들의 단위 길이당 밀도를 다음과 같이 정의하자.

$$\rho(\theta) = \frac{1}{L}\frac{dn(\theta)}{d\theta}$$

여기서 $dn(\theta)$는 θ와 $\theta + d\theta$ 사이의 빠르기를 갖는 솔리톤의 개수를 의미한다. 새로운 바닥상태가 N개의 솔리톤으로 이루어졌다면

$$N = L\int_{-B}^{B} \rho(\theta) d\theta$$

가 만족된다. 이 새로운 바닥상태는 음의 에너지를 갖는 솔리톤들이 가득 찬 상태로서 $\pm B$는 페르미점(Fermi Point)에 해당한다.

식 (3.13)을 조금 다른 빠르기 $\theta_k + \Delta\theta_k$에 대해 적용하면

$$\frac{ML}{2\pi}\cosh\theta_k - \sum_{j\neq k} k(\theta_j - \theta_k) = \frac{\Delta n_k}{\Delta\theta_k}$$

가 얻어진다. 여기서 커널 $k(\theta)$는 솔리톤의 산란행렬 성분에 의해

$$k(\theta) = \frac{1}{2\pi i}\frac{d}{d\theta}\log S(\theta)$$

로 정의된다. $L \to \infty$일 경우 이 식은 입자들의 밀도로 쓸 수 있다.

바닥상태는 음의 에너지를 갖는 모든 솔리톤들이 가득 찬 상태이므로 솔리톤의 밀도는 음의 에너지 상태의 밀도와 같다. 따라서 밀도는

$$M\cosh\theta - 2\pi\int_{-B}^{B} k(\theta - \theta')\rho(\theta')d\theta' = 2\pi\rho(\theta) \tag{3.14}$$

그림 3.3 밴드 구조

를 만족하고, 바닥상태의 에너지는

$$\mathscr{E}(A)-\mathscr{E}(0)=\int_{-B}^{B}(M\cosh\theta-A)\rho(\theta)d\theta \tag{3.15}$$

로 주어진다. 식 (3.14)를 풀어서 $\rho(\theta)$를 결정한 후 이를 식 (3.15)에 대입하면 된다. 바닥상태는 에너지가 가장 작아질 때까지 가능한 모든 솔리톤들이 채워지는 것이므로 페르미점 B는 에너지 최소화조건

$$\frac{\partial\mathscr{E}(A)}{\partial B}=0 \tag{3.16}$$

으로부터 결정된다.

이를 보다 효율적으로 다루기 위해 다음과 같이 정의된 함수 $\epsilon(\theta)$를 도입하

는 것이 편하다.

$$A - M\cosh\theta = \int_{-B}^{B} K(\theta-\theta')\epsilon(\theta')d\theta', \qquad -B < \theta < B \tag{3.17}$$

이 방정식의 '커널(kernel)' $K(\theta)$는

$$K(\theta) \equiv \delta(\theta) - 2\pi k(\theta)$$

로 정의되며 식 (2.26)을 이용하여 퓨리에 변환의 형태로 쓰면

$$\tilde{K}(\omega) = \int_{-\infty}^{\infty} K(\theta)e^{-i\omega\theta}d\theta = \frac{\sinh\frac{\pi(1+\lambda)\omega}{2\lambda}}{2\cosh\frac{\pi\omega}{2}\sinh\frac{\pi\omega}{2\lambda}} \tag{3.18}$$

로 주어진다. 또 식 (3.17)의 좌변을 식 (3.15) 우변에 대입한 후 (3.14)를 이용하면 바닥상태의 에너지는

$$\mathscr{E}(A) - \mathscr{E}(0) = -\frac{M}{2\pi}\int_{-B}^{B}\cosh\theta\,\epsilon(\theta)d\theta \tag{3.19}$$

가 된다.

식 (3.15)를 B에 대해 미분하면

$$\frac{\partial\mathscr{E}(A)}{\partial B} = 2(A - M\cosh B)\rho(B) + \int_{-B}^{B} d\theta(A - M\cosh\theta)\frac{\partial\rho(\theta)}{\partial B}$$
$$= 2(A - M\cosh B)\rho(B) + \int_{-B}^{B} d\theta\frac{\partial\rho(\theta)}{\partial B}\left[\epsilon(\theta) - \int_{-B}^{B} d\theta' k(\theta-\theta')\epsilon(\theta')\right]$$

를 얻고, 여기에 식 (3.14)를 B로 미분하여 얻는

$$\frac{\partial\rho(\theta)}{\partial B} - \int_{-B}^{B} d\theta' k(\theta-\theta')\frac{\partial\rho(\theta')}{\partial B} = [k(\theta-B) + k(\theta+B)]\rho(B)$$

를 대입하면

$$\frac{\partial \mathscr{E}(A)}{\partial B} = 2(A - M\cosh B)\rho(B) + \rho(B)\int_{-B}^{B} d\theta \epsilon(\theta)\,[k(\theta - B) + k(\theta + B)]$$

가 된다. 여기에 식 (3.17)을 적용하면

$$\frac{\partial \mathscr{E}(A)}{\partial B} = 2\epsilon(B)\rho(B) = 0$$

을 유도할 수 있고 $\rho(\pm B) > 0$이므로

$$\epsilon(\pm B) = 0 \tag{3.20}$$

이 만족됨을 알 수 있다. 따라서 식 (3.17)과 (3.20)으로부터 ϵ함수를 얻은 후 식 (3.19)로부터 바닥상태의 에너지를 계산하면 된다.

2.5 UV극한

임의의 A에 대해서는 이 식들을 수치적으로 풀 수밖에 없지만 $A \to \infty$일 경우에는 해석적인 해가 가능하다. 식 (3.3)으로부터 이 극한은 $\mu \to 0$과 동일하므로 이는 앞에서 다룬 등각장론에 대한 섭동적 계산에 해당한다. 식 (3.10)으로부터 $B \to \infty$에 해당하므로 바닥상태의 에너지 (3.19)는 주로 $|\theta| >> 1$의 영역에서 그 값을 얻게 될 것이다. 따라서 이 식을

$$\mathscr{E}(A) - \mathscr{E}(0) = -\frac{M}{2\pi}\int_{-B}^{B} e^{\theta}\epsilon(\theta)d\theta \tag{3.21}$$

로 근사할 수 있다. 또한 식 (3.17)도

$$A - \frac{M}{2}e^{\theta} = \int_{-\infty}^{B} K(\theta - \theta')\epsilon(\theta')d\theta' \tag{3.22}$$

로 쓸 수 있다. 이제 이 식의 양변을 θ로 미분하고 우변에 부분적분을 사용하면

$$-\frac{M}{2}e^{\theta}=\int_{-\infty}^{B}K(\theta-\theta')\epsilon'(\theta')d\theta' \tag{3.23}$$

를 얻고 이를 식 (3.21)의 우변에 대입한 후 부분적분하면

$$\begin{aligned}\mathscr{E}_{UV}(A) &= \frac{1}{\pi}\int_{-\infty}^{B}d\theta\int_{-\infty}^{B}d\theta'\epsilon(\theta)K(\theta-\theta')\epsilon(\theta') \\ &= \frac{A}{\pi}\int_{-\infty}^{B}d\theta\epsilon'(\theta)-\mathscr{E}_{UV}(A)\end{aligned}$$

가 되므로,

$$\mathscr{E}_{UV}(A)=-\frac{A}{2\pi}\epsilon(-\infty)$$

를 얻는다.

한편 식 (3.22)에 $\theta\to-\infty$를 취하면 커널 $K(\theta)$는 지수적인 감소함수이므로 우변의 적분은 $\theta'\sim-\infty$영역에서만 0이 되지 않는다. 이 영역에서 $\epsilon(\theta')$는 일정한 값으로 수렴하므로 이를 적분 밖으로 뽑아낼 수 있어서 커널을 θ'의 모든 영역에서 적분한 것이 남는다. 이 적분은 $\tilde{K}(0)=(1+\lambda)/2$이므로 $\epsilon(-\infty)=2A/(1+\lambda)$를 얻는다. 따라서

$$\mathscr{E}_{UV}(A)=-\frac{A^2}{\pi(1+\lambda)} \tag{3.24}$$

이 된다. 이 결과는 등각 섭동 이론으로 유도한 식 (3.4)와 (3.7)과 일치함을 알 수 있다.

2.6 비너-호프 방법*

물리적으로 중요한 결과를 얻기 위해서는 다음으로 큰 항을 계산하여야 한

다. 이를 위해서 비너-호프(Wiener-Hopf) 방법이 많이 사용된다. 식 (3.17)은 $-B \le \theta \le B$에서 정의된 식이므로 우선 이를 θ의 전 영역으로 확대하기 위하여

$$\epsilon(\theta) = \begin{cases} \epsilon(\theta) & if \ \ |\theta| \le B \\ 0 & if \ \ |\theta| > B \end{cases} \tag{3.25}$$

로 정의된 함수를 도입하자. 이 함수로 식 (3.17)을 다시 쓰면

$$Y(\theta) + Y(-\theta) = \int_{-\infty}^{\infty} K(\theta - \theta')\epsilon(\theta')d\theta' \equiv K \star \epsilon(\theta) \tag{3.26}$$

가 된다. 여기서

$$Y(\theta) = \begin{cases} (A - Me^{\theta})/2 & if \ \ 0 < \theta < B \\ X(\theta) & if \ \ \theta > B \end{cases} \tag{3.27}$$

로 정의되고 ($X(\theta)$는 임의의 함수), '$\star$'는 콘볼루션(convolution)이다.

이 형태의 적분방정식은 퓨리에 변환으로 풀 수 있다. 이를

$$\tilde{f}(\omega) = \int_{-\infty}^{\infty} d\theta f(\theta) e^{i\omega\theta}, \qquad f(\theta) = \int_{-\infty}^{\infty} \frac{d\omega}{2\pi} \tilde{f}(\omega) e^{-i\omega\theta}$$

로 정의하면, 식 (3.26)은

$$\tilde{Y}(\omega) + \tilde{Y}(-\omega) = \tilde{K}(\omega)\tilde{\epsilon}(\omega) \tag{3.28}$$

로 쓸 수 있다. 퓨리에 변환된 커널 $\tilde{K}(\omega)$는

$$\tilde{K}(\omega) = \frac{1}{\tilde{K}_+(\omega)\tilde{K}_-(\omega)}, \quad \tilde{K}_+(\omega) = \sqrt{2\pi(1+\lambda)} e^{i\omega\Delta} \frac{\Gamma\left(i\frac{1+\lambda}{2\lambda}\omega\right)}{\Gamma\left(\frac{i\omega}{2\lambda}\right)\Gamma\left(\frac{1}{2} + \frac{i\omega}{2}\right)}$$

로 주어지고, $\tilde{K}_{-}(\omega)=\tilde{K}_{+}(-\omega)$이다. 여기서 $\omega\to\infty$일 때

$$\tilde{K}_{+}(\omega)=1+\mathscr{O}\left(\frac{1}{\omega}\right)$$

의 형태가 되도록 상수 Δ를 잡으면

$$\Delta=\frac{1}{2}\log\lambda-\frac{1+\lambda}{2\lambda}\log(1+\lambda)$$

를 결정할 수 있다. 이를 이용하여 식 (3.28)을 다시 쓰면

$$\tilde{\epsilon}(\omega)=\tilde{K}_{+}(\omega)\tilde{K}_{-}(\omega)\left[\tilde{Y}(\omega)+\tilde{Y}(-\omega)\right] \tag{3.29}$$

가 된다.

$K_{+}(\omega)$가 ω-복소평면의 아래쪽 반면 ($\Im m\ \omega<0$)에서 근이나 폴(pole)을 갖지 않고, 비슷하게 $K_{-}(\omega)$는 ω-복소평면의 위쪽 반면 ($\Im m\ \omega>0$)에서 역시 같은 성질을 갖기 때문에

$$K_{+}\star f(\theta) = \int_{\theta}^{\infty} d\theta' K_{+}(\theta-\theta')f(\theta') \tag{3.30}$$

$$K_{-}\star f(\theta) = \int_{-\infty}^{\theta} d\theta' K_{-}(\theta'-\theta)f(\theta') \tag{3.31}$$

가 만족된다. 이를 보이기 위해 좌변을 퓨리에 변환으로 쓰면

$$\int\frac{d\omega}{2\pi}\tilde{K}_{+}(\omega)\tilde{f}(\omega)e^{-i\omega\theta}=\int d\theta' K_{+}(\theta')\int\frac{d\omega}{2\pi}\tilde{K}_{+}(\omega)\tilde{f}(\omega)e^{i\omega(\theta'-\theta)}$$

가 되고, ω 적분을 하기 위해 그림 3.4처럼 적분 경로를 잡으면 $\theta'<\theta$일 경우 적분이 0이 됨을 알 수 있다.

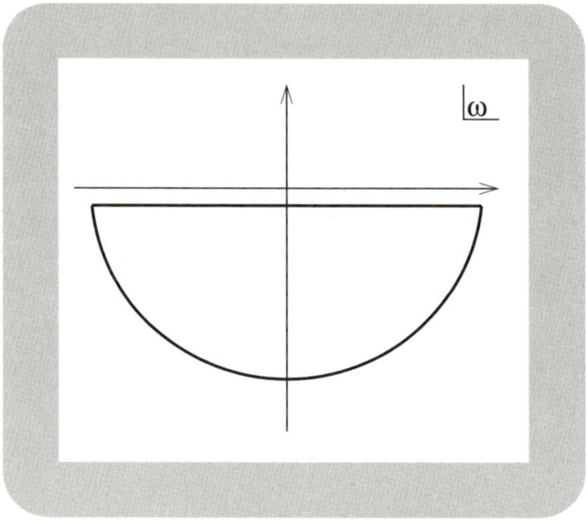

그림 3.4 적분 경로

비너-호프 방정식을 유도하기 위해 다음을 정의하자.

$$[f]_+(\theta)=\begin{cases} f(\theta) & \text{if } \theta>B \\ 0 & \text{if } \theta<B \end{cases}, \qquad [f]_-(\theta)=\begin{cases} 0 & \text{if } \theta>B \\ f(\theta) & \text{if } \theta<B \end{cases} \tag{3.32}$$

이 정의로부터 임의의 함수 $f(\theta)$에 대해

$$f(\theta)=[f]_+(\theta)+[f]_-(\theta) \tag{3.33}$$

가 성립되고, 퓨리에 변환은

$$[\tilde{f}]_\pm(\omega)=\mp e^{i\omega B}\int \frac{d\omega'}{2\pi i}\frac{e^{-i\omega' B}\tilde{f}(\omega')}{\omega-\omega'+i\epsilon} \tag{3.34}$$

로 주어짐을 쉽게 확인할 수 있다. $(\epsilon \to 0^+)$

식 (3.29)의 양변을 $\tilde{K}_+(\omega)$로 나눈 후 역퓨리에 변환을 취하면

$$K_+^{-1} \star \epsilon(\theta) = K_- \star Y(\theta) + K_+ \star Y(-\theta) \tag{3.35}$$

가 된다. 식 (3.30)으로부터

$$K_+^{-1} \star \epsilon(\theta) = \int_\theta^\infty K_+^{-1}(\theta - \theta')\epsilon(\theta')d\theta'$$

가 성립되는데 식 (3.25)에 의해 $\theta' > B$이면 $\epsilon(\theta') = 0$이므로 $\theta > B$에 대해서 $K_+^{-1} \star \epsilon(\theta) = 0$임을 알 수 있다. 즉 식 (3.32)의 정의로부터

$$\left[K_+^{-1} \star \epsilon\right]_+(\theta) = 0$$

이 성립된다. 이를 식 (3.35)에 적용하면 식 (3.33)에 의해

$$K_- \star Y(\theta) = [K_- \star Y(\theta)]_- - [K_+ \star Y(-\theta)]_+ \tag{3.36}$$

를 유도할 수 있다. 우변의 첫 항은 식 (3.31)을 이용하면

$$\begin{aligned} K_- \star Y(\theta) &= \int_{-\infty}^{\theta} K_-(\theta' - \theta)Y(\theta')d\theta' \\ &= \int \frac{d\omega}{2\pi}\tilde{K}_-(\omega)\int_{-\infty}^{\theta} e^{-i\omega(\theta'-\theta)}Y(\theta')d\theta' \end{aligned}$$

가 되고 여기에 식 (3.27)의 $Y(\theta')$를 대입하면

$$[K_- \star Y(\theta)]_- = \begin{cases} \frac{1}{2}\left[\tilde{K}_+(0)A - \tilde{K}_+(-i)Me^\theta\right] & if \quad \theta < B \\ 0 & if \quad \theta > B \end{cases} \tag{3.37}$$

를 유도할 수 있다.

식 (3.34)를 이용하여 식 (3.36)의 양변에 퓨리에 변환을 취하면

$$v(\omega)=-\frac{iA}{2}\frac{\tilde{K}_+(0)}{\omega-i\epsilon}+\frac{iMe^B}{2}\frac{\tilde{K}_+(-i)}{\omega-i}+\int\frac{e^{2i\omega' B}\alpha(\omega')v(\omega')}{\omega+\omega'+i\epsilon}\frac{d\omega'}{2\pi i} \quad (3.38)$$

가 된다. 여기서 $v(\omega)$와 $\alpha(\omega)$는

$$v(\omega)\equiv e^{-i\omega B}\tilde{K}_-(\omega)\tilde{Y}(\omega), \qquad \alpha(\omega)\equiv\frac{\tilde{K}_+(\omega)}{\tilde{K}_-(\omega)}$$

로 정의된다. 식 (3.38)의 마지막 항의 적분은 $\Im m\omega=0^+$이며 실수축과 평행인 경로 C_+에 대한 적분으로 바꿔 쓰면 $\omega'=0$의 폴에 대한 잉여항을 더해야 하고

$$v(\omega)=-\frac{iA\tilde{K}_+(0)}{\omega}+\frac{iMe^B}{2}\frac{\tilde{K}_+(-i)}{\omega-i}+\int_{C_+}\frac{e^{2i\omega' B}\alpha(\omega')v(\omega')}{\omega+\omega'}\frac{d\omega'}{2\pi i} \quad (3.39)$$

가 된다.

식 (3.20)을 만족시키기 위해서는 $\omega\to\infty$일 때 $v(\omega)\sim\mathcal{O}(1/\omega^2)$이 되어야 한다. 이를 식 (3.38)에 적용하기 위해 양변에 $\omega\to\infty$를 취하면

$$0=-\frac{iA}{2}\tilde{K}_+(0)+\frac{iMe^B}{2}\tilde{K}_+(-i)+\int_{C_+}e^{2i\omega' B}\alpha(\omega')v(\omega')\frac{d\omega'}{2\pi i} \quad (3.40)$$

를 얻는다. 이를 다음으로 정의된 새로운 함수 $u(\omega)$와 $\rho(\omega)$

$$u(\omega)=-\frac{1+i\omega}{A\tilde{K}_+(0)}v(\omega), \qquad \rho(\omega)=\frac{1-i\omega}{1+i\omega}\alpha(\omega)$$

로 다시 쓰면

$$u(\omega)=\frac{i}{\omega}+\int_{C_+}\frac{e^{2i\omega' B}}{\omega+\omega'}\rho(\omega')u(\omega')\frac{d\omega'}{2\pi i} \tag{3.41}$$

가 된다. 커널 $\rho(\theta)$를 자세히 쓰면

$$\rho(\theta)=e^{2i\omega\Delta}\frac{\Gamma\left(-\frac{i\omega}{2\lambda}\right)\Gamma\left(\frac{i(1+\lambda)\omega}{2\lambda}\right)\Gamma\left(\frac{3}{2}-\frac{i\omega}{2}\right)}{\Gamma\left(\frac{i\omega}{2\lambda}\right)\Gamma\left(-\frac{i(1+\lambda)\omega}{2\lambda}\right)\Gamma\left(\frac{3}{2}+\frac{i\omega}{2}\right)} \tag{3.42}$$

로 주어지는데 음의 허수축에서만 폴 등 특이점들을 가지므로 식 (3.41)의 적분은 잘 정의된다.

한편 식 (3.29)로부터 얻는

$$\tilde{\epsilon}(\omega)=e^{i\omega B}\tilde{K}_+(\omega)v(\omega)+e^{-i\omega B}\tilde{K}_-(\omega)v(-\omega) \tag{3.43}$$

를 이용하여 식 (3.39)는

$$\frac{e^{-i\omega B}\tilde{\epsilon}(\omega)}{\tilde{K}_+(\omega)}=-\frac{iA\tilde{K}_+(0)}{\omega}+\frac{iMe^B}{2}\frac{\tilde{K}_+(-i)}{\omega-i}+\int_{C'_+}\frac{e^{2i\omega' B}\alpha(\omega')v(\omega')}{\omega+\omega'}\frac{d\omega'}{2\pi i} \tag{3.44}$$

로 쓸 수 있다. 여기서 C'_+는 C_+에 $\omega'=-\omega$ 폴을 보탠 경로이다.

식 (3.19)로부터 바닥상태의 에너지는 $B\to\infty$일 때

$$\mathscr{E}(A)-\mathscr{E}(0)=-\frac{M}{2\pi}\tilde{\epsilon}(-i) \tag{3.45}$$

로 쓸 수 있다. 따라서 식 (3.44)로부터

$$\mathscr{E}(A)-\mathscr{E}(0)=-\frac{A^2u(i)}{\pi(1+\lambda)}\left[1-\int_{C'_+}\frac{e^{2i\omega B}}{\omega-i}\rho(\omega)u(\omega)\frac{d\omega}{2\pi i}\right]$$

를 유도할 수 있다. 여기서 식 (3.20)에 해당하는 조건으로부터

$$u(i) = \frac{M\sqrt{\pi}(1+\lambda)}{2A} \frac{\Gamma\left(\frac{1+\lambda}{2\lambda}\right)}{\Gamma\left(\frac{1}{2\lambda}\right)} e^{B+\Delta}$$

가 된다.

식 (3.42)에 정의된 $\rho(\omega)$는

$$\frac{2in\lambda}{\lambda+1}, \qquad n = 1, 2, \ldots$$

에서 폴을 갖고 이들은 $B >> 1$일 경우 자연수 n이 증가함에 따라 지수적으로 작아지므로 에너지를 다음과 같이 표현할 수 있다.

$$\begin{aligned} \mathscr{E}(A) &= -\frac{A^2}{\pi(1+\lambda)} k(A) \\ k(A) &= \left(1 - \sum_{n=1}^{\infty} \frac{(1+\lambda)q^n b_n \omega_n}{1+(1+2n)\lambda}\right)\left(1 - \sum_{n=1}^{\infty} \frac{(1+\lambda)q^n b_n \omega_n}{1+(1-2n)\lambda}\right) \end{aligned}$$

여기서

$$\omega_n = \frac{2\lambda}{1+\lambda} u\left(\frac{2in\lambda}{1+\lambda}\right), \qquad q = e^{-4\lambda(B+\Delta)/(1+\lambda)}$$

그리고

$$b_n = \frac{(-1)^n}{n!(n-1)!} \frac{\Gamma\left(\frac{n}{1+\lambda}\right)\Gamma\left(\frac{3}{2} + \frac{n\lambda}{1+\lambda}\right)}{\Gamma\left(-\frac{n}{1+\lambda}\right)\Gamma\left(\frac{3}{2} - \frac{n\lambda}{1+\lambda}\right)}$$

로 정의된다. 이로부터 에너지는

$$k(A) = \sum_{n=1}^{\infty} K_n q^n \left(1 - \sum_{n=1}^{\infty} \frac{(1+\lambda)q^n b_n \omega_n}{1+(1+2n)\lambda}\right)^{4n\lambda/(1+\lambda)}$$

로 주어짐을 유도할 수 있다.

이때 식 (3.41)로부터 ω_n에 대한 회귀식

$$\omega_n = \frac{1}{n} - \sum_{m=1}^{\infty} \frac{q^m}{m+n} b_m \omega_m$$

이 유도되고, $B >> 1$일 때 $q << 1$이므로 q에 대한 다항식으로 전개하면

$$\begin{aligned} K_0 \frac{\lambda^2}{\lambda(1+\lambda)} &= \frac{\lambda^2}{(1+\lambda)^2} \\ K_1 \frac{\lambda^2}{\lambda(1+\lambda)} &= -\frac{2b_1\lambda^2}{(1-\lambda)(1+3\lambda)} \end{aligned} \tag{3.46}$$

등을 얻을 수 있다.

특히 식 (3.4)와 (3.8)로 주어진 섭동 계산과 비교하면 식 (3.2)로 표현되는 라그랑지안의 상수 μ와 산란행렬에서 나오는 솔리톤의 질량 M과의 비례상수 $\varkappa$를 비섭동적으로 계산할 수 있다.

$$\varkappa(\lambda) = \frac{1}{\pi} \frac{\Gamma\left(\frac{1}{1+\lambda}\right)}{\Gamma\left(\frac{\lambda}{1+\lambda}\right)} \left[\frac{\sqrt{\pi}\Gamma\left(\frac{1+\lambda}{2\lambda}\right)}{2\Gamma\left(\frac{1}{2\lambda}\right)} \right]^{2\lambda/(1+\lambda)} \tag{3.47}$$

이 결과는 매우 중요하다. 양-박스터 방정식를 바탕으로 산란행렬을 유도하는 것은 라그랑지안과 직접적인 관련이 없기 때문에 산란행렬에 나오는 변수들을 라그랑지안의 그것과 연결시켜야 비로소 완벽한 해를 구했다고 할 수 있기 때문이다. 예를 들어 식 (2.19)의 변수들을 식 (2.23)으로 결정하기 위해서 입자들의 질량을 이용하였다. 사인-고든 모형의 라그랑지안 (1.1)이 갖는 질량변수 m_0를 솔리톤의 질량과 연결함으로써 산란행렬의 비섭동적 유도를 완성할 수 있다.

제 4 장

경계 사인-고든 모형

통상적으로 양자장론은 무한한 크기의 시공간에서 정의된다. 섭동 이론에서 섭동항을 뺀 운동에너지 부분에 의해 정의되는 전달자(propagator)는 에너지-운동량이 보존되기 때문에 2차원 시공간 좌표보다는 이를 퓨리에 변환시킨 에너지-운동량 공간에서 보다 쉽게 정의될 수 있다. 그러나 시간이나 공간의 크기가 유한하다면 에너지나 운동량은 보존되지 않는다. 따라서 경계가 있는 시공간에서 정의되는 양자장론은 통상적인 섭동 이론조차 쉽게 적용되지 않는다. 그러나 지금까지 설명한 비섭동적 방법은 경계가 도입되더라도 약간만 수정하면 그대로 적용이 가능하다. 물론 이를 위해서는 기본 전제인 가적분성, 즉 무한 개의 보존되는 양들은 계속 가지고 있어야만 한다. 이를 위해 가적분성을 유지하는 경계조건들을 찾는 작업이 선행되어야 한다.

물리적으로 유한한 크기의 공간을 고려해야 할 이유는 매우 다양하게 존재한다. 우선 초끈 이론에서 열린 끈이 움직여서 생기는 2차원 곡면은 경계가 도입되며 자기단극자(monopole)에 의한 양성자의 붕괴, 산일적(dissipative) 양자역학 및 최근 관심의 대상이 되고 있는 D-막(D-brane) 등은 경계가 있는 2차원 시공간에서 다루어야 할 이론적 문제들이다. 또 저차원 응집계에서 많이 연구되는 양자불순계(quantum impurity system)나 테두리상태(edge state) 등도 유한한 공간에서 정의되는 양자장론을 통해 다룰 수 있다. 1차원은 물론이고 2차원 공간에서도 경계가 있는 1차원 공간이 필요한 경우가 있다. 예를 들어 콘도(Kondo) 문제에서 자기성을 띤 불순물과 전자들 간의 산란은 구형 대칭성이 있는 s-파가 주로 큰 역할을 하기 때문에 구면 좌표계를 잡으면 이들 중 각도는 없어지고 반경(radius)만 남는다. 반경은 항상 양수이므로 3차원 공간의 문제를 1차원 공간의 반쪽으로 환원시킬 수 있고 이는 $r=0$인 곳에 경계가 도입된 것으로 간주할 수 있다. 이 장에서는 강상관계 등에 많이 응용되는 경계가 있는 1차원 공간에서 정의되는 사인-고든 모형의 비섭동적 해에 관해 설명하기로 한다. 이 방법들은 더 일반적인 가적분 양자장론에도 그대로 적용될 수 있을 것이다. 이 장은 참고문헌 [15]를 주로 참조하였다.

제 1 절 경계 라그랑지안

2차원 유클리드 시공간의 좌표를 x^0, x^1이라고 하면 보존법칙은 보통

$$\partial_\mu J^\mu = 0 \tag{4.1}$$

으로 주어진다. 이를 다른 형태로 쓰기 위해

$$z = \frac{1}{2}(x^0 + i x^1), \qquad \bar{z} = \frac{1}{2}(x^0 - i x^1)$$

으로 정의되는 복소수 좌표 $z, \bar{z}$를 도입하는 것이 편리하다. 복소좌표로 쓰면 보존법칙은

$$\partial_{\bar{z}} T_{s+1} = \partial_z \Theta_{s-1}, \qquad \partial_z \bar{T}_{s+1} = \partial_{\bar{z}} \bar{\Theta}_{s-1} \tag{4.2}$$

로 나타내진다. 사인-고든 모형의 경우 처음 몇 개의 보존량들은

$$\begin{aligned} T_2 &= (\partial_z \phi)^2, \qquad \Theta_0 = -2\cos\phi \\ T_4 &= (\partial_z^2 \phi)^2 - \frac{1}{4}(\partial_z \phi)^4, \qquad \Theta_2 = (\partial_z \phi)^2 \cos\phi \end{aligned} \tag{4.3}$$

가 됨을 운동방정식 $\partial_z \partial_{\bar{z}} \phi = \sin\phi$를 이용하여 유도할 수 있다(여기서 $\phi \equiv \beta\varphi$로 정의하였다). 또 이 보존식들에 복소짝(complex conjugate)을 취해도 역시 상응하는 보존법칙을 얻을 수 있다.

식 (4.1)의 형태로 주어지는 보존법칙으로부터 보존전하는

$$Q = \int dx^1 J^0(x^0, x^1)$$

이 되고 (4.2)에 해당하는 보존전하는

$$P_s = \int_{-\infty}^{\infty} (T_{s+1} + \Theta_{s-1}) dx, \qquad \bar{P}_s = \int_{-\infty}^{\infty} (\bar{T}_{s+1} + \bar{\Theta}_{s-1}) dx \tag{4.4}$$

가 된다. 이 전하들을 시간으로 미분하였을 때 0이 됨을 보일 수 있고 이는 이 전하들이 보존됨을 의미한다. 식 (4.4)의 전하들 중 $s = 1$에 해당하는 $P_1 + \bar{P}_1$이 해밀토니안이 됨을 쉽게 알 수 있다.

그러나 경계가 있는 경우에는 이야기가 달라진다. 일반적으로 경계가 있다면 설혹 식 (4.3)이 만족되더라도 식 (4.4)는 보존되지 않는다. 사인-고든 모형이 $x^1 \geq 0$인 반쪽에서만 정의된다면 전하를 정의할 때 적용되는 적분 구간이 0에서 ∞까지가 된다. 식 (4.4)의 형태로 주어지는 전하를 시간으로 미분하면

$$\dot{P}_s = \int_0^{\infty} \partial_t (T_{s+1} + \Theta_{s-1}) dx, \qquad \dot{\bar{P}}_s = \int_0^{\infty} \partial_t (\bar{T}_{s+1} + \bar{\Theta}_{s-1}) dx$$

가 된다. 여기에 식 (4.3)을 적용하면

$$\dot{P}_s = [T_{s+1} - \Theta_{s-1}]\Big|_{x=0}, \qquad \dot{\bar{P}}_s = -[\bar{T}_{s+1} - \bar{\Theta}_{s-1}]\Big|_{x=0} \tag{4.5}$$

이 되는데 이는 일반적으로 0이 아니기 때문이다. 따라서 경계가 도입되면 원래의 전하들은 더 이상 보존되지 않는다.

그럼에도 비록 원래의 보존전하들은 아니지만 새로운 형태의 보존전하를 찾는 것은 가능하다. 식 (4.5)로부터

$$[T_{s+1} - \Theta_{s-1} - \bar{T}_{s+1} + \bar{\Theta}_{s-1}]\Big|_{x=0} = \dot{\theta}_s \tag{4.6}$$

를 만족하는 θ_s가 존재한다면

$$P_s + \bar{P}_s - \theta_s$$

가 보존됨을 쉽게 알 수 있다. 특히 $s=1$인 경우 $P_1+\bar{P}_1$이 해밀토니안이므로 θ_1은 경계 해밀토니안이 된다.

이를 사인-고든 모형에 적용해보자. 우선 작용량에 경계에서의 라그랑지안 V_B를 도입하면

$$\mathscr{S}_{\mathrm{SG}} = \frac{1}{\beta^2}\int_{-\infty}^{\infty} dt \left\{ \int_0^{\infty} dx \left[\frac{1}{2}(\partial_\mu \phi)^2 - 4\cos\phi \right] + V_B \right\} \tag{4.7}$$

로 주어진다.[6] 여기서 경계 라그랑지안 V_B는 경계에서의 양자장과 그 변화에 의해 주어지므로 $V_B[\varphi(0,t), \dot{\varphi}(0,t)]$의 함수가 될 것이다.

우리의 관심은 사인-고든 모형의 가장 큰 특징인 가적분성을 유지할 수 있는 V_B를 찾는 것이다. 가장 간단하게 $V_B=0$, 즉 자유 경계조건은 이를 만족하겠

---

6) 이 장에서는 수식을 간단히 하기 위해 $\beta\varphi \equiv \phi$, $m_0^2 \equiv 4$로 정의하였다.

지만 이보다 일반적으로 경계가 있을 경우에도 무한 개의 보존되는 양들이 가능한 경계 라그랑지안을 찾기는 쉽지 않다. 그러나 처음 몇 개의 보존되는 양들만을 이용해서 이를 찾을 수 있다.

우선 운동방정식을 구하기 위해 양자장을 약간 변화시키면 $\phi \to \phi + \delta\phi$ 작용량의 변화는

$$\delta S = -\frac{1}{\beta^2}\int_{-\infty}^{\infty} dt \left[\int_0^{\infty} \left(\partial^2\phi - 4\sin\phi\right)\delta\phi dx + \left(V_B'(\phi) - \partial_x\phi\right)\delta\phi\Big|_{x=0}\right]$$

이 되므로 경계에서의 운동방정식

$$\partial_x\phi(0,t) = V_B'(\phi(0,t)) \tag{4.8}$$

가 만족되어야 한다.

이로부터 해밀토니안을 계산해보면 $\theta_1 = -V_B$임을 알 수 있고, 경계 운동방정식 (4.8)은 일반적인 식 (4.6)의 특별한 경우($s = 1$)임을 알 수 있다. 다음으로 $s = 3$일 때의 식 (4.6)의 좌변을 계산하면

$$\begin{aligned} & V_B'(\phi)(\partial_t\phi)^3 + 8V_B''(\phi)(\partial_t^2\phi)(\partial_t\phi) \\ - & \left[(V_B'(\phi))^3 + 4V_B''(\phi)\sin\phi + 2V_B'(\phi)\cos\phi\right](\partial_t\phi) \end{aligned}$$

가 된다. 이 식이 시간의 미분이 되기 위해서는

$$4V_B''(\phi) + V_B(\phi) = 0$$

을 만족해야 하고 이로부터

$$V_B(\phi) = \mu_B\cos\left(\frac{\phi - \phi_0}{2}\right)$$

를 유도할 수 있다. 여기에 등장하는 두 상수 μ_B와 ϕ_0는 경계조건을 규정하는 상수들로서 매우 중요한 역할을 하게 된다.

또한 경계 라그랑지안에 더해지는 $\dot{\phi}$항은 전체 미분항이므로 경계 운동방정식에 아무 영향을 주지 않기 때문에 언제라도 더할 수 있다. 따라서 가장 일반적인 경계 라그랑지안은

$$\mathscr{L}_B = \mu_B \cos\left(\frac{\beta}{2}(\varphi - \varphi_0)\right) + \varkappa\dot{\varphi} \tag{4.9}$$

가 된다. 이 경계 라그랑지안이 가적분성을 유지하는 가장 일반적인 것인지, 그리고 모든 s에 대해 식 (4.6)이 성립할 수 있는지 등은 여전히 추측으로 남아 있지만 그렇다는 사실을 간접적으로 증명할 수 있다. 이를 위해서는 입자들의 산란행렬을 새롭게 정의해야 한다.

제 2 절 경계 양-박스터 방정식과 경계 산란행렬

경계가 있을 경우라도 입자 스펙트럼은 변화가 없다. 사인-고든 모형의 경우 여전히 솔리톤 및 반솔리톤은 $x \to \infty$ 영역에서 위치에너지를 최소화시키는 값들로 결정되고 이들의 구속상태인 브리더들도 마찬가지이다. 또 양-박스터 방정식에 의해 결정되는 입자들 간의 산란행렬도 그대로 성립된다. 경계가 존재할 경우 새로운 물리량이 도입되어야 한다. 즉 어떤 입자가 경계에서 부딪힌 후 튀어나오는 경우가 새롭게 고려되어야 하는 것이다. 이렇게 한 입자가 경계에 부딪힌 후 튀어나오는 확률을 경계 산란행렬이라고 하며 이를 비섭동적으로 계산하여 앞에서 도입한 경계 라그랑지안과 결부시켜야 한다.

보통의 산란행렬이 원칙적으로 라그랑지안의 상호작용과 관련되듯이 경계 산란행렬은 경계 라그랑지안과 관계가 된다. 제2장에서 우리는 산란행렬의 경

우 섭동적 계산이 가능하기는 하지만 무한 개의 섭동항을 전부 계산할 수는 없기 때문에 새로운 방법, 즉 양-박스터 방정식과 부수적 조건들을 이용하여 비섭동적 결과를 유도하였다. 그러나 이 방식은 라그랑지안을 직접 이용한 것이 아니기 때문에, 산란행렬이 포함하는 매개변수를 라그랑지안의 그것과 연결시키는 과정이 필요하였고, 이를 위해서는 산란행렬의 폴들의 위치와 사인-고든 모형 입자들의 질량을 비교한 바 있다(제2장 제2절 참조).

경계 산란행렬의 경우는 문제가 더 어려워진다. 우선 이 경우엔 섭동적 계산도 쉽지 않다. 통상적으로 섭동 계산에서 전달자(propagator)들은 운동량이 보존될 경우를 가정하지만 경계가 있는 경우 이 가정이 성립되지 않으므로 전달자를 시공간 좌표로 표시할 수밖에 없기 때문이다. 계산이 불가능한 것은 아니지만 파인만 그림을 이용한 섭동 계산은 적용될 수 없다. 이런 상황에서 가적분성을 바탕으로 한 비섭동적 방법은 유일한 접근방식이 될 수 있다. 경계 라그랑지안을 결정할 수 있었던 것도 가적분성을 요구했기 때문이지만 이미 경계가 없는 경우에서 보았듯이 가적분성은 입자들의 산란과정을 두 입자들 사이의 산란행렬들의 곱으로 인수분해할 수 있음을 의미했고 이 인수분해 과정이 자연스럽게 정의되기 위해서 산란행렬이 양-박스터 방정식을 만족해야 했다. 더구나 사인-고든 모형과 같이 산란행렬이 단순한 하나의 복소수가 아니라 행렬이라면(사인-고든 모형은 4 × 4-행렬) 양-박스터 방정식의 해는 양자군이라는 수학적 구조에 의해 결정되므로 산란행렬을 완벽히 결정할 수 있다.

이를 경계가 있는 경우로 일반화하려면 우선 경계에 의해 새롭게 생기는 물리 현상을 유추해보아야 할 것이다. 가장 자연스러운 것은 입자들이 경계에 부딪혀 튀어나오는 현상인데 일반적으로는 경계에 부딪히기 전의 입자와 부딪힌 후의 입자가 질량이나 에너지, 심지어 입자의 개수도 같을 이유는 없다. 마치 경계가 없는 경우 산란이 완전탄성일 이유가 없는 것과 마찬가지이다. 그러나 가적분성은 입자들이 가지는 운동량-에너지들이 보존되어야 하기 때문에 입자들의 개수, 종류 등은 보존되어야 하고 산란행렬은 두 입자의 빠르기의 차이에

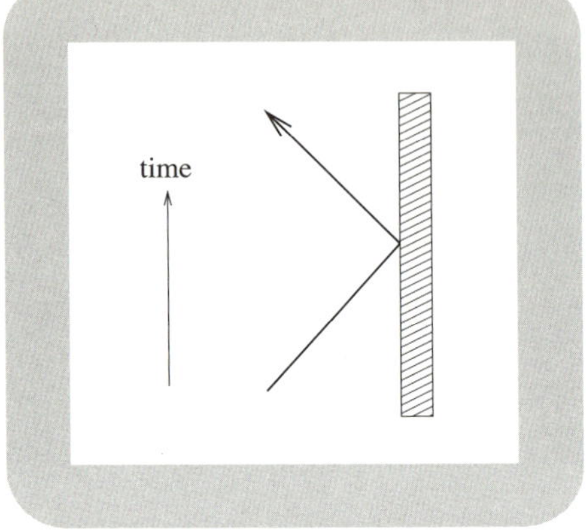

그림 4.1 경계 산란행렬

의해서만 결정된다. 마찬가지로 경계가 있을 경우, 일반적으로는 입자가 경계와 충돌한 후 튕겨나올 때 입자 수, 질량 등이 보존될 필요는 없지만, 가적분 양자장론의 경우는 이들이 보존되어야 한다. 즉 입자가 경계와 충돌한 후 튕겨나올 때는 에너지는 보존되고 운동량은 반대가 되어야 한다. 따라서 경계와의 산란은 그림 4.1처럼 입자의 빠르기를 θ에서 $-\theta$로 바꾸게 되므로 산란행렬은

$$|A_a(\theta)\rangle_{\text{in}} = R_a^b(\theta)|A_b(-\theta)\rangle_{\text{out}}$$

으로 정의할 수 있다.

이제 여러 입자들이 복잡하게 경계나 자기들끼리 산란하는 것을 고려해보자. 이 경우에도 입자들의 산란행렬들은 두 입자들 간의 산란행렬들과 입자와 경계의 경계 산란행렬들의 곱으로 인수분해되어야 하기 때문에 산란행렬이 만족해야 하는 양-박스터 방정식은 물론이고 경계 산란행렬에 대한 새로운 관계식(경계 양-박스터 방정식)이 충족되어야 한다. 이 식은 먼저 그림 4.2처럼 나타낼 수 있고 수식으로 쓰면

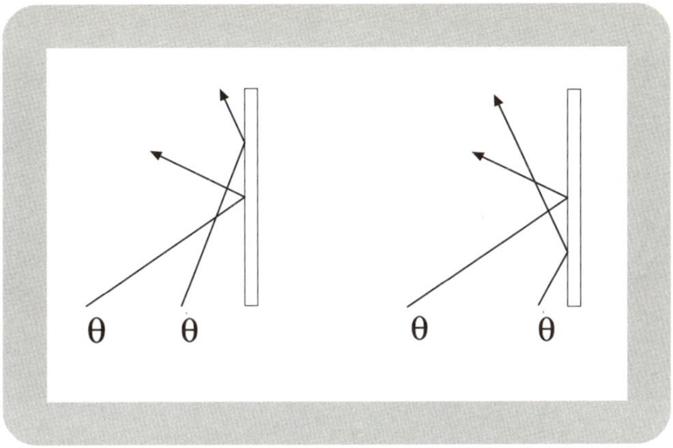

그림 4.2 경계 양-박스터 방정식

$$\sum_{c_1,c_2,d_1,d_2} S^{c_1c_2}_{a_1a_2}(\theta-\theta')R^{d_1}_{c_1}(\theta)S^{d_2b_1}_{c_2d_1}(\theta+\theta')R^{b_2}_{d_2}(\theta')$$
$$= \sum_{c_1,c_2,d_1,d_2} R^{c_2}_{a_2}(\theta')S^{c_1d_2}_{a_1c_2}(\theta+\theta')R^{d_1}_{c_1}(\theta)S^{b_2b_1}_{d_2d_1}(\theta-\theta')$$

가 된다.

사인-고든 모형의 경우 솔리톤과 반솔리톤은 다른 입자이지만 같은 질량을 갖고 있으므로 경계와의 산란으로 솔리톤이 반솔리톤으로 혹은 이와 반대의 경우가 발생할 수 있다. 이렇게 경계와의 산란에 의해 위상전하가 보존되지 않는 경우를 '비대각적(nondiagonal) 경계 산란행렬'이라고 한다. 솔리톤과 반솔리톤의 생성 작용자를 각각 $A(\theta)$와 $\overline{A}(\theta)$라고 하면 경계에서의 산란을 다음의 '파데에프-자몰로치코프' 관계식으로 나타낼 수 있다.

$$A(\theta)\mathbf{B} = P_+(\theta)A(-\theta)\mathbf{B} + Q_+(\theta)\overline{A}(-\theta)\mathbf{B}, \quad (4.10)$$

$$\overline{A}(\theta)\mathbf{B} = Q_-(\theta)A(-\theta)\mathbf{B} + P_-(\theta)\overline{A}(-\theta)\mathbf{B} \quad (4.11)$$

이를 행렬의 형태로 쓰면

$$R(\theta) = \begin{pmatrix} P_+(\theta) & Q_+(\theta) \\ Q_-(\theta) & P_-(\theta) \end{pmatrix} \tag{4.12}$$

가 된다. $P_\pm$는 각각 솔리톤과 반솔리톤이 자신을 유지하며 튕겨나올 확률진폭을 의미하며 비대각항 $Q_\pm$는 위상전하가 보존되지 않는 경우의 확률진폭이다. 사인-고든 모형의 산란행렬은 식 (2.11)로 주어지므로 경계 양-박스터 방정식은

$$\begin{aligned} Q_+S_RQ_-S &= Q_-S_RQ_+S & (4.13) \\ P_-S_TP_+S_R &+ P_+S_RP_+S_T = P_-S_RP_-S_T + P_+S_TP_-S_R & (4.14) \\ P_+SQ_+S_R &+ Q_+S_TP_+S_T + Q_+S_RP_-S_R & \\ &= Q_+SP_+S + P_-S_RQ_+S & (4.15) \\ P_+SQ_+S_T &+ Q_+S_TP_+S_R + Q_+S_RP_-S_T = P_+S_TQ_+S & (4.16) \end{aligned}$$

가 된다. 여기서는 식을 간단히 나타내기 위해 각 함수의 변수들을 전부 생략하고 쓴 것으로, 곱해진 네 개의 함수들의 변수는 각각 θ', $\theta+\theta'$, θ, $\theta-\theta'$이다.

이들은 함수관계식인데다 여러 함수들이 얽혀 있어서 언뜻 보면 풀기가 쉽지 않아 보이지만 해를 찾기가 어렵지는 않다. 먼저 다음의 두 함수를 정의하자.

$$p(\theta) \equiv \frac{P_+(\theta)}{P_-(\theta)}, \qquad q(\theta) \equiv \frac{Q_+(\theta)}{Q_-(\theta)}$$

이를 이용하여 식 (4.13)의 양변을 $Q_-S_RQ_-S$로 나누면

$$q(\theta) = q(\theta')$$

를 얻는다. 이 식이 임의의 θ와 θ'에 대해 성립하려면

$$q(\theta) = \text{constant} \tag{4.17}$$

를 만족해야 한다.

이번에는 식 (4.14)의 양변을 $P_S_R P_S_R$로 나눈 후 식 (2.20)에서 구한 $S_T/S_R(\theta) = \sinh(\lambda\theta)/\sinh(i\pi\lambda)$를 이용하면

$$\left[p(\theta) - p(\theta')\right]\sinh[\lambda(\theta+\theta')] = \left[p(\theta)p(\theta') - 1\right]\sinh[\lambda(\theta-\theta')]$$

를 얻는다. 이를 정리하면

$$\tanh(\lambda\theta)\frac{p(\theta)-1}{p(\theta)+1} = \tanh(\lambda\theta')\frac{p(\theta')-1}{p(\theta')+1}$$

이 되는데, 좌변은 θ만의, 우변은 θ'만의 함수이므로 이 둘이 같아지기 위해서는 상수가 될 수밖에 없다. 이 상수를 $\tan\xi$라고 하면

$$p(\theta) = \frac{\cosh(\lambda\theta + i\xi)}{\cosh(\lambda\theta - i\xi)} \tag{4.18}$$

를 얻을 수 있다.

또 식 (4.15)와 (4.16)을 만족시키기 위해서

$$r(\theta) = \frac{P_+(\theta)}{Q_+(\theta)}$$

를 정의하고 두 식의 양변을 $Q_+(\theta)Q_+(\theta')$로 나눈 후 식 (2.20)을 이용하면

$$r(\theta')\frac{\sinh(2\lambda\theta')}{\cosh(\lambda\theta' + i\xi)} = r(\theta)\frac{\sinh(2\lambda\theta)}{\cosh(\lambda\theta + i\xi)}$$

를 유도할 수 있다. 이 식으로부터

$$r(\theta) = \text{const.}\frac{\cosh(\lambda\theta + i\xi)}{\sinh(2\lambda\theta)} \tag{4.19}$$

를 얻는다.

위의 세 식 (4.17), (4.18), (4.19)로부터

$$P_+(\theta) = \cosh(\lambda\theta + i\xi)R(\theta) \tag{4.20}$$

$$P_-(\theta) = \cosh(\lambda\theta - i\xi)R(\theta) \tag{4.21}$$

$$Q_+(\theta) = \frac{k_+}{2i}\sinh(2\lambda\theta)R(\theta) \tag{4.22}$$

$$Q_-(\theta) = \frac{k_-}{2i}\sinh(2\lambda\theta)R(\theta) \tag{4.23}$$

를 유도할 수 있다. 여기서 $k_\pm$는 식 (4.17)과 (4.19)에 포함된 상수들이다.

경계 산란행렬에 포함된 세 개의 상수들 $\xi, k_\pm$은 원칙적으로 경계 라그랑지안 (4.9)에 포함되는 경계상수들 $\mu_B, \varphi_0, \varkappa$에 의해 주어진다. 이들간의 정확한 관계식을 구하는 것은 상당히 까다로운 일로서 다음 절에서 설명하기로 한다.

식 (4.10)과 (4.11)에 의해 확률진폭 $Q_\pm$는 위상전하가 각각 ± 2의 변화를 보이는 산란진폭이다. 따라서 솔리톤과 반솔리톤의 위상전하에 다음처럼 $U(1)$ 게이지 변환을 취하면

$$A(\theta) \to e^{i\alpha}A(\theta), \qquad \overline{A}(\theta) \to e^{-i\alpha}\overline{A}(\theta)$$

이 경계 산란진폭들은

$$Q_\pm(\theta) \to e^{\pm 2i\alpha}Q_\pm(\theta)$$

로 바뀜을 알 수가 있다. 이는 식 (4.9)처럼 경계 라그랑지안에 $\dot{\varphi}$를 더하는 것

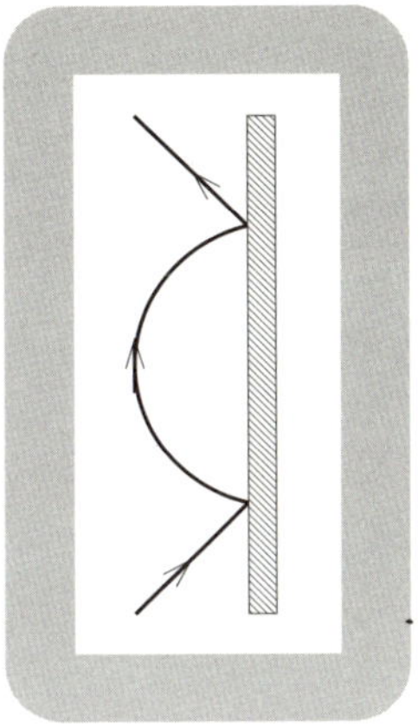

그림 4.3 경계 산란행렬의 유니태리티

에 해당된다. 따라서 x를 적당히 선택한다면

$$k_+ = k_- \equiv k$$

를 만들 수 있다.[7)]

경계 양-박스터 방정식만으로는 전체에 곱해지는 함수 $R(\theta)$를 결정할 수 없다. 양-박스터 방정식과 마찬가지로 이 함수는 부수적 조건들로 결정해야 한다. 제2장에서 산란행렬의 경우에는 이 함수를 유니태리티와 교차 대칭성으로부터 결정한 바 있다. 경계 산란행렬에서도 비슷한 계산을 할 수 있다. 그림 4.3에서 보듯이 경계 산란행렬 역시 유니태리티를 만족해야 한다. 이를 식으로 나타내면

$$\sum_b R_a^b(-\theta) R_b^c(-\theta) = \delta_a^c$$

7) 경계가 두 개가 도입되는 경우 한쪽은 이 방법으로 $k_+ = k_-$를 만족하게 할 수 있지만 다른 경계에서는 이것이 성립되지 않는다. 제8장을 참조하기 바란다.

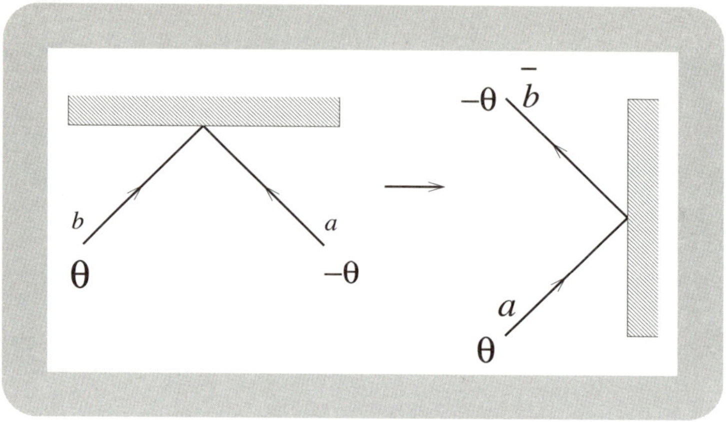

그림 4.4 경계 산란행렬의 교차 변환

가 된다. 사인-고든 모형의 경계 산란행렬에 대해 이 조건을 적용하면

$$R(\theta)R(\theta) = \left[\cos^2\xi + \sinh^2(\lambda\theta) + k^2\sinh^2(\lambda\theta)\cosh^2(\lambda\theta)\right]^{-1} \quad (4.24)$$

이 된다.

교차 대칭성은 시간과 공간을 바꾸는 것이므로 공간의 한 점에 해당하는 경계는 교차 변환 후에는 시간의 경계에 해당하는 초기조건(initial condition)이나 말기조건(final condition)으로 해석할 수 있다. 따라서 경계 산란행렬을 교차 변환시키면 두 입자가 초기조건으로부터 쌍생성되거나 말기조건으로 쌍소멸될 확률진폭을 기술하게 된다. 좀더 구체적으로 논의하기 위해 경계가 교차 변환 후에는 말기조건이 된다고 가정하자.[8] 이 경우 보존되지 않는 것은 운동량이 아니라 에너지이므로 두 입자가 서로 반대의 운동량을 갖고 있다면 서로 쌍소멸할 수 있을 것이다. 따라서 서로 반대의 빠르기를 갖는 입자 a와 b가 쌍소멸할 확률진폭을 $K^{ab}(\theta)$라고 하면 이는 빠르기 θ를 갖는 입자 a가 경계와

8) 물리계가 가지고 있는 시간 방향에 대한 대칭성에 의해 이는 일반성을 잃지 않는 가정이다.

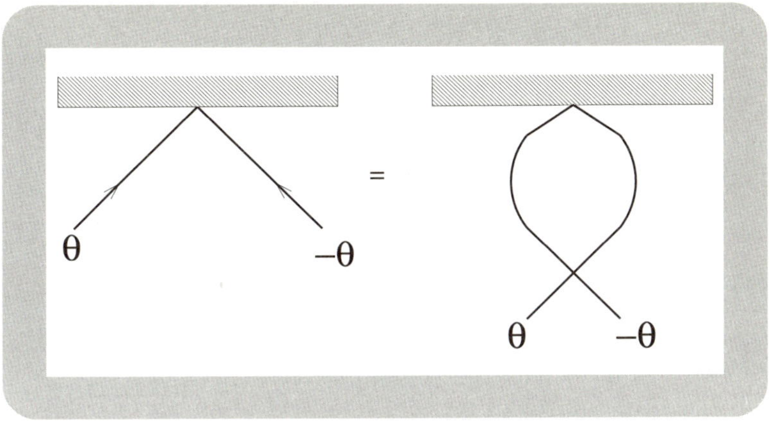

그림 4.5 경계 산란행렬의 교차 대칭성

산란하여 $\bar{b}$가 될 경계 산란진폭이 되고 이를 식으로 나타내면(그림 4.4 참조)

$$K^{ab}(\theta) = R_a^{\bar{b}}\left(\frac{i\pi}{2} - \theta\right)$$

가 된다. 교차 변환된 쌍소멸 확률진폭에도 역시 유니태리티는 성립되어야 한다. 이는 그림 4.5로 나타낼 수 있고 식으로 쓰면

$$K^{ab}(-\theta) = \sum_{a',b'} S_{a'b'}^{ab}(2\theta) K^{a'b'}(\theta)$$

가 된다. 이 두 관계식을 결합하면 '교차-유니태리티 방정식'을 유도할 수 있다.

$$R_a^b\left(\frac{i\pi}{2} + \theta\right) = S_{ab}^{a'b'}(2\theta) R_{a'}^{b'}\left(\frac{i\pi}{2} - \theta\right) \tag{4.25}$$

이 조건을 사인-고든 모형에 적용하면 경계 산란행렬 앞에 곱해지는 함수 $R(\theta)$는

$$K(-\theta) = \sinh(\lambda(i\pi - 2\theta))\frac{U(2\theta)}{i\pi}K(\theta), \qquad K(\theta) \equiv R\left(\frac{i\pi}{2} - \theta\right) \quad (4.26)$$

를 만족해야 한다. 여기서 $U(\theta)$는 산란행렬에 곱해지는 함수로서 식 (2.22)로 주어진다. 이 두 조건들을 만족하는 $R(\theta)$를 찾기 위해

$$R(\theta) = R_0(\theta)R_1(\theta)$$

의 형태로 씌어진다고 정의하자. 여기서 $R_0(\theta)$는

$$\begin{aligned} R_0(\theta)R_0(-\theta) &= 1, \\ R_0\left(\frac{i\pi}{2} + \theta\right) &= \sinh(\lambda(i\pi - 2\theta))\frac{U(2\theta)}{i\pi}R_0\left(\frac{i\pi}{2} - \theta\right) \end{aligned}$$

를 만족하고, $R_1(\theta)$는

$$\begin{aligned} R_1(\theta)R_1(-\theta) &= \left[\cos^2\xi + \sinh^2(\lambda\theta) + k^2\sinh^2(\lambda\theta)\cosh^2(\lambda\theta)\right]^{-1}, \\ R_1\left(\frac{i\pi}{2} + \theta\right) &= R_1\left(\frac{i\pi}{2} - \theta\right) \end{aligned}$$

를 만족한다.

이들은 무한곱의 형태로 구할 수 있다. 먼저 $R_0(\theta)$는

$$\begin{aligned} R_0(\theta) &= \frac{F_0(\theta)}{F_0(-\theta)} \\ F_0(\theta) &= \frac{\Gamma(1 + i\frac{2\lambda\theta}{\pi})}{\Gamma(1 - i\frac{2\lambda\theta}{\pi})}\prod_{k=1}^{\infty}\frac{\Gamma(4\lambda k + i\frac{2\lambda\theta}{\pi})\Gamma(1 + 4\lambda k + i\frac{2\lambda\theta}{\pi})}{\Gamma(\lambda(4k+1) + i\frac{2\lambda\theta}{\pi})\Gamma(1 + \lambda(4k-1) + i\frac{2\lambda\theta}{\pi})} \\ &\times \frac{\Gamma(\lambda(4k+1))\Gamma(1 + \lambda(4k-1))}{\Gamma(1 + 4\lambda k)\Gamma(4\lambda k)} \end{aligned} \quad (4.27)$$

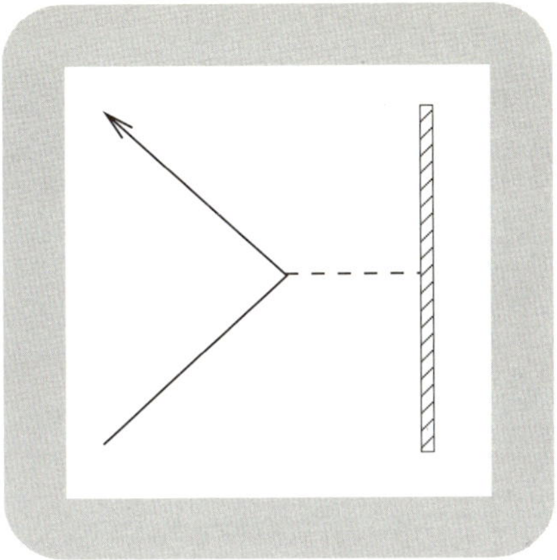

그림 4.6 경계 산란행렬의 폴

로 주어진다. 위의 무한곱을 적분 형태로 쓰면

$$R_0(\theta) = \exp\left[-i\int_{-\infty}^{\infty}\frac{dy}{y}\sin(2\lambda\theta y)\frac{\sinh(\pi(\lambda-1)y/2)\sinh(3\pi\lambda y/2)}{\sinh(\pi y/2)\sinh(2\pi\lambda y)}\right]$$

가 된다.

산란행렬에는 항상 CDD-인자를 곱할 수 있는데 이를 정확히 결정하기 위해서는 산란행렬의 해석적 성질을 연구해야 한다는 것을 제2장에서 설명한 바 있다. 이와 마찬가지로 $R_0(\theta)$를 보면 $0<\theta<i\pi/2$의 구간에서 $\theta_n = in\pi/2\lambda$의 위치에 폴을 가짐을 알 수 있다. $(n = 1, 2, \ldots, < \lambda)$ 이 폴은 그림 4.6처럼 솔리톤과 반솔리톤이 브리더를 만드는 것에 해당한다. 브리더가 만들어지는 과정은 경계 라그랑지안과 무관하므로 $R_0(\theta)$는 경계 라그랑지안과 관련이 없기 때문에 경계상수들을 포함하지 않는다. 한편 솔리톤끼리나 반솔리톤끼리는 브리더를 만들 수 없으므로 이 폴들에서 $Q_\pm$는 0이 되어야 하는데, 이는 $Q_\pm$에 포함된 $\sinh(2\lambda\theta)$에 의해 만족된다.

R_1은 경계상수와 관련되고,

$$R_1(\theta) = \frac{\sigma(\eta,\theta)}{\cos\eta}\frac{\sigma(i\vartheta,\theta)}{\cosh\vartheta} \tag{4.28}$$

로 쓸 수 있다. 여기서 $\sigma(x,\theta)$는

$$\begin{aligned} \sigma(x,\theta)\sigma(x,-\theta) &= \frac{\cos^2 x}{\cosh(\lambda\theta - ix)\cosh(\lambda\theta + ix)} \\ \sigma\left(x, \frac{i\pi}{2} - \theta\right) &= \sigma\left(x, \frac{i\pi}{2} + \theta\right) \end{aligned}$$

를 만족하는 함수로서 다음의 무한곱으로 정의된다.

$$\begin{aligned} \sigma(x,-i\theta) &= \frac{\Pi(x,\frac{i\pi}{2}-\theta)\Pi(-x,\frac{i\pi}{2}-\theta)\Pi(x,\theta-\frac{i\pi}{2})\Pi(-x,\theta-\frac{i\pi}{2})}{\Pi^2(x,\frac{i\pi}{2})\Pi^2(-x,-\frac{i\pi}{2})} \\ \Pi(x,\theta) &= \prod_{l=0}^{\infty} \frac{\Gamma\left(\frac{1}{2}+(2l+\frac{1}{2})\lambda+\frac{x}{\pi}+\frac{i\lambda\theta}{\pi}\right)\Gamma\left(\frac{1}{2}+(2l+\frac{3}{2})\lambda+\frac{x}{\pi}\right)}{\Gamma\left(\frac{1}{2}+(2l+\frac{3}{2})\lambda+\frac{x}{\pi}+\frac{i\lambda\theta}{\pi}\right)\Gamma\left(\frac{1}{2}+(2l+\frac{1}{2})\lambda+\frac{x}{\pi}\right)} \end{aligned}$$

이를 적분으로 표현하면

$$\sigma(x,\theta) = \exp\left(i\int_{-\infty}^{\infty}\frac{dy}{y}\sin(\lambda\theta x)\sinh(\lambda y(\pi+i\theta))\frac{\cosh(2xy)}{\sinh(\pi y)\cosh(\pi\lambda y)}\right)$$

가 된다.

이 식들에서 나오는 경계상수는 수식의 간편성을 위해서 k,ξ 대신 η,ϑ를 사용하였고 이들간의 관계식은

$$\cos\eta\cosh\vartheta = -\frac{1}{k}\cos\xi, \qquad \cos^2\eta + \cosh^2\vartheta = 1 + \frac{1}{k^2} \tag{4.29}$$

로 주어진다. 요약하면 사인-고든 모형의 경계 산란행렬은 식 (4.12)로 주어지고 각 성분은 식 (4.20-4.23), (4.27), (4.28)로 정의된다.

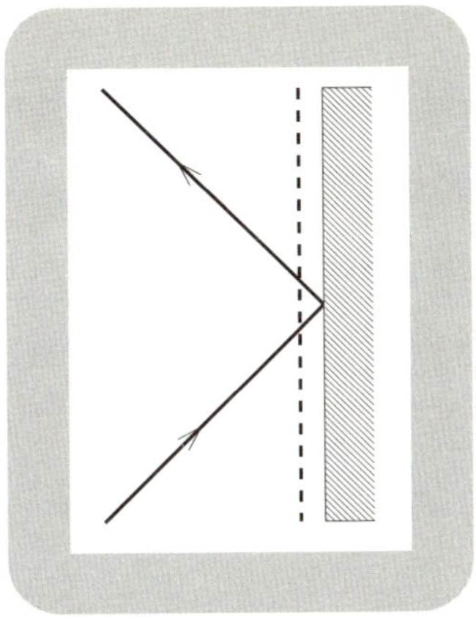

그림 4.7 들뜬 경계조건에 대한 경계 산란행렬

$R_1(\theta)$의 폴들의 위치는 경계상수들의 값에 의해 결정되며 경계에 존재하는 입자들에 해당한다. 경계가 없는 경우 양자장론의 에너지 상태들은 입자가 하나도 없는 진공상태, 입자가 하나 있는 상태 등, 입자상태들로 분류할 수 있듯이 경계상태들도 경계입자들로 분류할 수 있다. 또한 경계 산란행렬은 경계상태에 따라 각기 달라질 수 있다. 위에서 유도한 경계 산란행렬은 경계입자가 없는 경우에 해당한다. 이들의 폴로부터 가능한 경계입자상태들을 알게되면 이 경계입자상태들로 구성된 들뜬 경계조건을 알 수 있다. 경계입자들은 솔리톤이거나 반솔리톤들로서 그림 4.7처럼 입사되는 입자와 산란할 수 있다. 따라서 들뜬상태들에 대한 경계 산란행렬은 위에서 구한 경계 산란행렬에 사인-고든 모형의 산란행렬 성분들을 곱한 형태가 됨을 알 수 있다. 이렇게 추가적으로 곱해지는 성분들은 일종의 CDD-인자이기 때문에 경계 양-박스터 방정식, 유니태리티, 교차 대칭성 등을 자동으로 만족한다. 문제가 복잡해지는 것은 이 CDD-인자 역시 또 다른 폴들을 가진다는 것이다. 따라서 이 새로운 폴들에 해당하는 경계입자가 또 존재하기 때문에 이들도 고려해야 하고 이런 형태로 계속될 것이다. 이를 잘 분석하면 이런 구두끈 방식의 경계 산란행렬과 경계입

자들의 구조를 완벽히 풀 수 있다. 자세한 분석과 결과는 참고문헌 [16, 17]을 참조하기 바란다.

제 3 절 브리더 경계 산란행렬

사인-고든 모형의 브리더들의 경계 산란행렬은 다음의 관계식으로 정의할 수 있다.

$$B_n(\theta)\mathbf{B} = R^{(n)}(\theta) B_n(-\theta)\mathbf{B} \tag{4.30}$$

브리더들은 질량이 모두 다르기 때문에 경계와의 산란에도 그 종류는 보존되어 경계 산란행렬은 대각행렬이 된다. 제2장에서 브리더들의 산란행렬을 다루었을 때 보았듯이 산란행렬이 대각이면 양-박스터 방정식은 항등식에 지나지 않으므로 이를 결정하기 위해서는 다른 방법이 사용되어야 한다.

브리더는 식 (2.27)에서 주어졌듯이 솔리톤-반솔리톤의 복합입자이므로 브리더 대신

$$\begin{aligned} |B_n(\theta)\rangle &= \frac{1}{\sqrt{2}}\left[|A(\theta_+)\bar{A}(\theta_-)\rangle + (-1)^n|\bar{A}(\theta_+)A(\theta_-)\rangle\right] \\ \theta_\pm &= \theta \pm i\frac{\alpha_n}{2}, \qquad \alpha_n = \left(1-\frac{n}{\lambda}\right) \end{aligned}$$

의 형태로 솔리톤과 반솔리톤을 사용할 수 있다. 예를 들어 두 브리더들의 산란은 네 개의 솔리톤과 반솔리톤들의 산란으로 기술할 수 있다. 따라서 경계 산란행렬도 마찬가지로 취급할 수 있다. 그림 4.8에서 보듯이 어떤 브리더가 경계에 부딪힌 후 튕겨나올 확률진폭은 솔리톤과 반솔리톤의 두 입자가 경계에 부딪히는 과정과 같을 것이다. 이를 바탕으로 브리더의 경계 산란행렬을 구하면

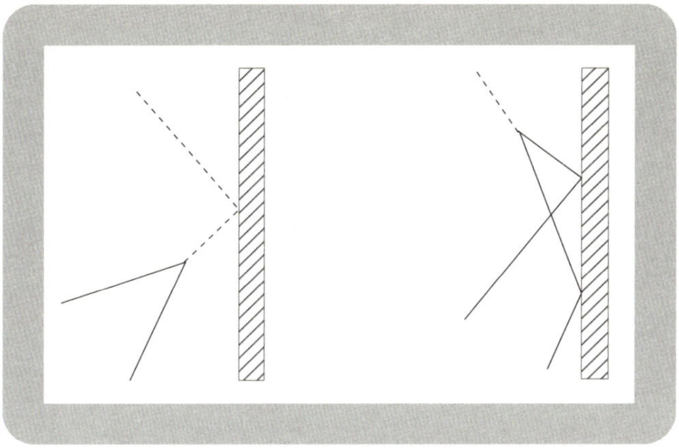

그림 4.8 브리더의 경계 산란행렬

$$f^{n}_{a_1a_2}(\alpha_n)R^{a_1}_{b_1}(\theta_+)S^{a_2b_1}_{b_2c_1}(2\theta)R^{b_2}_{c_2}(\theta_-)=f^{n}_{c_1c_2}(\alpha_n)R^{(n)}(\theta)$$

가 된다. 여기서 f^{n}_{ab}은 식 (2.9)에서 정의된 산란행렬의 잉여(residue)항이고, 나머지는 솔리톤의 산란행렬과 경계 산란행렬로서 이미 모두 유도한 양들이다.

이렇게 얻어진 브리더 경계 산란행렬은 두 진폭들의 곱의 형태

$$R^{(n)}(\theta)=R^{(n)}_{0}(\theta)R^{(n)}_{1}(\theta)$$

로 주어지고 첫 진폭 $R^{(n)}_{0}$은 경계상수와 무관하며

$$\begin{aligned} R^{(n)}_{0}(\theta) &= -\frac{\cos\left(\frac{n\pi}{4\lambda}-\frac{i\theta}{2}\right)\cos\left(\frac{n\pi}{4\lambda}+\frac{\pi}{4}+\frac{i\theta}{2}\right)\sin\left(\frac{\pi}{4}-\frac{i\theta}{2}\right)}{\cos\left(\frac{n\pi}{4\lambda}+\frac{i\theta}{2}\right)\cos\left(\frac{n\pi}{4\lambda}+\frac{\pi}{4}-\frac{i\theta}{2}\right)\sin\left(\frac{\pi}{4}+\frac{i\theta}{2}\right)} \\ &\quad\times\prod_{l=1}^{n-1}\frac{\sin\left(\frac{l\pi}{2\lambda}-i\theta\right)\cos^2\left(\frac{l\pi}{4\lambda}+\frac{\pi}{4}+\frac{i\theta}{2}\right)}{\sin\left(\frac{l\pi}{2\lambda}+i\theta\right)\cos^2\left(\frac{l\pi}{4\lambda}+\frac{\pi}{4}-\frac{i\theta}{2}\right)} \end{aligned} \tag{4.31}$$

로 주어지고 두 번째 진폭 $R^{(n)}_{1}$은 경계상수에 의해 결정되는 항으로 짝수 번째

브리더에 대해서는

$$
\begin{aligned}
R_1^{(2n)}(\theta) &= S^{(2n)}(\eta,\theta)S^{(2n)}(i\vartheta,\theta), \quad n=1,2,\ldots<\frac{\lambda}{2} \\
S^{(2n)}(x,\theta) &= \prod_{l=1}^{n}\frac{\cos\left(\frac{x}{\lambda}-\frac{(l-1/2)\pi}{\lambda}\right)+i\sinh\theta}{\cos\left(\frac{x}{\lambda}-\frac{(l-1/2)\pi}{\lambda}\right)-i\sinh\theta} \\
&\times\ \frac{\cos\left(\frac{x}{\lambda}+\frac{(l-1/2)\pi}{\lambda}\right)+i\sinh\theta}{\cos\left(\frac{x}{\lambda}+\frac{(l-1/2)\pi}{\lambda}\right)-i\sinh\theta}
\end{aligned}
$$

이고, 홀수 브리더에 대해서는($n=1,2,\ldots<\frac{\lambda+1}{2}$)

$$
\begin{aligned}
R_1^{(2n-1)}(\theta) &= S^{(2n-1)}(\eta,\theta)S^{(2n-1)}(i\vartheta,\theta) \\
S^{(2n-1)}(x,\theta) &= \frac{\cos\left(\frac{x}{\lambda}\right)+i\sinh\theta}{\cos\left(\frac{x}{\lambda}\right)-i\sinh\theta} \\
&\times\prod_{l=1}^{n-1}\frac{\cos\left(\frac{x}{\lambda}-\frac{\pi l}{\lambda}\right)+i\sinh\theta}{\cos\left(\frac{x}{\lambda}-\frac{\pi l}{\lambda}\right)-i\sinh\theta}\frac{\cos\left(\frac{x}{\lambda}+\frac{\pi l}{\lambda}\right)+i\sinh\theta}{\cos\left(\frac{x}{\lambda}+\frac{\pi l}{\lambda}\right)-i\sinh\theta}
\end{aligned}
\tag{4.32}
$$

로 주어지고, 역시 다음의 적분 형태로 간단히 쓸 수 있다.

$$
S^{(n)}(x,\theta)=-\exp\left(-i\int_{-\infty}^{\infty}\frac{dy}{y}\sin(2\lambda\theta y)\frac{\cosh(2xy)\sinh(n\pi y)}{\cosh(\pi\lambda y)\sinh(\pi y)}\right)
$$

제 4 절 경계상수 관계식

지금까지 유도한 경계 산란행렬들은 두 개의 경계상수들을 포함한다. 즉 k,ξ나 η,ϑ로서 이들은 식 (4.29)로 서로 연결된다. 그러나 이들과 경계 라그랑지안에 나타나는 경계상수들인 μ_B,φ_0의 정확한 관계는 아직 유도하지 않았다. 이들간의 정확한 관계식이 없이는 경계 사인-고든 모형의 산란행렬을 완벽

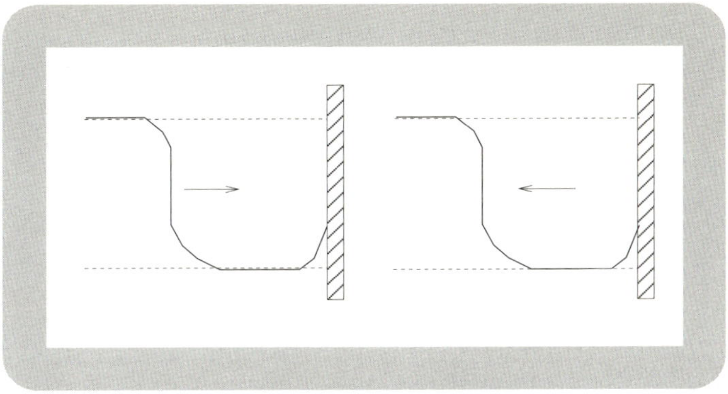

그림 4.9 고정 경계조건에서 솔리톤 경계 산란

히 구했다고 할 수 없다. 가장 일반적인 관계식의 유도는 몇 가지 새로운 이론적 방법을 도입해야 하기 때문에 뒤로 미루고 우선 이 장에서는 비교적 간단하게 유도할 수 있는 고정 경계조건에 대해서만 설명하기로 한다.

4.1 고정 경계조건

경계 라그랑지안의 경계상수가 $\mu_B \to \infty$이면 $\varphi = \varphi_0$의 조건을 만족해야 한다. 이는 경계에서 양자장의 값을 특정한 상수로 고정하는 것이므로 '고정 경계조건(Dirichlet BC)'으로 불린다. 이 경우 위상기하 전하가 보존되므로, 그림 4.9에서 보듯이 고정 경계조건에서는 솔리톤은 솔리톤만으로, 반솔리톤은 반솔리톤만으로 산란됨을 알 수 있다. 이는 경계 산란행렬 중 전하를 바꾸는 요소들이 없어져야 함을 뜻하며 $Q_{\pm} = 0$, 즉 $k = 0$이 되어야 한다.

이를 식 (4.29)에 적용해보면

$$\vartheta \to \infty, \qquad \eta = \xi$$

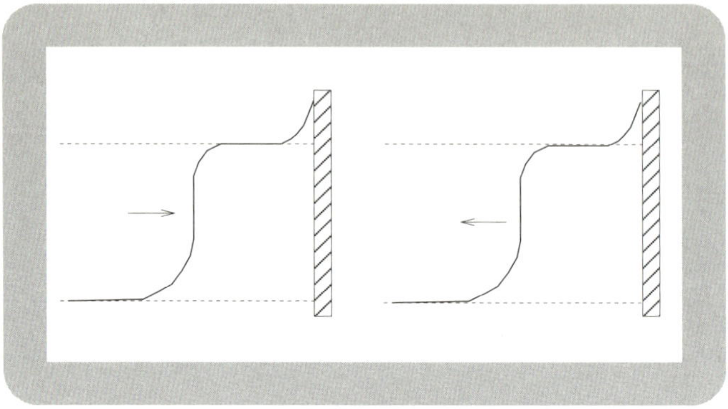

그림 4.10 고정 경계조건에서 반솔리톤 경계 산란

를 얻게 되므로 경계 산란행렬은

$$P_{\pm}(\theta) = R_0(\theta)\frac{\sigma(\xi,\theta)}{\cos\xi}\cosh(\lambda\theta \pm i\xi)$$

가 된다.

만약 $\varphi_0 = 0$이면 전체 라그랑지안은 $\varphi \to -\varphi$에 대해 불변하는 C 대칭성을 갖는다. 즉 솔리톤을 반솔리톤으로 서로 맞바꾸어도 모든 물리적 특성이 같아야 한다. 이를 경계 산란행렬이 만족하려면 $\xi = 0$이 되어야 한다. 두 경계 상수들 사이의 관계식이 일차 선형함수 $\xi \propto \varphi_0$라고 가정한다면 남은 문제는 비례상수를 결정하는 것이다.

만약 $\varphi_0 = \frac{\pi}{\beta}$라면 경계 라그랑지안은 솔리톤과 반솔리톤이 반대칭적 구조를 갖는다. 이를 경계 산란에 적용하면 그림 4.10처럼 두 가지 가능한 양자장들의 형태가 가능해진다. 이는 정지한 솔리톤 및 반솔리톤이 경계에 구속되어 있음을 의미하기 때문에 그림 4.6처럼 $P_{\pm}$는 $i\pi/2$에서 폴을 가져야 한다. 이를 만족시키려면

$$\frac{\lambda\pi}{2} = \xi - \frac{\pi}{2}$$

이어야 한다. 이로부터 비례상수를 결정하면

$$\xi = \frac{4\pi}{\beta}\varphi_0 \tag{4.33}$$

를 유도할 수 있다.

4.2 자유 경계조건

경계에서 양자장이 임의의 값을 자유롭게 가지려면 $\mu_B = 0$이 되어 경계 라그랑지안이 없어져야 되며 이를 '자유 경계조건(Neunmann BC)'이라고 한다. 이 경우에는 위에서 언급한 전하짝 C 대칭성이 만족되어 솔리톤과 반솔리톤이 동등해지므로 $P_+ = P_-$와 $Q_+ = Q_-$가 된다. 이로부터 $\xi = 0$이 만족되어야 한다. 또한 $P_\pm$에 있는 $\cosh(\lambda\theta)$가 $\lambda\theta = i(2n+1)\pi/2$에서 근을 가지므로 $R_0(\theta)$의 폴들 중 같은 위치에 있는 폴들을 상쇄한다. 이 폴들은 경계에서 생성되는 브리더에 해당하기 때문에 B_{2n+1} 브리더는 상쇄되지만, B_{2n} 브리더는 상쇄되지 않음을 알 수 있다. 이 결과는 C 변환에 대해 B_{2n}은 대칭적인 반면 B_{2n+1} 브리더는 반대칭적이라는 사실에서 자유 경계조건이 C 대칭성을 보존한다는 사실과 일치한다.

또한 이들이 $i\pi/2$에서 폴을 가져야 한다는 조건으로부터 $\eta = \frac{\pi}{2}(\lambda+1)$과 $\vartheta = 0$이 만족되어야 한다. 식 (4.29)에 이를 대입하면

$$\xi = 0, \qquad k = \frac{1}{\sin(\pi\lambda/2)}$$

임을 알 수 있어서 경계 산란행렬은

$$P_{\text{free}}(\theta) \ = \ \sin\frac{\pi\lambda}{2}R_{\text{free}}(\theta), \qquad Q_{\text{free}}(\theta) = -i\sinh(\lambda\theta)R_{\text{free}}(\theta)$$

$$R_{\text{free}}(\theta) = \frac{\cosh(\lambda\theta)}{\sin(\pi\lambda/2)} R_0(\theta)\sigma\left(\frac{4\pi^2}{\beta^2}, \theta\right)\sigma(0, \theta)$$

가 된다.

제 5 장

유한길이 효과

우리는 앞에서 사인-고든 모형의 적분가능한 성질을 이용하여 산란행렬과 경계 산란행렬을 유도하였다. 이들은 입자들이 산란할 때의 확률진폭에 해당하므로 통상적으로 양자장론에서 구하고자 하는 가장 중요한 물리량이다. 소립자물리학의 경우 이론적으로 유도한 산란행렬을 실험 결과와 비교함으로써 입자들 간의 상호작용에 관한 이론을 검증한다.

그러나 사인-고든 모형과 같은 저차원의 양자장론일 경우 산란행렬을 직접 실험의 대상으로 삼는 경우는 거의 없다. 대부분 응집물리 현상이나 초끈 이론 등에서 이론적 모형으로 사용되므로 솔리톤과 같은 입자들 간의 상호작용보다는 물리계의 에너지나 공간의 크기가 유한할 때 보이는 카시미어 효과, 그리고 상관함수 등이 더 중요해진다. 산란행렬은 무한한 크기의 공간에서 정의되는 점근적 입자상태를 가정해야 하는 반면 상관함수는 작용자들의 관계이기 때문이다. 어떤 면에서 산란행렬은 사인-고든 모형과 같은 저차원 양자장론에서 그리 중요한 양이 아니라고 할 수도 있다.

하지만 이 장과 다음 장에서 우리는 적분가능한 저차원 양자장론에서 산란행렬이 갖는 의미는 단순한 산란과정의 확률진폭이 아니라 위에서 언급한 언뜻 보면 산란과 별 관계가 없어 보이는 물리량을 비섭동적으로 결정하는 데 핵심적인 역할을 한다는 사실을 이해하게 될 것이다. 바로 이런 점에서 앞 장들에서 유도한 산란행렬들이 물리적으로 중요한 의미를 갖는 것이다. 우선 이 장에서는 카시미어 효과를 산란행렬을 통해 유도하는 방법인 열역학적 베테안싸쯔를 설명하기로 한다. 이 장은 참고문헌 [18]을 주로 참조하였다.

제 1 절 카시미어 효과

다른 양자장론과 마찬가지로 적분가능한 양자장론도 등각장론에 특정한 작용자를 더한 형태로 쓸 수 있다. 예를 들어 사인-고든 모형의 운동에너지 부분은 가장 간단한 등각장론이라고 할 수 있는 자유보존 등각장론이고 여기에 섭동항으로 cos함수인 위치에너지가 더해진 것이다. 섭동항을 기술하는 작용자의 차원이 2보다 작으면 물리계는 UV극한에서 이 작용자의 영향은 무시할 수 있다. UV극한이라 함은 물리계를 기술하는 척도가 에너지(혹은 운동량)로 보면 매우 커지는 극한에 해당하고, 길이의 척도로 말하면 매우 작은 거리를 다루는 것에 해당한다. 반대로 IR극한, 즉 에너지 척도가 매우 작아지거나 길이 척도가 커지는 경우, 이 작용자는 매우 중요한 역할을 하고 이를 '관련(relevant)' 작용자로 부르기로 한다. 이와 정반대의 성질을 갖는 작용자를 '비관련(irrelevant)' 작용자라고 한다. 사인-고든 모형의 cos-항의 차원은 $\Delta = \beta^2/8\pi$이므로 $0 \le \Delta \le 1$을 만족하는 관련 작용자이다. 따라서 UV극한에서 사인-고든 모형은 상호작용하지 않는 자유보존 등각장론이다.

유한한 크기의 공간에서 정의되는 2차원 양자장론은 그 크기를 자연스럽게 척도로 삼을 수 있다. 공간의 길이를 R이라고 하면 $R \to 0$은 UV극한이 되고 반대로 $R \to \infty$는 IR극한이 된다. 이 길이가 입자의 드브로이파장 $1/m$보다 매우 작으면 ($R << 1/m$), 입자보다는 양자장의 상호작용이 무시되어 등각장론에 작은 섭동이 더해진 것으로 볼 수 있는 반면 길이가 드브로이파보다 크면 ($R >> 1/m$) 점근적 입자상태들이 잘 정의가 되어 상호작용에 의해 결정되는 산란행렬이 의미를 갖는 영역으로 볼 수 있다.

일반적으로 UV 영역에서 바닥상태의 에너지는

$$E^0(R) = -\frac{\pi c_{\text{eff}}}{6R} + R\mathscr{E}_0 + \frac{\pi}{R}\sum_{n=1} c_n \left(\frac{mR}{2\pi}\right)^{n(1-\Delta)} \tag{5.1}$$

로 주어진다. 첫 항은 카시미어 효과로 불리며 UV극한을 기술하는 등각장론에 의해 결정된다. 계수인 c_{eff}는 '유효중심전하'로서 $c_{\text{eff}} = c - 24\Delta_0$로 주어진다. 여기서 c는 등각장론의 중심전하로서 자유보존일 경우 $c = 1$이다. Δ_0는 이 등각장론이 가진 일차장(primary field)들 중 가장 작은 차원이다. 보통 등각장론이 가진 가장 차원이 작은 일차장은 진공상태로서 $\Delta_0 = 0$이다. 두 번째 항은 공간의 길이에 비례하므로 $\mathscr{E}_0$는 단위 길이당 진공에너지의 의미를 갖고 마지막 항은 등각장론에 더해진 섭동항을 전개한 것이다.

열역학적 베테안싸쯔는 산란행렬로부터 바닥상태의 에너지 $E^0(R)$을 비섭동적으로 계산할 수 있는 방법이다. 이 방법은 산란행렬이 대각일 경우 쉽게 적용이 될 수 있는 반면 비대각이면 매우 복잡한 수학적 방법이 도입되어야 한다. 사인-고든 모형의 산란행렬은 일반적으로 비대각이므로 이를 다루기가 힘들지만 다음 절에서는 우선 사인-고든 모형로부터 대각 산란행렬을 갖는 모형을 유도한 후 이런 모형에 대한 열역학적 베테안싸쯔 방정식을 유도하기로 한다.

제 2 절 열역학적 베테안싸쯔

사인-고든 모형의 입자 스펙트럼은 솔리톤, 브리더 등 다양하기 때문에 산란 행렬과 열역학적 베테안싸쯔도 매우 복잡하다. 이 절에서는 사인-고든 모형의 형태를 유지하면서도 입자 스펙트럼은 매우 간단한 새로운 모형을 도입한 후 이에 대한 열역학적 베테안싸쯔를 유도한다.

2.1 sinh-고든 모형

사인-고든 모형은 복잡한 입자구성 때문에 상당히 까다로운 모형에 속한다. 그러나 이를 조금만 바꾸면 매우 간단하면서도 유용한 모형을 얻을 수 있다. 사인-고든 모형의 결합상수 β는 원래 실수여야 하지만 이를 허수라고 생각해 보자.

$$\beta = i b \tag{5.2}$$

이 경우 라그랑지안 (1.3)은

$$\mathscr{L}_{ShG} = \frac{1}{2}\partial_\mu \varphi \partial^\mu \varphi - \frac{m_0^2}{b^2}(\cosh b\varphi - 1) \tag{5.3}$$

로 바뀐다. 이 모형을 보통 '사인하이퍼볼릭-고든(sinh-Gordon) 모형'이라고 부르며 여기서는 간단히 sinh-고든 모형으로 부르기로 한다. 이 모형은 '어파인-토다(affine-Toda) 모형'으로 불리는 일련의 가적분 양자장론의 가장 간단한 경우에 속한다.

이 모형의 위치에너지는 주기함수가 아니므로 솔리톤은 더 이상 나타나지 않는다. 따라서 입자는 양자장 φ가 생성하는 한 종류의 보존이 전부다. 따라서 단순한 상수의 변환이 양자장론의 입자 스펙트럼을 근본적으로 바꿀 수 있음을 알 수 있다. 그러나 이 결합상수의 변환을 단순한 수학적 치환으로 본다면 장

방정식이나 이에 바탕을 둔 보존되는 전하들의 계산은 그대로 성립할 것이다. 즉 사인-고든 모형의 보존전하들은 그대로 sinh-고든 모형의 보존전하들이 된다. 단지 β를 ib로 치환하기만 하면 된다. 따라서 sinh-고든 모형 역시 가적분하다. 한 종류의 보존만을 입자로 가지므로 이들의 산란행렬은 행렬이 아니라 복소수에 불과하여 양-박스터 방정식은 도움이 안 되지만 다수의 입자들의 산란이 두 입자 간의 산란의 곱으로 씌어져야 하고 이때 입자들의 운동량들이 보존되어야 하는 것은 가적분 성질로부터 유도되는 것이므로 그대로 성립된다. 두 입자들의 산란행렬은 유니태리티와 교차 대칭성 및 섭동 계산을 바탕으로 얻을 수 있다.

이미 제2장에서 사인-고든 모형의 첫 번째 브리더의 산란행렬 (2.29)가 사인-고든 모형 라그랑지안의 양자장 φ의 그것과 같다는 사실을 설명한 바 있다. 이 결과는 식 (2.29)를 작은 β로 전개한 후 각각의 차수에 대해 파인만 그림을 이용한 섭동 계산으로 확인할 수 있다. 같은 섭동 계산을 sinh-고든 모형에 대해 계산한다고 생각해보자. 두 모형의 라그랑지안이 같으므로 섭동 계산에 있어서도 차이는 전혀 없다. 즉 사인-고든 모형의 섭동 계산을 다 마친 후 β 대신 ib를 대입하면 될 것이다. 섭동 계산 결과를 전부 합한 것이 비섭동 계산 결과인 식 (2.29)이므로 sinh-고든 모형의 비섭동적 산란행렬은

$$S_{\mathrm{ShG}}(\theta) = \frac{\sinh\theta - i\sin(\pi B)}{\sinh\theta + i\sin(\pi B)}, \qquad B = \frac{b^2}{8\pi + b^2} \tag{5.4}$$

임을 알 수 있다.

이 산란행렬은 sinh-고든 모형의 비섭동적 대칭성을 보여준다. 결합상수를

$$b \to \frac{8\pi}{b} \tag{5.5}$$

로 변환시키면 $B \to 1 - B$로 바뀌므로 산란행렬 (5.4)는 변화가 없다. 이 변환은 결합상수가 매우 작을 때($b << 1$)가 매우 클 때($b >> 1$)와 동일함을

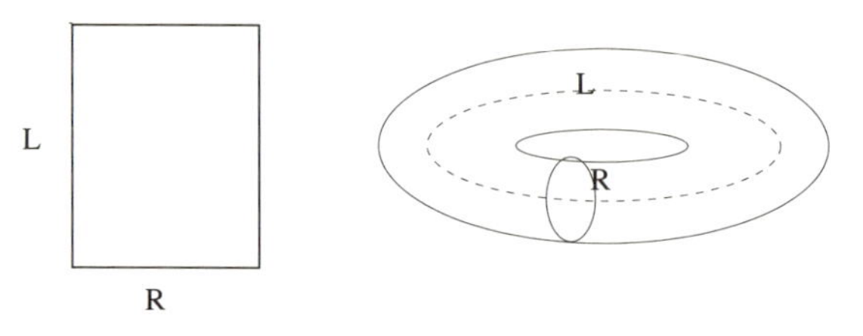

그림 5.1 주기적 경계조건을 가진 2차원 유클리드 공간

보여주는 강-약 결합상수의 '이중 대칭성(duality)'이다. 또한 $0 \leq B \leq 1$이므로 산란행렬은 해석평면의 기본 영역($0 < \Im m\ \theta < \pi$)에서 어떤 폴도 가지지 않는다. 즉 다른 종류의 입자가 도입될 필요가 없음을 확인해주는 것이다.

2.2 대각 산란행렬

열역학적 베테안싸쯔 방법은 산란행렬로부터 바닥상태의 에너지를 계산하는 것이다. 우선 그림 5.1과 같이 각각 x축의 길이가 R, y축의 길이가 L인 2차원 시공간을 고려하자. 편의를 위하여 윅(Wick) 회전을 이용하여 2차원 민코프스키 시공간을 2차원 유클리드 공간으로 바꾸기로 한다. 이 공간의 각 방향에 주기적 경계조건을 부여하면 그림 5.1처럼 토러스(torus)가 된다.

이 공간에서 정의되는 양자장론의 분배함수를 계산해보자. 먼저 이를 경로적분으로 나타내면

$$Z = \int [\mathscr{D}\phi] e^{-S_E}$$

가 된다. 여기서 S_E는 유클리드 공간에서의 작용량이다. 이를 해밀토니안을

이용해서 쓰기 위해 먼저 y축을 시간으로 보면

$$Z_L = \mathrm{Tr}_{V_R} e^{-LH_R} \tag{5.6}$$

이 된다. 시간 L 동안 변화한 다음 트레이스를 통해 H_R의 모든 상태들의 집합인 힐버트 공간 V_R에 대해 합하는 것이다. 여기서 H_R은 R을 공간으로 하는 해밀토니안으로 스트레스-에너지 텐서의 성분으로

$$H_R = \frac{1}{2\pi}\int T_{yy}\, dx \tag{5.7}$$

로 정의된다.

그러나 유클리드 공간에서는 시간의 방향을 x축으로 잡을 수도 있다. 이 관점에서 분배함수를 쓰면

$$Z_R = \mathrm{Tr}_{V_L} e^{-RH_L} = e^{-RLf(R)} \tag{5.8}$$

로서 $f(R)$은 단위 길이당의 자유에너지이고 R은 온도의 역수에 해당한다. 여기서 H_L은 L을 공간으로 하는 해밀토니안으로 스트레스-에너지 텐서의 성분으로 쓰면

$$H_L = \frac{1}{2\pi}\int T_{xx}\, dy \tag{5.9}$$

가 된다. 유클리드 공간에서 이 둘은 동일해야 하므로 $Z_R = Z_L$이 만족된다.

산란행렬로부터 바닥상태의 에너지를 구하기 위해서 두 길이 중 L을 무한대 $L \to \infty$로 보내 식 (5.6)에 나오는 H_R의 고유 에너지들 중 바닥상태의 에너지 $(E^0(R))$만 빼고 나머지는 무시하도록 하자. 이 극한을 식 (5.8)에 적용하면 이 경우 공간의 크기가 무한대가 되어 분배함수를 점근상태 입자들로부터 얻을 수 있다. 즉

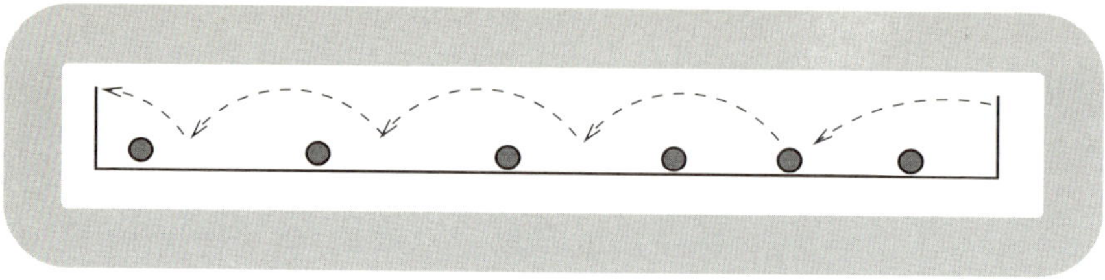

그림 5.2 입자들의 산란에 의한 주기적 경계조건

$$E^0(R) = \lim_{L\to\infty} -\frac{1}{L}\log\left[\mathrm{Tr}_{\mathscr{H}_L} e^{-RH_L}\right] = Rf(R) \tag{5.10}$$

이 되고 여기서 $f(R)$은 온도가 $1/R$인 경우의 자유에너지(free energy)이다.

한편 대칭성에 의해 일점함수(one-point function)들은 좌표에 무관하므로 식 (5.7)과 식 (5.10)을 R로 미분하여

$$\langle T_{yy}\rangle = 2\pi\frac{E^0(R)}{R}, \qquad \langle T_{xx}\rangle = 2\pi\frac{dE^0(R)}{dR} \tag{5.11}$$

을 유도할 수 있다. 따라서 스트레스-에너지 텐서의 트레이스는

$$\langle T^\mu_\mu\rangle = \langle T_{xx} + T_{yy}\rangle = \frac{2\pi}{R}\frac{d}{dR}[RE^0(R)] \tag{5.12}$$

을 얻을 수 있다.

자유에너지를 입자들의 산란행렬로부터 계산하기 위해, 길이가 L인 1차원 공간에 있는 N개의 입자들을 고려하고 이들은 sinh-고든 모형처럼 한 종류만 있다고 가정하자. 이들이 갖는 빠르기를 $\theta_k, k=1,\ldots N$으로 나타낸다.

이제 그림 5.2처럼 이중 한 입자(j-번째)를 하나씩 옆의 입자들과 산란을 통해 바꾸어나가다 한쪽 끝에 이르면 주기 경계조건을 이용해 다른 쪽 경계로 옮겨올 수 있고 다시 남은 입자들과의 교환을 계속한 후 원래의 위치로 다시 돌아오는 가상적인 과정을 생각해보자. 입자가 교환될 때마다 산란행렬이 얻어지

고 sinh-고든 모형의 산란행렬은 대각행렬로서 하나의 복소수이므로 이 가상의 과정을 통해 생기는 확률진폭은

$$e^{imL\sinh\theta_j}\prod_{k=1,k\neq j}^{N}S(\theta_j-\theta_k)=1 \tag{5.13}$$

을 얻는다. 처음의 지수항은 입자가 총 길이 L만큼 이동했기 때문에 생기는 항이고 산란행렬의 곱은 이 입자가 다른 입자들과 교환되면서 얻어지는 항이며 이 전체가 1이 되어야 함은 이 가상적인 과정을 거친 후라도 그 이전과 전혀 차이가 없기 때문이다. 만약 산란행렬이 복소수가 아니라 행렬이라면 이 산란행렬의 곱은 단순한 행렬이 곱이 아니고 텐서곱으로서 지수적으로 커지는 매우 큰 행렬이 된다. 사인-고든 모형과 같이 비대각 행렬인 산란행렬을 갖는 모형을 다루는 것은 제3절로 미루고 여기서는 우선 대각인 경우만을 고려한다.

식 (5.13)의 양변에 로그를 취하면

$$mL\sinh\theta_j+\sum_{k=1,k\neq j}^{N}\frac{1}{i}\log S(\theta_j-\theta_k)=2\pi n_j,\quad j=1,\ldots,N \tag{5.14}$$

이 된다. 여기서 n_j는 1의 로그로부터 나오는 임의의 정수이다. 식 (5.14)는 모든 j에 대해 성립하므로 N개의 방정식이고 구할 변수는 N개의 빠르기 θ_j들이다. 정수 $n_1, n_2, \ldots, n_N$은 모든 임의의 정수들이 전부 가능하므로 이들 정수들이 특정한 값을 가질 때마다 식 (5.14)로부터 그들에 상응하는 빠르기들을 얻을 수 있다.

이를 체계적으로 다루기 위해 이런 과정을 통해 가능한 모든 빠르기들을 구했다고 가정하자. 가능한 정수들은 무한히 많으므로 이에 의해 결정되는 빠르기들도 연속적으로 무한히 많은 값들을 가질 수 있다. 어떤 정수들을 선택했느냐에 따라 이들 중 N개의 빠르기를 선택하면 그에 해당하는 해를 찾은 것이다. 열역학적 극한에서는 $N\to\infty$이므로 이렇게 많은 정수들의 조합을 생각하면

그림 5.3 빠르기들의 띠 구조: 굵은 선들이 입자들로 찬 준위이다.

가능한 빠르기의 준위들은 무한히 많이 존재하여 마치 고체물리에서 에너지 준위가 연속적인 띠 구조를 이루듯 빠르기 θ도 연속적인 띠 구조를 갖는다(그림 5.3).

따라서 $N, L \to \infty$의 극한에서는 입자들의 밀도를 도입하는 것이 편리하다. 특히 두 가지의 밀도를 정의할 수 있는데, 첫째로 $\rho(\theta)$를 단위 길이당 가능한 빠르기 준위들의 밀도로 정의하면 이는 θ 와 $\theta + d\theta$ 사이의 값을 주는 정수들의 개수와 같기 때문에

$$\rho(\theta) = \frac{1}{L}\frac{dn}{d\theta} \tag{5.15}$$

이 된다. 둘째로 가능한 준위들 중 실제로 입자들이 선택한 빠르기 준위들의 밀도를 $\rho_1(\theta)$로 정의하자. 이들을 이용하여 (5.14)를 다시 쓰면

$$\rho(\theta) = \frac{m}{2\pi}\cosh\theta + \int_{-\infty}^{\infty} d\theta' \Phi(\theta - \theta')\rho_1(\theta') \tag{5.16}$$

가 되고, 여기서 커널 Φ는

$$\Phi(\theta) = \frac{1}{2\pi i}\frac{d}{d\theta}\log S(\theta) \tag{5.17}$$

가 된다.

자유에너지는 $Lf = E - TS$로 정의되고(T는 계의 온도), 물리계의 에너지 E는 선택된 입자들의 에너지를 전부 더한 것이므로

$$E = L\int_{-\infty}^{\infty} m\cosh\theta\rho_1(\theta)d\theta \tag{5.18}$$

가 된다. 엔트로피 S는 가능한 빠르기 준위들 중 필요한 준위들을 선택할 경우의 수에 로그를 취한 것이다. 이때 두 가지 경우가 가능하다. 먼저 대각 산란행렬 $S(\theta)$는 유니태리티조건 $S(\theta)S(-\theta) = 1$을 만족하므로 $\theta = 0$일 때 $S(0)^2 = 1$이 된다. 따라서 $S(0) = \pm 1$이 만족되어야 한다.

만약 $S(0) = -1$이라면 이는 반대칭적 파동함수를 갖는 것이 되어 페르미온에 해당한다. 따라서 빠르기 준위마다 하나의 입자만이 채워지므로 가능한 경우의 수는 N개의 에너지 준위에 N_1개의 입자를 채울 경우의 수 ${}_N C_{N_1}$이 된다. $S(0) = 1$이라면 대칭적 파동함수를 갖는 보존에 해당하므로 빠르기 준위 하나에도 얼마든지 많은 입자들이 들어갈 수 있어서 중복하여 택할 수 있는 경우의 수 ${}_{N+N_1-1}C_{N_1}$이 된다. 엔트로피는 경우의 수에 로그를 취한 것이므로 열역학적 극한에서 스터링(Stirling)의 공식 $\log n! \approx n\log n - n$을 사용한 후 앞에서 정의한 밀도로 쓸 수 있다. 페르미온의 경우는

$$S([\rho,\rho_1]) = L\int_{-\infty}^{\infty}[\rho\log\rho - (\rho-\rho_1)\log(\rho-\rho_1) - \rho_1\log\rho_1]\,d\theta \tag{5.19}$$

가 되고, 보존의 경우는

$$S([\rho,\rho_1]) = L\int_{-\infty}^{\infty}[(\rho+\rho_1)\log(\rho+\rho_1) - \rho\log\rho - \rho_1\log\rho_1]\,d\theta \tag{5.20}$$

를 유도할 수 있다.

열역학에서 가장 안정한 상태는 자유에너지가 최소화될 때이다. 따라서 두 밀도 ρ, ρ_1의 함수인 자유에너지에 대한 변분을 취해야 한다. 이때 주의해야 할 것은 두 밀도가 서로 독립이 아니고 식 (5.16)에 의해 서로 관련되어 있다는 점이다. 이런 상황을 효율적으로 다룰 수 있는 방법이 라그랑제 미정계수법(Lagrange's undetermined multiplier)이다. 페르미온일 경우 미정계수함수 $\lambda(\theta)$를 이용하여 자유에너지를 정의하면

$$f([\rho,\rho_1]) = \frac{1}{R}\int_{-\infty}^{\infty}\Big[mR\cosh\theta\rho_1(\theta) - \rho\log\rho + (\rho-\rho_1)\log(\rho-\rho_1) \\ +\rho_1\log\rho_1 - \lambda(\theta)\left(\frac{m}{2\pi}\cosh\theta + \Phi*\rho_1(\theta) - \rho\right)\Big]d\theta \tag{5.21}$$

가 되고, 보존일 경우는

$$f([\rho,\rho_1]) = \frac{1}{R}\int_{-\infty}^{\infty}\Big[mR\cosh\theta\rho_1(\theta) - (\rho+\rho_1)\log(\rho+\rho_1) + \rho\log\rho \\ +\rho_1\log\rho_1 - \lambda(\theta)\left(\frac{m}{2\pi}\cosh\theta + \Phi*\rho_1(\theta) - \rho\right)\Big]d\theta \tag{5.22}$$

가 된다. 여기서 수식을 간단히 하기 위해 수학적 콘볼루션(convolution)

$$\Phi*\rho(\theta) = \int_{-\infty}^{\infty}\Phi(\theta-\theta')\rho(\theta')d\theta' \tag{5.23}$$

를 도입하였다. 이 자유에너지를 두 밀도함수 ρ, ρ_1에 대해 변분을 취하면

$$mR\cosh\theta - \log\left(\frac{\rho}{\rho_1}\mp 1\right)(\theta) + \Phi*\lambda(\theta) = 0 \tag{5.24}$$

$$\pm\log\left(1\mp\frac{\rho_1}{\rho}\right)(\theta) + \lambda(\theta) = 0 \tag{5.25}$$

이 된다. 여기서 (그리고 밑에서) 복호 중 위는 페르미온, 아래는 보존의 경우

이다.

이 식들은 두 밀도의 비에만 관계하므로 다음과 같이 '가상에너지(pseudo-energy)'라고 불리는 함수$\epsilon(\theta)$를 도입하면 편리하다.

$$\frac{\rho_1(\theta)}{\rho(\theta)\mp\rho_1(\theta)} = e^{-\epsilon(\theta)}, \quad \frac{\rho(\theta)}{\rho(\theta)\mp\rho_1(\theta)} = 1\pm e^{-\epsilon(\theta)}$$

이를 이용하면 식 (5.25)로부터

$$\lambda(\theta) = \pm\log(1\pm e^{-\epsilon(\theta)}) \equiv L(\theta)$$

를 구할 수 있다. 이를 식 (5.24)에 대입하면 다음의 열역학적 베테안싸쯔 방정식을 얻는다.

$$\epsilon(\theta) = mR\cosh\theta - \Phi * L(\theta) \tag{5.26}$$

이 결과들을 자유에너지 (5.21)에 대입하면 대부분의 항들이 서로 상쇄되어 다음과 같이 간단한 형태로 쓸 수 있다.

$$Rf(R) = E^0(R) = -\frac{m}{2\pi}\int_{-\infty}^{\infty}\cosh\theta L(\theta)d\theta \tag{5.27}$$

비록 보존과 페르미온일 경우 중간과정에 약간의 차이는 있었지만 마지막 수식은 통일된 형태로 씌어질 수 있음을 알 수 있다.

2.3 여러 종류의 입자들이 있을 때

적분가능한 양자장론들이 갖는 입자들은 일반적으로 다양하다. 사인-고든 모형은 솔리톤, 반솔리톤뿐 아니라 결합상수의 크기에 따라 여러 개의 브리더들이 존재한다. sinh-고든 모형은 간단하게도 한 종류의 입자만을 갖지만 이 모형도 실은 리-대수(Lie algebra)에 의해 정의되는 어파인-토다 모형의 하나로 분류되고 이 모형은 리-대수의 랭크(rank)에 해당하는 입자 종류들을 갖는다. 다양한 입자 종류들이 존재할 경우 산란행렬도 따라서 복잡해지기 때문에 열역학적 베테안싸쯔 분석이 어려워지지만 산란행렬이 대각을 유지할 경우는 앞에서 다룬 한 종류의 입자의 경우와 큰 차이가 없다. 대각 산란행렬은 종류가 다른 입자들이 다른 질량을 갖는 경우에 해당한다. 사인-고든 모형의 솔리톤과 반솔리톤은 질량이 같아 비대각이므로 이에 해당하지 않지만 브리더들은 질량이 축퇴(degenerate)되어 있지 않아 대각 산란행렬이 된다.

이를 다루기 위해 입자의 종류를 나타내는 내부 양자수를 도입하여 길이가 L인 공간에 N_a개의 a-종류의 입자들이 존재한다고 하자. 첨자 a는 입자의 종류를 나타내므로 n가지 종류의 입자가 있을 경우 $a = 1, \ldots, n$이 될 것이다. 이 물리계에 주기적 경계조건을 주기 위해 특정한 입자를 그림 5.2처럼 다른 입자들과 산란을 통해 교환하여 다시 원래의 위치로 돌아오는 가상의 물리과정을 생각해보자. 이 특정한 입자가 a-종류이고 빠르기 $\theta_j^{(a)}$를 가지고 있다면

$$e^{i m_a L \sinh\theta_j^{(a)}} \prod_{b=1}^{n} \prod_{k=1, k\neq j}^{N_b} S_{ab}(\theta_j^{(a)} - \theta_k^{(b)}) = 1 \tag{5.28}$$

이 된다. 열역학적 극한에서 $L, N_a \to \infty$이므로 단위 길이당 밀도를 각 입자의 종류들마다 정의하면 식 (5.15)처럼 $\rho^{(a)}$와 $\rho_1^{(a)}$를 정의할 수 있고 이들을 이용하여 식 (5.28)을 다시 쓰면

$$\rho^{(a)} = \frac{m_a}{2\pi} \cosh\theta + \sum_{b=1}^{n} \Phi_{ab} * \rho_1^{(b)}(\theta) \tag{5.29}$$

가 된다. 여기서 커널 Φ_{ab}는

$$\Phi_{ab}(\theta) = \frac{1}{2\pi i} \frac{d}{d\theta} \log S_{ab}(\theta) \tag{5.30}$$

로 주어진다.

에너지와 엔트로피는 각각의 입자 종류마다 식 (5.18)과 (5.19)처럼 정의된 것들을 전부 합하여 얻어지므로 이들로부터 자유에너지를 정의할 수 있다. 이 자유에너지를 식 (5.29)의 구속조건 아래에서 최소화시키기 위한 과정은 한 종류의 입자일 때와 같다. 가상에너지

$$\frac{\rho_1^{(a)}(\theta)}{\rho^{(a)}(\theta) \mp \rho_1^{(a)}(\theta)} = e^{-\epsilon_a(\theta)} \tag{5.31}$$

를 이용하여 다음과 같은 열역학적 베테안싸쯔 방정식과 바닥상태의 에너지를 구할 수 있다.

$$\epsilon_a(\theta) = m_a R \cosh\theta - \sum_{b=1}^{n} \Phi_{ab} * L_b(\theta), \tag{5.32}$$

$$E^0(R) = -\sum_{a=1}^{n} \frac{m_a}{2\pi} \int_{-\infty}^{\infty} \cosh\theta L_a(\theta) d\theta \tag{5.33}$$

여기서도 간단히 하기 위해

$$L_a(\theta) \equiv \pm \log\left(1 \pm e^{-\epsilon_a(\theta)}\right)$$

를 정의하였다.

식 (5.32)를 R로 미분하면

$$\frac{\partial \epsilon_a}{\partial R}(\theta) = m_a \cosh\theta + \sum_{b=1}^{n} \left[\Phi_{ab} * \frac{1}{1 \pm e^{-\epsilon_b}} \frac{\partial \epsilon_b}{\partial R} \right](\theta) \tag{5.34}$$

가 되고 이를 식 (5.31)을 이용하여 식 (5.29)와 비교하면

$$2\pi\rho^{(a)}(\theta) = \frac{\partial \epsilon_a}{\partial R}(\theta), \quad 2\pi\rho_1^{(a)}(\theta) = \frac{1}{1 \pm e^{-\epsilon_a}} \frac{\partial \epsilon_a}{\partial R}(\theta)$$

을 알 수 있다. 또 식 (5.18)로부터

$$\langle T_{xx}\rangle = 2\pi \sum_{a=1}^{n} \int_{-\infty}^{\infty} m_a \cosh\theta \rho_1^{(a)}(\theta) d\theta$$

와 식 (5.11)과 (5.33)을 부분적분하여 $\langle T_{yy}\rangle$를 계산한 후 이 둘을 더하면

$$\langle T_\mu^\mu\rangle = \sum_{a=1}^{n} \int_{-\infty}^{\infty} m_a \frac{e^{-\epsilon_a(\theta)}}{1 \pm e^{-\epsilon_a(\theta)}} \left(\frac{\partial \epsilon_a(\theta)}{\partial R} \cosh\theta - \frac{1}{R} \frac{\partial \epsilon_a(\theta)}{\partial \theta} \sinh\theta \right) d\theta \tag{5.35}$$

를 유도할 수 있다.

이를 간단히 하기 위해 식 (5.32)를 θ로 미분하면

$$\frac{\partial \epsilon_a(\theta)}{\partial \theta} = m_a R \sinh\theta + \sum_{b=1}^{n} \left[\Phi_{ab} * \frac{e^{-\epsilon_b}}{1 \pm e^{-\epsilon_b}} \epsilon_b' \right](\theta) \tag{5.36}$$

를 얻는다. 식 (5.34)와 (5.36)의 좌변을 조합하여

$$\psi_a^\pm(\theta) = \frac{\partial \epsilon_a}{\partial R}(\theta) \pm \frac{1}{R} \frac{\partial \epsilon_a(\theta)}{\partial \theta} \tag{5.37}$$

를 정의하면 $\psi_a^\pm$는 다음의 선형 적분방정식을 만족하고

$$\psi_a^\pm(\theta) = m_a e^{\pm\theta} + \sum_{b=1}^{n} \left[\Phi_{ab} * \frac{1}{1 \pm e^{-\epsilon_b}} \psi_b^\pm \right](\theta),$$

식 (5.35)는

$$\langle T_\mu^\mu\rangle = \frac{1}{2} \sum_{a=1}^{n} \int_{-\infty}^{\infty} m_a \frac{e^{-\epsilon_a(\theta)}}{1 \pm e^{-\epsilon_a(\theta)}} \left(\psi_a^+(\theta) e^{-\theta} + \psi_a^-(\theta) e^{\theta} \right) d\theta \tag{5.38}$$

로 표현된다.

식 (5.32)에서 알 수 있듯이 $\epsilon_a(\theta)$는 우함수이기 때문에 식 (5.37)에서 정의

된 $\psi_a^{\pm}$는 $\psi_a^{+}(\theta)=\psi_a^{-}(-\theta)$를 만족한다. 따라서 식 (5.38)과 (5.12)로부터

$$\frac{d}{dR}[RE^0(R)]=\sum_{a=1}^{n}\int_{-\infty}^{\infty}\frac{m_aR}{2\pi}\frac{e^{-\epsilon_a(\theta)}}{1\pm e^{-\epsilon_a(\theta)}}\psi_a^{+}(\theta)e^{-\theta}d\theta \tag{5.39}$$

로 쓸 수 있다.

제 3 절 산란행렬이 비대각 행렬일 경우*

사인-고든 모형과 같이 산란행렬이 비대각(nondiagonal)이면 열역학적 베테안싸쯔를 유도하는 것이 매우 복잡해지기 때문에 열역학적 베테안싸쯔는 유한길이 효과를 계산하기 위해 가장 좋은 방법은 아니다. 우리는 제7장에서 사인-고든 모형의 유한길이 효과를 계산하는 보다 새롭고 더 강력한 방법을 설명할 것이다. 이 절에서는 비대각 산란행렬을 이론적으로 다룰 수 있는 대수적 베테안싸쯔 방법을 통해 사인-고든 모형의 열역학적 베테안싸쯔 구조를 설명하고자 한다.

사인-고든 모형은 동일한 질량을 갖는 솔리톤과 반솔리톤이 존재하므로 N개의 입자상태는 그 가짓수가 2^N이 될 것이다. 전체 N개의 입자들 중 솔리톤이 N_1개라면 이들이 가질 수 있는 배치 구조의 가짓수는 N가지 물체에서 N_1가지를 고르는 경우의 수 ${}_NC_{N_1}$이다. 대각 산란행렬의 경우 주기적 경계조건을 고려하면 다른 입자와의 산란을 모두 거친 후 원래로 돌아왔을 때 입자들의 상태는 변하지 않지만 비대각이라면 상황이 전혀 다르다. 비록 위상전하가 보존되어 솔리톤과 반솔리톤의 개수는 보존된다 하더라도 주기적 경계조건을 바탕으로 한 바퀴 돌아오면 입자의 상태는 ${}_NC_{N_1}$가지의 경우들 중 어떤 것도 될 수 있기 때문이다.

이를 구체적으로 이해하기 위해 특정한 솔리톤을 다른 입자들과 산란하여 원

래의 위치로 돌아오는 가상의 과정을 고려하자(그림 5.2). 이웃한 입자가 솔리톤이라면 이 입자와 산란을 통해 교환된 후에도 여전히 솔리톤이겠지만 만약 이웃한 입자가 반솔리톤이었다면 이 입자는 교환된 후 솔리톤일 수도 반솔리톤일 수도 있다. 각각의 경우 그 다음 산란에 의해 또 다양한 경우가 나타날 수 있다. 따라서 비대각 산란행렬일 경우는 일반적으로 2^N개의 입자상태를 2^N개의 상태로 변화시키는 행렬이 정의되어야 하고 이를 '모노드로미(Monodromy)'행렬이라고 한다. 수식으로 나타내면

$$\mathscr{T}:|\theta^{(a_1)},\theta^{(a_2)},\ldots,\theta^{(a_N)}\rangle \to |\theta^{(a'_1)},\theta^{(a'_2)},\ldots,\theta^{(a'_N)}\rangle$$

으로서 솔리톤과 반솔리톤의 경우 $a=\pm$이므로 모노드로미행렬 $\mathscr{T}$는 $2^N\times 2^N$ 행렬이다. 이 행렬의 성분을 산란행렬로 쓰면

$$\mathscr{T}_a^{a'}(\theta_1,\ldots,\theta_N)=\sum_{b_2,\ldots,b_{N-1}} S_{a_1a_2}^{a'_2b_2}(\theta_1-\theta_2)S_{b_2a_3}^{a'_3b_3}(\theta_1-\theta_3)\ldots S_{b_{N-1}a_N}^{a'_Na'_1}(\theta_1-\theta_N) \tag{5.40}$$

이 되고 그림 5.4로 나타낼 수 있다. 그러나 위상전하가 보존되어야 하므로 이 행렬은 솔리톤의 개수 N_1에 따라 크기가 ${}_NC_{N_1}$인 부분 행렬들로 쪼개 쓸 수 있다. 가상적으로 움직이는 입자 a_1은 한 바퀴 돌아온 후 a'_1이 되는데 원래와 같아지기 위해서는 이 둘은 같아야 하고 이때 입자는 솔리톤이나 반솔리톤 모두 가능해야 하므로 이 첨자들에 대해 합해야 한다. 즉

$$\mathbf{T}_{a_2\ldots a_N}^{a'_2\ldots a'_N}(\theta_1|\theta_2\ldots,\theta_N)=\sum_{a_1=\pm}\mathscr{T}_{a_1a_2\ldots a_N}^{a'_1a'_2\ldots a'_N}(\theta_1,\ldots,\theta_N)$$

의 새로운 행렬, '전달행렬(transfer matrix)'을 정의할 수 있다.

따라서 주기적 경계조건은 전달행렬을 이용하여

$$e^{imL\sinh\theta_1}\mathbf{T}(\theta_1|\theta_2,\ldots,\theta_N)=1 \tag{5.41}$$

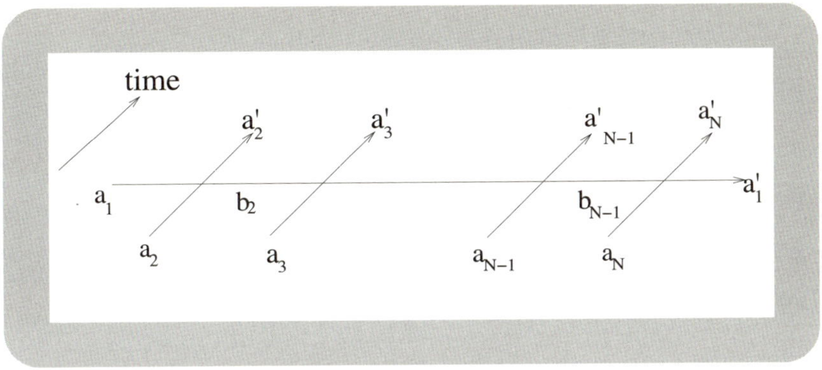

그림 5.4 모노드로미행렬 $\mathscr{T}$

로 쓸 수 있다. 이를 이용하여 열역학적 베테안싸쯔를 유도하기 위해서는 전달행렬의 고유값을 찾아야 한다. 특히 우리는 바닥상태에 관심이 있으므로 고유값 중에서 가장 낮은 에너지값에 해당하는 상태를 알아야 한다. 격자 모형에서 정의되는 전달행렬과 달리 양자장론에서는 개개의 입자들이 서로 다른 빠르기를 가질 수 있어서 전달행렬은 크기가 매우 큰 행렬일 뿐 아니라 매우 많은 빠르기들의 함수이다. 이런 형태를 '비균질(inhomogeneous)' 전달행렬이라고 한다.

전달행렬을 대각화하여 고유값을 찾는 방법은 여러 가지가 알려져 있지만 보편적으로 적용가능한 것은 없다. 보통 많이 쓰이는 방법은 전달행렬이 만족하는 함수방정식을 찾고 이로부터 함수적으로 고유값이 만족해야 하는 조건을 찾는 것으로 '해석적 베테안싸쯔(analytic Bethe ansatz)'라고 불린다. 이 방법은 RSOS(Restricted Solid-on-Solid) 모형으로 불리는 통계 모형에서 많이 사용되지만 사인-고든 모형에는 적용이 힘들다. 대신 사인-고든 모형에서 사용가능한 방법은 '대수적 베테안싸쯔(algebraic Bethe ansatz)'로 불리는 방법이다.

이 방법은 사인-고든 모형이 위상전하를 보존한다는 사실에 착안한 것이다. 산란행렬 (2.11)에서 보듯이 두 입자가 산란할 때 항상 위상전하, 즉 솔리톤의 수가 보존되어야 한다. 따라서 먼저 모든 입자가 솔리톤으로 이루어진 기준 상태를 정의한다. 솔리톤의 수가 보존되므로 주기적 경계조건을 위해 다른 입자와 모두 산란을 거친 후에도 결과적으로 얻어지는 상태는 여전히 솔리톤들로만 구성될 것이므로 모노드로미행렬이나 전달행렬의 고유상태이다. 그러나 이 고유상태가 일반적으로 우리가 구하고자 하는 바닥상태는 아니므로 이를 보통 '가상적 바닥(pseudo-vacuum)상태'라고 부른다. 솔리톤과 반솔리톤을 각각 $\uparrow$와 $\downarrow$으로 표기하면, 가상적 바닥상태는

$$|\Phi^{\uparrow}(\theta_1,\ldots,\theta_N)\rangle = |\uparrow_1\uparrow_2\cdots\uparrow_N\rangle$$

으로 나타낼 수 있다. 우선 모노드로미행렬을 약간 수정하여 첨자의 개수를 N에서 $N+1$로 바꾸어 $\mathscr{T}_{a_0,a_1\ldots a_N}^{a_0',a_1'\ldots a_N'}(\theta,\theta_1,\ldots,\theta_N)$으로 정의한다. 처음 첨자 a_0, a_0'는 '보조 공간(auxiliary space)'을, 나머지 첨자들 $a_1, a_1', \ldots$은 '양자 공간(quantum space)'을 나타낸다. 보조 공간은 $a_0, a_0' = \uparrow, \downarrow$이므로 이에 따라 이를 네 개의 부분행렬의 형태로 쓸 수 있다.

$$\mathscr{T}_{\uparrow}^{\uparrow} = \mathbf{A}(\theta) = \rightarrow\!\underset{1\;2}{\Big|\Big|}\cdots\underset{\;\;N}{\Big|\Big|}\!\rightarrow, \quad \mathscr{T}_{\downarrow}^{\downarrow} = \mathbf{D}(\theta) = \leftarrow\!\underset{1\;2}{\Big|\Big|}\cdots\underset{\;\;N}{\Big|\Big|}\!\leftarrow, \tag{5.42}$$

$$\mathscr{T}_{\downarrow}^{\uparrow} = \mathbf{B}(\theta) = \leftarrow\!\underset{1\;2}{\Big|\Big|}\cdots\underset{\;\;N}{\Big|\Big|}\!\rightarrow, \quad \mathscr{T}_{\uparrow}^{\downarrow} = \mathbf{C}(\theta) = \rightarrow\!\underset{1\;2}{\Big|\Big|}\cdots\underset{\;\;N}{\Big|\Big|}\!\leftarrow \tag{5.43}$$

여기서 각각의 꼭지점이 산란행렬을 나타내고 솔리톤과 반솔리톤은 시간의 방향을 ↗로 잡으면 모호성 없이 정의된다. 이 네 개의 행렬들은 양자 공간에 작용하는 $2^N \times 2^N$행렬이고 전달행렬은 $\mathbf{T} = \mathbf{A} + \mathbf{D}$로 주어지게 된다.

행렬 $\mathbf{C}$를 가상적 진공상태 $|\Phi^{\uparrow}\rangle$에 작용하면 솔리톤의 수가 보존될 수 없기 때문에 그 결과는 0이라는 사실을 알 수 있다.

$$\mathbf{C}(\theta)|\Phi^{\uparrow}(\theta_1,\ldots,\theta_N)\rangle = \rightarrow\!\underset{\uparrow_1\uparrow_2}{\Big|\Big|}\cdots\underset{\uparrow\;\uparrow_N}{\Big|\Big|}\!\leftarrow = 0$$

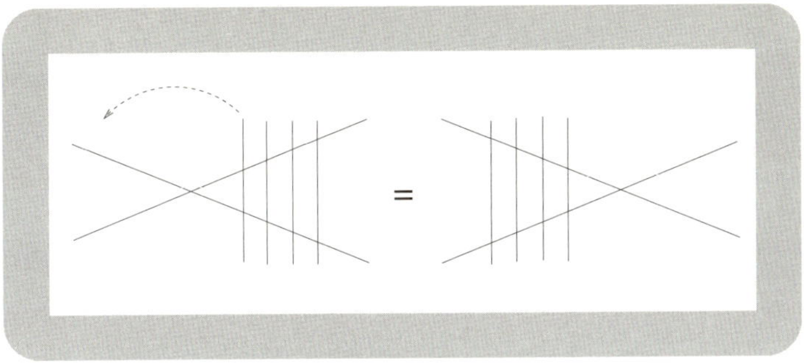

그림 5.5 모노드로미행렬이 만족하는 양-박스터 방정식

그 이유는 들어가는 화살표의 수가 $N+2$인 데 반하여 최대한 나올 수 있는 개수는 N이기 때문이다.

행렬 **A**와 **D**를 $|\Phi^{\uparrow}\rangle$에 작용시키면 기대했던 대로 가상적 진공상태는 이 행렬들의 고유상태가 되고 그 고유값을 다음과 같이 얻을 수 있다.

$$\mathbf{A}(\theta)|\Phi^{\uparrow}(\theta_1,\ldots,\theta_N)\rangle = \rightarrow\underset{\uparrow_1}{\overset{\uparrow}{+}}\rightarrow\underset{\uparrow_2}{\overset{\uparrow}{+}}\rightarrow\cdots\rightarrow\underset{\uparrow}{\overset{\uparrow}{+}}\rightarrow\underset{\uparrow_N}{\overset{\uparrow}{+}}\rightarrow = \prod_{i=1}^{N} S(\theta-\theta_i) \quad (5.44)$$

$$\mathbf{D}(\theta)|\Phi^{\uparrow}(\theta_1,\ldots,\theta_N)\rangle = \leftarrow\underset{\uparrow_1}{\overset{\uparrow}{+}}\leftarrow\underset{\uparrow_2}{\overset{\uparrow}{+}}\leftarrow\cdots\leftarrow\underset{\uparrow}{\overset{\uparrow}{+}}\leftarrow\underset{\uparrow_N}{\overset{\uparrow}{+}}\leftarrow = \prod_{i=1}^{N} S_T(\theta-\theta_i) \quad (5.45)$$

여기서 S와 S_T는 식 (2.11)에 주어진 사인-고든 모형의 산란행렬의 성분이다.

더 일반적인 고유상태를 구하기 위하여 행렬 **B**들을 $|\Phi^{\uparrow}\rangle$에 작용시켜보자.

$$|\Psi\rangle = \mathbf{B}(\xi_1)\ldots\mathbf{B}(\xi_n)|\Phi^{\uparrow}\rangle = \begin{array}{l} \leftarrow\underset{|_1}{+}\underset{|_2}{+}\cdots\underset{|}{+}\underset{|_N}{+}\rightarrow \ \mathbf{B}(\xi_n) \\ \vdots \quad \vdots \qquad\quad \vdots \quad \vdots \qquad \vdots \\ \leftarrow\underset{\uparrow_1}{+}\underset{\uparrow_2}{+}\cdots\underset{\uparrow}{+}\underset{\uparrow_N}{+}\rightarrow \ \mathbf{B}(\xi_1) \end{array} \quad (5.46)$$

로 정의되는 상태벡터 $|\Psi\rangle$가 **T**의 고유상태가 되도록 미지수들인 ξ_i를 찾는 것이다.

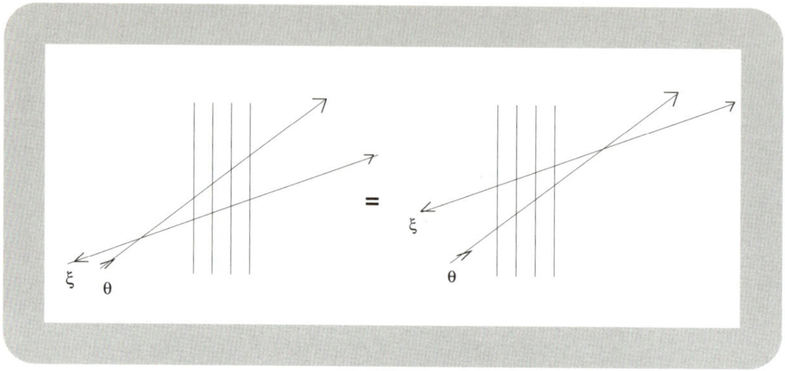

그림 5.6 식 (5.48)을 위한 모노드로미 양-박스터 방정식

이를 위하여 네 개의 행렬들 사이의 관계식이 필요한데 이들은 양-박스터 방정식으로부터 얻어진다. 모노드로미행렬을 이루는 산란행렬들은 모두 양-박스터 방정식을 만족하므로 모노드로미행렬 자체도 다음과 같은 양-박스터 방정식을 만족한다.

$$\begin{aligned}&\sum_{c,d=\uparrow,\downarrow} S_{ac}^{b'd}(\theta-\theta')\mathscr{T}_b^{\ c}(\theta|\{\theta_i\})\mathscr{T}_d^{\ a'}(\theta'|\{\theta_i\})\\ =&\sum_{c,d=\uparrow,\downarrow} \mathscr{T}_a^{\ d}(\theta'|\{\theta_i\})\mathscr{T}_c^{\ b'}(\theta|\{\theta_i\})S_{db}^{ca'}(\theta-\theta')\end{aligned} \tag{5.47}$$

이의 증명은 그림 5.5로 나타낼 수 있다. 오른쪽의 수직선을 하나씩 양-박스터 방정식을 이용하여(그림 2.3) 왼쪽으로 전부 옮기면 식 (5.47)을 얻게 된다.

식 (5.47) 중 그림 5.6에 표시된 성분을 식으로 쓰면

$$\mathbf{A}(\theta)\mathbf{B}(\xi) = s(\xi-\theta)\mathbf{B}(\xi)\mathbf{A}(\theta) - r(\xi-\theta)\mathbf{B}(\theta)\mathbf{A}(\xi) \tag{5.48}$$

$$\mathbf{D}(\theta)\mathbf{B}(\xi) = s(\theta-\xi)\mathbf{B}(\xi)\mathbf{D}(\theta) - r(\theta-\xi)\mathbf{B}(\theta)\mathbf{D}(\xi) \tag{5.49}$$

$$[\mathbf{B}(\theta),\mathbf{B}(\xi)] = 0 \tag{5.50}$$

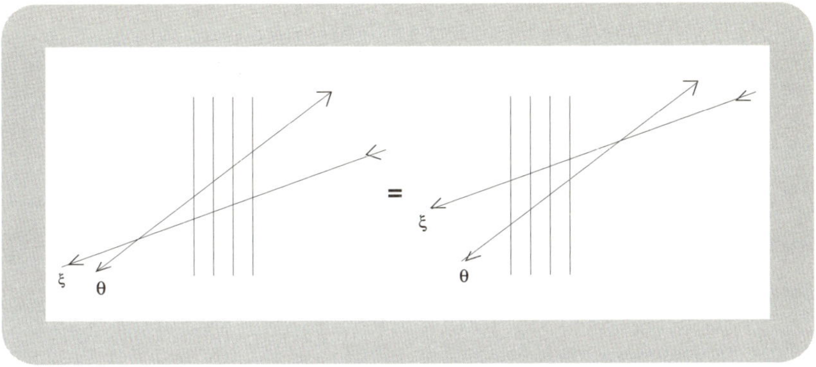

그림 5.7 식 (5.49)를 위한 모노드로미 양-박스터 방정식

을 얻는다. 여기서 수식을 간단히 하기 위해

$$\frac{S(\theta)}{S_T(\theta)} \equiv s(\theta) = \frac{\sinh(\lambda(i\pi - \theta))}{\sinh(\lambda\theta)}, \qquad \frac{S_R(\theta)}{S_T(\theta)} \equiv r(\theta) = \frac{\sinh(i\lambda\pi)}{\sinh(\lambda\theta)} \tag{5.51}$$

를 도입하였다.

상태벡터 $|\Psi\rangle$에 $\mathbf{A}$를 적용한 후, 교환관계식 (5.48)을 이용하여 $\mathbf{A}$와 $\mathbf{B}$를 바꿔나가면 $\mathbf{A}$는 하나씩 오른쪽으로 옮겨가지만, 그 과정에서 $\mathbf{B}$ 변수들이 θ와 ξ_i들이 서로 복잡하게 섞인 항들이 나오게 된다. $\mathbf{A}$가 오른쪽 끝까지 이르러 가상적 바닥상태 $|\Phi^{\uparrow}\rangle$에 작용하면 식 (5.44)로부터 $\mathbf{A}$ 대신 고유값이 곱해지면서 $\mathbf{B}$들만 남게 된다. $\mathbf{B}$들은 서로 교환가능하므로

$$\begin{aligned} \mathbf{A}(\theta)|\Psi\rangle &= \left[\prod_{i=1}^{N} S(\theta-\theta_i)\prod_{j=1}^{n} s(\xi_j-\theta)\right]|\Psi\rangle \\ &+ \sum_{j=1}^{n} A_j(\theta,\{\xi\})\mathbf{B}(\xi_1)\ldots\widehat{\mathbf{B}}(\xi_j)\ldots\mathbf{B}(\xi_n)\mathbf{B}(\theta)|\Phi^{\uparrow}\rangle \end{aligned} \tag{5.52}$$

의 형태가 된다. 여기서 $\widehat{\mathbf{B}}(\xi_j)$는 $\mathbf{B}$들의 거듭곱들 중 $\mathbf{B}(\xi_j)$가 없다는 뜻이다.

계수 $A_j(\theta,\{\xi\})$는 매우 복잡한 함수이겠지만, 그 결과는 간단히 구할 수 있다. 먼저 A_1을 고려해보자. 이는 $\mathbf{B}(\xi_1)$가 없는 경우이므로 $\mathbf{A}$가 $\mathbf{B}(\xi_1)$에 작용할 때만 식 (5.48)의 우변 두 번째 항이 이용되고 나머지 $\mathbf{B}(\xi_j)$들에 작용할 때는 (5.48)의 우변 첫 번째 항을 이용한 경우에 해당한다. 따라서

$$A_1(\theta,\{\xi\}) = -r(\xi_1-\theta)\prod_{k=2}^{n} s(\xi_k-\xi_1)\prod_{i=1}^{N} S(\xi_1-\theta_i) \tag{5.53}$$

가 된다. 한편 $|\Psi\rangle$는 n개의 $\mathbf{B}(\xi_i)$들이 곱해진 것이고 이들은 서로 교환가능하므로 ξ_i를 조합(permutation)에 의해 서로 섞어도 변하지 않는다. 따라서 A_j는 식 (5.53)으로 주어진 A_1에서 ξ_1 대신 ξ_j를 치환하기만 하면 된다. 즉

$$A_j(\theta,\{\xi\}) = -r(\xi_j-\theta)\prod_{k\neq j}^{n} s(\xi_k-\xi_j)\prod_{i=1}^{N} S(\xi_j-\theta_i) \tag{5.54}$$

를 유도할 수 있다.

상태벡터 $|\Psi\rangle$에 $\mathbf{D}$를 적용할 경우도 동일하게 진행하면 된다. 교환관계식 (5.49)를 이용하여 $\mathbf{D}$와 $\mathbf{B}$를 바꿔나가는 것이다. 따라서

$$\begin{aligned} \mathbf{D}(\theta)|\Psi\rangle &= \left[\prod_{i=1}^{N} S_T(\theta-\theta_i)\prod_{j=1}^{n} s(\theta-\xi_j)\right]|\Psi\rangle \\ &+ \sum_{j=1}^{n} D_j(\theta,\{\xi\})\mathbf{B}(\xi_1)\ldots\widehat{\mathbf{B}}(\xi_j)\ldots\mathbf{B}(\xi_n)\mathbf{B}(\theta)|\Phi^{\uparrow}\rangle \end{aligned} \tag{5.55}$$

가 되고, 계수는

$$D_j(\theta,\{\xi\}) = -r(\theta-\xi_j)\prod_{k\neq j}^{n} s(\xi_j-\xi_k)\prod_{i=1}^{N} S_T(\xi_j-\theta_i) \tag{5.56}$$

가 된다.

위에서 도입한 함수 r은 기함수이므로 식 (5.52)와 (5.55)를 더하여 $|\Psi\rangle$가 $\mathbf{A}(\theta)+\mathbf{D}(\theta)$의 고유 벡터가 되기 위한 충분조건은

$$\prod_{k\neq j}^{n} s(\xi_k-\xi_j)\prod_{i=1}^{N} S(\xi_j-\theta_i)=\prod_{k\neq j}^{n} s(\xi_j-\xi_k)\prod_{i=1}^{N} S_T(\xi_j-\theta_i) \tag{5.57}$$

가 된다. 이를 다시 쓰면

$$\prod_{i=1}^{N} s(\xi_j-\theta_i)=\prod_{k\neq j}^{n}\frac{s(\xi_j-\xi_k)}{s(\xi_k-\xi_j)} \tag{5.58}$$

가 되고 이를 베테안싸쯔 방정식이라고 한다.

전달행렬 $\mathbf{T}$의 고유값은 식 (5.52)와 (5.55)의 우변의 첫째 항들을 더하면

$$\Lambda(\theta,\{\theta_j\})=\left[\prod_{i=1}^{N} S(\theta-\theta_i)\prod_{j=1}^{n} s(\xi_j-\theta)+\prod_{i=1}^{N} S_T(\theta-\theta_i)\prod_{j=1}^{n} s(\theta-\xi_j)\right] \tag{5.59}$$

가 된다. 베테안싸쯔 방정식 (5.58)을 풀어서 ξ들을 결정한 후 식 (5.59)에 대입하여 고유값를 구하게 된다. $n=N/2$일 때 바닥상태가 되며, 여기서 하나씩 근이 없어지면서 다양한 들뜬상태가 얻어지는데 이에 대한 분석은 제8장에서 다루게 될 것이다.

열역학적 극한에서는 $N,n\to\infty$이므로 대각 행렬일 때와 마찬가지로 밀도를 도입할 수 있다. 이 식을 (5.28)과 비교하면 마치 질량이 0인 입자에 해당하고 이 입자와 솔리톤의 산란은 $s(\theta)$로, 이 입자들끼리의 산란은 $s(\theta)/s(-\theta)$로 주어지는 대각 산란행렬로 볼 수 있다. 이를 바탕으로 다양한 계산이 가능하지만 이는 이 책의 주제에서 조금 벗어나므로 더 자세히 다루지는 않기로 한다.

제 4 절 sinh-고든 모형의 열역학적 베테안싸쯔

산란행렬을 바탕으로 유도한 열역학적 베테안싸쯔는 특히 UV극한($R \to 0$)에서 해당 물리계에 대한 많은 정보를 얻어낼 수 있다. 이 절에서는 입자 종류가 하나라서 비교적 간단한 구조를 가지고 있는 sinh-고든 모형에 대한 열역학적 베테안싸쯔를 UV극한에서 해석적인 해를 구하는 방법을 설명한다. 이 방법은 입자의 종류가 여러 개인 경우에도 쉽게 일반화할 수 있다. 또한 이를 통해 얻어진 정보는 사인-고든 모형에도 적용될 것이다.

4.1 IR극한

열역학적 베테안싸쯔는 산란행렬을 바탕으로 유도된 것이므로 물리계의 길이가 입자의 드브로이 파장보다 매우 커지는 IR극한($mR \to \infty$)에 바탕을 둔 것이다. 물리계의 특성은 차원이 없는 양의 비로 표현하면 직관적인 이해를 높일 수 있으므로 앞으로 $r \equiv mR$을 도입하자. 외부의 자기장이 걸린 경우가 아니라면 바닥상태는 입자가 전혀 없는 진공상태를 뜻한다. 우리는 여기서 $r >> 1$이긴 하지만 유한한 경우 이 바닥상태의 에너지가 r에 따라 어떻게 변하는지를 열역학적 베테안싸쯔 방정식으로부터 얻으려고 한다.

먼저 열역학적 베테안싸쯔 방정식 (5.26) 우변의 첫 번째 항인 $r\cosh\theta$는 항상 r보다 커서 두 번째 콘볼루션항이 매우 작아지기 때문에 가상에너지 $\epsilon(\theta)$는 거의 이 첫째 항과 같아진다. 따라서 두 번째 항은 $\epsilon(\theta)$ 대신 $r\cosh\theta$를 대입하여 얻을 수 있으므로,

$$\epsilon(\theta) = r\cosh\theta - \int_{-\infty}^{\infty} \Phi(\theta-\theta')e^{-r\cosh\theta'} + \mathscr{O}(e^{-2r})$$

을 얻을 수 있다. 이를 식 (5.27)에 대입하면

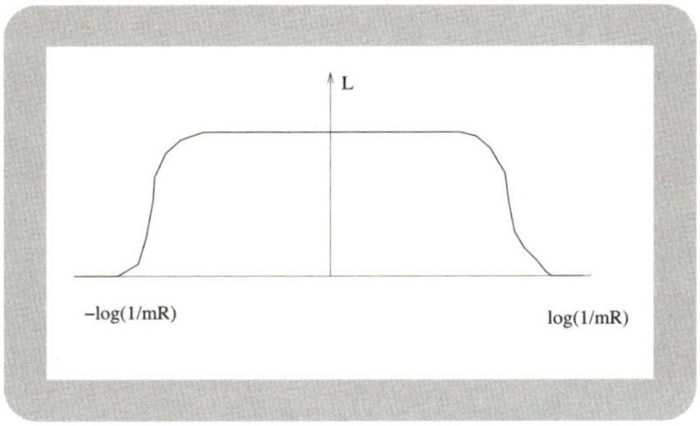

그림 5.8 UV극한에서 준에너지의 형태

$$E^0(r) = -\frac{m}{2\pi}\int_{-\infty}^{\infty} \cosh\theta e^{-r\cosh\theta} d\theta = -\frac{m}{\pi}K_1(r)$$

을 얻을 수 있다. 여기서 K_1은 '베셀함수(modified Bessel function of the second kind)'이다.

4.2 UV극한

열역학적 베테안싸쯔에서 얻을 수 있는 중요한 정보들은 주로 UV극한($r \to 0$)을 분석하여 얻어진다. 먼저 식 (5.26) 우변의 $r\cosh\theta$는 θ가 너무 크지만 않다면 θ에 무관하게 거의 0이다. 따라서 가상에너지 $\epsilon(\theta)$는 이 영역의 θ값에서 거의 상수가 된다. θ가 더욱 커져 $|\theta| >> \log(2/r)$이 되면 $r\cosh\theta$는 지수적으로 커지기 때문에 IR극한에서와 마찬가지로 가상에너지는 거의 이 첫 번째 항이라고 볼 수 있다. 이 분석을 바탕으로 $L(\theta)$ 함수의 대략적인 형태를 그리면 그림 5.8처럼 된다.

중요한 계산은 양쪽 끝 영역에서 $L(\theta)$의 모습에 의해 결정되기 때문에 매우 크거나 매우 작은 영역의 빠르기에 대해 다음과 같이 새로운 빠르기를 정의하자.

그림 5.9 UV극한에서 다시 정의된 준에너지

$$\theta \to \theta \mp \log(2/r) \sim \mathcal{O}(1)$$

열역학적 베테안싸쯔 방정식 (5.26)은

$$\epsilon_{\pm}(\theta) = e^{\pm\theta} - \Phi * L_{\pm}(\theta) \tag{5.60}$$

로 쓸 수 있고, $\epsilon_{+}(\theta) = \epsilon_{-}(-\theta)$임을 알 수 있다. 여기서

$$\epsilon_{\pm}(\theta) \equiv \epsilon(\theta \pm \log(2/r)), \qquad L_{\pm}(\theta) \equiv \log\left(1 + e^{-\epsilon_{\pm}(\theta)}\right) \tag{5.61}$$

를 도입하였고 이들의 모습은 그림 5.9처럼 될 것이다. 커널은 식 (5.4)에서 주어진 sinh-고든 모형의 산란행렬로부터

$$\Phi(\theta) = \frac{1}{\pi}\frac{\sin(\pi B)\cosh\theta}{\sinh^2\theta + \sin^2(\pi B)} \tag{5.62}$$

가 된다.

UV극한에서 바닥상태의 에너지 (5.27)을 식 (5.61)로 정의된 새로운 가상에너지로 쓰면

$$E^0(R) = -\frac{1}{\pi R}\int_{-\infty}^{\infty} e^{\theta} L_{+}(\theta) d\theta \tag{5.63}$$

를 얻는다. 식 (5.60)을 θ에 대해 미분하면

$$e^{\theta}=\epsilon_{+}'(\theta)+\int_{-\infty}^{\infty}\Phi(\theta-\theta')L_{+}'(\theta')d\theta' \tag{5.64}$$

이고, 이 식의 우변을 식 (5.63)의 e^{θ}에 대입하면

$$E^{0}(R)=-\frac{1}{\pi R}\int_{-\infty}^{\infty}\left[L_{+}(\theta)\epsilon_{+}'(\theta)+\int_{-\infty}^{\infty}\Phi(\theta-\theta')L_{+}(\theta)L_{+}'(\theta')d\theta'\right]d\theta$$

가 된다. 우변의 두 번째 항은 $\Phi * L_{+}(\theta)$를 포함하므로 식 (5.60)을 이용하여 $e^{\theta}-\epsilon_{+}(\theta)$를 대신 대입하면

$$\begin{aligned}E^{0}(R) &= -\frac{1}{\pi R}\int_{-\infty}^{\infty}\left[L_{+}(\theta)\epsilon_{+}'(\theta)+(e^{\theta}-\epsilon_{+}(\theta))L_{+}'(\theta)\right]d\theta\\ &= -\frac{1}{\pi R}\int_{-\infty}^{\infty}\left[L_{+}(\theta)\epsilon_{+}'(\theta)-\epsilon_{+}(\theta)L_{+}'(\theta)\right]d\theta-E^{0}(R)\end{aligned}$$

을 얻는다. 두 번째 줄에서 부분적분 후 식 (5.63)을 사용하였다. 이로부터

$$E^{0}(R)=-\frac{1}{2\pi R}\int_{\epsilon_0}^{\infty}\left[\log(1+e^{-\epsilon_{+}})+\frac{\epsilon_{+}e^{-\epsilon_{+}}}{1+e^{-\epsilon_{+}}}\right]d\epsilon_{+} \tag{5.65}$$

가 되는데, 여기서 적분변수를 θ에서 ϵ_{+}로 바꾸었고 $\epsilon_0\equiv\epsilon_{+}(-\infty)$이다. 적분변수를 한 번 더 바꾸어

$$\frac{e^{-\epsilon_{+}}}{1+e^{-\epsilon_{+}}}\equiv x, \qquad \frac{e^{-\epsilon_0}}{1+e^{-\epsilon_0}}\equiv x_0$$

를 정의하면, 바닥상태의 에너지는 '다이로그(Rogers dilogarithm)함수'로 씌어진다.

$$E^{0}(R)=\frac{1}{2\pi R}\int_{0}^{x_0}\left[\frac{\log(1-x)}{x}+\frac{\log x}{1-x}\right]dx=-\frac{1}{\pi R}\mathscr{L}\left(\frac{x_0}{1+x_0}\right)$$

ϵ_0를 계산하기 위해서는 식 (5.60)에 $\theta = -\infty$를 대입하면 된다. 콘볼루션 항은 커널 (5.62)가 $|\theta| >> 1$일 때 지수적으로 작아지기 때문에 $\theta - \theta'$가 크지 않은 경우에만 무시되지 않을 정도의 적분값을 주게 된다. 따라서 $L_+(\theta') \approx L_+(-\infty)$를 만족하므로 이 항을 적분 밖으로 빼내면 커널의 적분만이 남는다.

$$\epsilon_0 = -a \log(1 + e^{-\epsilon_0}), \qquad a = \int_{-\infty}^{\infty} \Phi(\theta) d\theta \tag{5.66}$$

커널은 산란행렬에 로그를 취한 후 미분한 것이므로

$$a = \frac{1}{2\pi i} \log \frac{S(\infty)}{S(-\infty)} = 1$$

임을 쉽게 알 수 있다.

이로부터

$$x_0 = \frac{e^{-\epsilon_0}}{1 + e^{-\epsilon_0}} = 1$$

이 된다. $\mathscr{L}(1) = \pi^2/6$을 이용하면 식 (5.1)로부터 $c_{\text{eff}} = 1$을 유도할 수 있다.

식 (5.1)의 다음 항인 진공에너지를 유도하기 위해서는 식 (5.39)를 계산해야 한다. sinh-고든 모형에 대해 이 식을 다시 쓰면

$$\frac{d}{dr}\left(rE^0(r)\right) = \int_{-\infty}^{\infty} \frac{r}{2\pi} \frac{e^{-\epsilon(\theta)}}{1 + e^{-\epsilon(\theta)}} \psi^+(\theta) e^{-\theta} d\theta \tag{5.67}$$

가 되고

$$\psi^+(\theta) = me^{\theta} + \Phi * \frac{1}{1 \pm e^{-\epsilon}} \psi^+(\theta)$$

를 만족한다. 이 식을 (5.64)와 비교하면

$$\epsilon = \epsilon_+, \qquad \psi^+(\theta) = m \frac{\partial \epsilon_+(\theta)}{\partial \theta}$$

임을 알 수 있고 이를 식 (5.67)에 대입하면

$$\frac{2\pi}{r}\frac{d}{dr}\left(rE^0(r)\right)\bigg|_{r=0} = -m\int_{-\infty}^{\infty}\frac{\partial L_+(\theta)}{\partial\theta}e^{-\theta}d\theta \tag{5.68}$$

를 유도할 수 있다. 여기서 $\theta \to -\infty$일 경우

$$\frac{\partial L_+}{\partial\theta} = -\frac{1}{1+e^{\epsilon_+(\theta)}}\frac{\partial\epsilon_+}{\partial\theta} \approx -\frac{1}{1+e^{\epsilon_0}}\frac{\partial\epsilon_+}{\partial\theta}$$

가 되고, 식 (5.64)는

$$\frac{\partial\epsilon_+}{\partial\theta} = e^{\theta}\left(1-\frac{2\sin(\pi B)}{\pi}\int_{-\infty}^{\infty}L_+(\theta')e^{-\theta'}d\theta'\right)+\mathcal{O}(e^{2\theta}) \tag{5.69}$$

가 된다. 여기서 $|\theta| >> 1$의 경우 커널 Φ의 전개식

$$\Phi(\theta) \approx \frac{2\sin(\pi B)}{\pi}e^{-|\theta|}+\mathcal{O}(e^{-3|\theta|})$$

를 이용하였다. 만약 e^{θ}에 비례하는 항이 0이 되지 않는다면 식 (5.68)은 $\theta \to -\infty$의 영역에서 발산하게 되므로 이는 $E^0(r)$이 R에 비례하는 항을 가져서 이 식의 좌변이 UV극한에서 유한하다는 사실에 모순된다. 따라서 식 (5.69)에서 e^{θ}를 소거해야 하므로

$$\int_{-\infty}^{\infty}L_+(\theta')e^{-\theta'}d\theta' = \frac{\pi}{2\sin(\pi B)} \tag{5.70}$$

를 만족해야 한다. 따라서

$$\frac{2\pi}{r}\frac{d}{dr}\left(rE^0(r)\right)\bigg|_{r=0} = \frac{\pi m}{2\sin(\pi B)}$$

이 되고

$$E^0(R) = -\frac{\pi c_{\rm eff}}{6R} + R\mathscr{E}_0 + \ldots, \quad \mathscr{E}_0 = \frac{m}{8\sin(\pi B)} \tag{5.71}$$

을 유도할 수 있다.

이 결과를 사인-고든 모형으로 확장하기 위해 $b = -i\beta$를 식 (5.4)에 대입하면 $B = -1/\lambda$가 된다. 또 질량 m은 사인-고든 모형의 첫 브리더의 질량이므로 (2.10)을 이용하여 솔리톤의 질량으로 나타내면

$$E_{\rm bulk} = m\mathscr{E}_0 = -\frac{4M^2\sin^2\frac{\pi}{2\lambda}}{8\sin\frac{\pi}{\lambda}} = -\frac{M^2}{4}\tan\frac{\pi}{2\lambda} \tag{5.72}$$

가 된다.

식 (5.71)은 다음 장에서 다룰 일점함수를 통해 얻은 결과와 비교함으로써 사인-고든 모형의 솔리톤 질량과 라그랑지안의 차원변수 μ 간의 관계식을 유도하는 데 사용될 수 있는 중요한 결과이다. 이미 우리는 제3장 제3절에서 외부의 자기장이 걸린 사인-고든 모형을 베테안싸쯔로 분석하여 이 결과를 유도한 바 있다. 전혀 다른 비섭동적 방법으로 얻어진 결과들이 서로 일치함을 확인함으로써 이 방법들의 타당성을 독립적으로 확인하는 뜻밖의 결실을 얻게 되는 것이다.

식 (5.71)에서 '...'는 식 (5.1)에서 설명하였듯이 UV극한을 기술하는 등각장론을 바탕으로 상호작용항을 섭동 전개하여 얻어지는 항들이다. 사인-고든 모형의 경우 UV극한은 자유보존 이론이므로 제3장 제1절에서 다룬 것처럼 쿨롱가스 적분으로 계산할 수 있다. 그러나 현재 우리가 다루고 있는 sinh-고든 모형의 UV극한은 전혀 다른 등각장론인 '리우빌 양자장론(Liouville field theory)'이 된다. 이 모형은 자유보존과 달리 등각장론이면서도 상호작용을 하기 때문에 최근에 와서야 일반적인 계산방법이 개발되었다. 다음 장에서 일점함수를 다룰 때 이 모형을 다루어야 하므로 등각장론에 의해 얻어지는 UV극한의 더 작은 항들은 그때 설명하기로 한다.

제 6 장

경계가 있을 때의 유한길이 효과

지금까지 설명한 열역학적 베테안싸쯔는 주기적 경계조건을 사용한 경우에 적용되는 방법이다. 제5장 제3절에서 보였듯이 일반적인 사인-고든 모형의 산란행렬은 주기적 경계조건에서도 다루기가 어렵기 때문에 경계가 도입될 경우는 훨씬 더 힘들어진다. 따라서 제5장 제2절에서 도입한 경계가 있는 sinh-고든 모형에 대해서 경계 열역학적 베테안싸쯔를 유도하고 이를 바탕으로 비섭동적 결과를 얻어내고자 한다. 이 장은 참고문헌 [19]를 주로 참조하였다.

제 1 절 경계 sinh-고든 모형

이미 설명하였듯이 비록 입자 스펙트럼과 산란행렬은 매우 다르지만 사인-고든 모형과 sinh-고든 모형의 에너지와 변수들 간의 관계식 등은 $\beta \to ib$의 변환으로 서로 연결되어 있기 때문에 sinh-고든 모형을 근거로 얻어진 결과들은 사인-고든 모형의 결과로 일반화될 수 있다.

경계가 도입되어도 두 모형 간의 관계는 유지된다. 사인-고든 모형에 경계가 도입될 때 가적분성을 갖게 하기 위해 결정된 경계 라그랑지안은 그대로 sinh-고든 모형에서도 결합상수만 $\beta = ib$라고 정의하면 그대로 성립된다. 따라서 sinh-고든 모형의 경계 라그랑지안은

$$\mathscr{L}_B = 2\mu_B \cosh\left(\frac{b}{2}(\varphi - \varphi_0)\right) \tag{6.1}$$

가 된다.

이에 대응하는 경계 산란행렬도 같은 방식으로 유추할 수 있다. 식 (4.31)과 (4.32)로부터

$$\begin{aligned} R_{\mathrm{ShG}}(\theta) = &-\frac{\cos\left(\frac{\pi B}{4}+\frac{i\theta}{2}\right)\cos\left(\frac{\pi(1-B)}{4}+\frac{i\theta}{2}\right)\sin\left(\frac{\pi}{4}-\frac{i\theta}{2}\right)}{\cos\left(\frac{\pi B}{4}-\frac{i\theta}{2}\right)\cos\left(\frac{\pi(1-B)}{4}-\frac{i\theta}{2}\right)\sin\left(\frac{\pi}{4}+\frac{i\theta}{2}\right)} \\ &\times \frac{\cos(\eta B)+i\sinh\theta}{\cos(\eta B)-i\sinh\theta}\,\frac{\cosh(\vartheta B)+i\sinh\theta}{\cosh(\vartheta B)-i\sinh\theta} \end{aligned} \tag{6.2}$$

를 유도할 수 있다.

여기서도 식 (6.1)에 나오는 경계상수 μ_B, φ_0와 식 (6.2)에 나오는 경계상수 η, ϑ의 관계식이 필요하고 이는 사인-고든 모형의 그것과 동일해야 한다.

제 2 절 경계 열역학적 베테안싸쯔

경계가 있는 경우의 열역학적 베테안싸쯔는 대각 산란행렬이라 하더라도 주기적 경계조건과는 매우 다르다. 주기적 경계조건에서는 두 방향이 완전히 동등하기 때문에 그림 5.1에서 L 방향에 대해서만 무한대의 극한을 취해도 충분

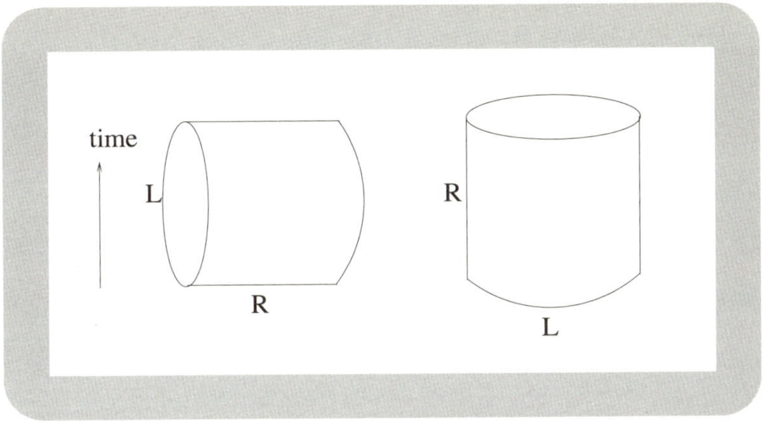

그림 6.1 **열린 채널과 닫힌 채널**

하였다. 그러나 경계가 도입되면 두 방향은 동등하지 않다. 구체적으로 설명하기 위해 윅(Wick) 회전을 통한 2차원 유클리드 공간을 생각하고 각 방향의 길이를 R, L이라고 하자. 제5장 제2절에서는 두 방향 모두에 주기적 경계조건을 부여하였지만, 공간 방향으로 경계가 있을 때는 주기적 경계조건은 시간 방향으로만 부여할 수 있다. 이 경우 그림 6.1처럼 기하학적 구조는 원통 모양이 될 것이다. 이 원통의 양쪽 경계 사이의 길이를 R이라고 하고 원통의 길이를 L로 잡기로 하자.

이 두 방향 중 시간 방향을 어디로 잡느냐에 따라 두 가지 채널을 고려할 수 있다. 먼저 y-축을 시간으로 할 경우로서 이를 '열린 채널'이라고 명명하기로 한다. 이 경우는 유한한 길이 R을 갖는 x-축 공간에서 정의되는 모형이고 시간 방향으로 주기적 조건을 부여했으므로 이는 분배함수가 된다. 이를 다시 쓰면

$$Z_O = \mathrm{Tr}\, e^{-LH_{\alpha\beta}(R)} \tag{6.3}$$

로 정의된다. 여기서 $H_{\alpha\beta}(R)$은 길이가 R인 x-축상에서 정의된 해밀토니안으

로 α, β는 양쪽의 경계조건을 의미한다.

또 하나의 경우는 x-축을 시간으로 보는 것으로 이를 '닫힌 채널'로 부르기로 하자.[9] 이때는 특정한 경계상태에서 다른 경계상태로 진행될 전이 확률진폭에 해당하고 이를 수식으로 나타내면

$$Z_C = \langle B_\beta | e^{-RH_{\text{PBC}}(L)} | B_\alpha \rangle \tag{6.4}$$

로 쓸 수 있다. 여기서 $|B_\alpha\rangle$는 경계조건 α에 대응하는 경계상태를 나타낸다.

2차원 유클리드 공간에서 정의된 양자장론에서는 시간과 공간은 구분할 수 없다. 따라서 이 두 채널에 의한 물리량이 같아야 한다. 이를 모듈라 불변성(modular invariance)이라고 하며 등각장론과 초끈 이론 등에서 매우 중요한 역할을 한다. 이 경우에는 불변성이 $Z_O = Z_C$를 의미한다. 양자장론의 입자상태를 다루기 위해서는 무한한 공간을 다루어야 하기 때문에 $L \to \infty$이나 $R \to \infty$의 극한을 취해야 한다.

또한 양 방향 중 하나의 길이를 무한대로 보내야 하는데 어떤 것을 무한대로 할 것인가에 따라 열역학적 베테안싸쯔가 달라지고 거기서 얻을 수 있는 물리량도 달라진다. $L \to \infty$라면 원통이 넓적한 모양이 되는 반면 $R \to \infty$라면 원통은 얇고 길쭉한 모양을 갖게 된다. 우리는 각각의 경우에 두 채널을 고려해서 두 종류의 열역학적 베테안싸쯔 방정식을 유도하게 될 것이다.

9) 이 이름은 끈 이론에서 열린 끈이 시간에 따라 진행되느냐 아니면 닫힌 끈이 진행되느냐를 가지고 분류한 것이다.

제 3 절 넓적한 원통의 경우

3.1 경계 열역학적 베테안싸쯔

먼저 $L \to \infty$을 고려해보자. 열린 채널의 경우 식 (6.3)은 해밀토니안의 고유 에너지들에 의해 계산되며 $L \to \infty$의 극한에서 바닥상태만이 중요한 역할을 하고 나머지 들뜬 에너지들에 의한 효과는 지수적으로 매우 작아지므로, 분배함수는

$$Z_O \sim e^{-LE^0_{\alpha\beta}(R)} + \mathcal{O}(e^{-L}) \tag{6.5}$$

이다. 양자장론의 바닥상태이므로 진공상태이고 이 진공의 에너지가 공간의 길이에 따라 주어지므로 $E^0_{\alpha\beta}(R)$은 제2절에서 도입한 카시미어에너지로서 양쪽의 경계조건에 의해 결정된다.

한편 닫힌 채널에서는 $L \to \infty$은 무한의 공간을 의미하므로 통상적으로 다루는 무한 공간에서 정의된 양자장론이 되고 따라서 산란행렬이 물리적으로 의미를 갖는다. 그러나 시간축이 유한한 길이 R을 가지므로 이는 유한한 온도에 해당한다. 제5장 제2절에서 설명한 대로 $R = 1/T$로 정의한 후 유한한 온도 T에 의한 열역학적 계산을 수행해야 한다. 보다 근본적인 차이점은 닫힌 채널에 등장하는 경계상태이다. 이를 물리적으로 다루기 위해서는 이 상태를 입자상태들로 표현할 수 있어야 한다. 우선 경계 산란행렬을 모듈라 변환시키면 그림 6.2처럼 되는데 이는 경계상태가 입자들을 쌍생성하거나 쌍소멸하는 역할을 함을 알 수 있다. 또한 경계 산란행렬도 교차채널로 정의되어야 하므로 식 (4.26)에서 정의된 $K(\theta)$를 이용하여

$$|B_\alpha\rangle = \exp\left[\int_0^\infty \frac{d\theta}{2\pi} K_\alpha(\theta) A^\dagger(\theta) A^\dagger(-\theta)\right] |0\rangle$$

로 쓸 수 있다. 여기서 빠르기를 양의 값으로 제한했는데 이는 쌍생성에 의해

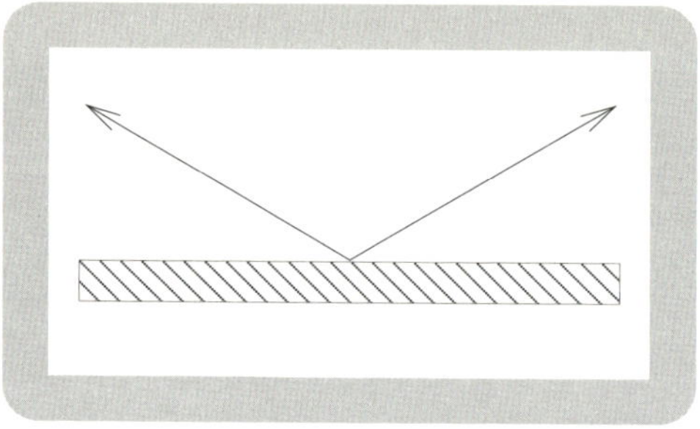

그림 6.2 경계상태로부터 두 입자의 쌍생성

θ와 $-\theta$를 갖는 입자가 항상 동시에 쌍생성되기 때문이다.

사인-고든 모형이나 sinh-고든 모형의 경우 경계조건은 경계상수들에 의해 표현되므로 K_α는 경계상수들이 경계조건 α에 의해 결정된다는 의미이다. 이 상태와 $2n$ 입자상태의 내적을 취하면

$$\langle A(\theta_1)A(-\theta_1)\ldots A(\theta_n)A(-\theta_n)|B_\alpha\rangle = \prod_{j=1}^{n} K_\alpha(\theta_j)$$

가 됨을 알 수 있다. 이는 n-쌍의 입자들이 쌍생성될 확률진폭을 의미하므로 위 식처럼 각 경우의 곱으로 나타내져야 한다. 따라서 전이 확률은

$$Z_C = \sum_{\{\theta_i\}} \prod_j \left[\overline{K}_\beta(\theta_j) K_\alpha(\theta_j) e^{-2mR\cosh\theta_j} \right]$$

로 쓸 수 있다. 여기서 $\overline{K}_\beta$는 $\langle B_\beta|$로부터 정의되고 K_β의 복소짝이다. 이중 경계에 의해 생기는 항은 빠르기를 θ와 $-\theta$를 갖는 한 쌍의 입자들이 생성될 때마다 $\overline{K}_\beta(\theta)K_\alpha(\theta)$의 확률진폭을 주므로 일종의 화학적 위치에너지라고 할 수 있다.

열역학적 극한을 취할 때 매우 많은 입자들이 쌍생성되므로 빠르기에 대한

밀도 $\rho(\theta)$를 식 (5.15)와 같이 정의하면

$$f(R) = \frac{1}{R}\int_0^\infty \left(2r\cosh\theta - \mu_{\alpha\beta}\right)\rho_1(\theta)d\theta - S([\rho,\rho_1]) \tag{6.6}$$

이 된다. 여기서 화학적 위치에너지를

$$\mu_{\alpha\beta} \equiv \log(\overline{K}_\beta(\theta)K_\alpha(\theta)) \tag{6.7}$$

도입하였고, $S([\rho])$는 제5장에서 설명한 대로 가능한 빠르기 준위들 중 채워진 준위들의 경우의 수를 바탕으로 계산한 엔트로피로서 입자들의 빠르기가 양수여야 한다는 것만 빼고는 식 (5.19)와 같다.

제5장에서 다룬 열역학적 베테안싸쯔와 마찬가지로 주기적 경계조건은 입자들의 산란으로 얻을 수 있다. 입자들이 쌍을 이루고 있음을 감안하면

$$e^{imL\sinh\theta_j}S(2\theta_j)\prod_{k\neq j}S(\theta_j-\theta_k)S(\theta_j+\theta_k)=1$$

이 된다. 이 식에 로그를 취한 후 열역학적 극한에서 제5장과 같은 밀도로 표현하면

$$\begin{aligned}\rho(\theta) &= \frac{m}{2\pi}\cosh\theta + \int_0^\infty \left[\Phi(\theta-\theta') + \Phi(\theta+\theta')\right]\rho_1(\theta')d\theta' \\ &= \frac{m}{2\pi}\cosh\theta + \Phi * \rho_1(\theta)\end{aligned} \tag{6.8}$$

를 얻는다. 여기서 커널 Φ는 식 (5.17)로 주어지고 적분을 ρ_1이 우함수임을 이용하여 콘볼루션 (5.23)으로 표시하였다.

그 다음 과정은 (6.8)을 만족시키며 자유에너지 (6.6)을 최소화시키는 밀도를 찾는 것인데 이는 주기적 경계조건의 경우에 $r\cosh\theta \to 2r\cosh\theta - \mu_{\alpha\beta}$를

치환한 것과 동일하다. 따라서 경계 열역학적 베테안싸쯔 방정식

$$\epsilon(\theta) = 2r\cosh\theta - \mu_{\alpha\beta}(\theta) - \Phi * L(\theta) \tag{6.9}$$

를 얻을 수 있고, 바닥상태의 에너지는

$$E^0_{\alpha\beta}(R) = -\frac{m}{2\pi}\int_0^\infty d\theta \cosh\theta L(\theta) \tag{6.10}$$

로 주어진다.

이 식에서 $\mu_{\alpha\beta}$ 항을 ϵ에 흡수하여

$$\begin{aligned} \epsilon(\theta) &= 2r\cosh\theta - \Phi * L_{\alpha\beta}(\theta), \quad L_{\alpha\beta}(\theta) = \log\left(1 + \overline{K}_\beta K_\alpha e^{-\epsilon(\theta)}\right) \\ E^0_{\alpha\beta}(R) &= -\frac{m}{2\pi}\int_0^\infty d\theta \cosh\theta L_{\alpha\beta}(\theta) \end{aligned}$$

로 쓸 수도 있다.

3.2 IR극한

주기적 경계조건과 마찬가지로 IR극한($r \to \infty$)에서는 식 (6.9) 중 콘볼루션 항은 무시할 수 있다. 따라서 바닥상태의 에너지 중 가장 큰 항은

$$E^0_{\alpha\beta}(r) = -\frac{m}{2\pi}\int_{-\infty}^\infty \overline{K}_\beta(\theta) K_\alpha(\theta)\cosh\theta e^{-r\cosh\theta} d\theta$$

가 된다.

3.3 UV극한

제5장 제4절에서와 마찬가지로 열역학적 베테안싸쯔의 UV극한은 물리계의

중요한 정보를 얻을 수 있다. 양쪽 경계의 경계조건을 α, β라고 하면 계의 에너지는 UV영역에서

$$E^0_{\alpha\beta}(R) = -\frac{\pi c_{\text{eff}}}{12R} + R\mathscr{E}_0 + E^B_{\alpha\beta} + \frac{\pi}{R}\sum_{n=1} c^n_{\alpha\beta}\left(\frac{mR}{2\pi}\right)^{n(1-\Delta)} \tag{6.11}$$

의 형태가 된다. 우변의 세 번째 항 $E^B_{\alpha\beta}$는 경계로 인하여 생기는 경계 진공에너지로서 경계 열역학적 베테안싸쯔로부터 계산할 수 있다.

주기적 경계조건과 마찬가지로 빠르기를 $\log(1/r)$만큼 옮긴 후 열역학적 베테안싸쯔 방정식 (6.9)를 다시 쓰면

$$\epsilon_+(\theta) = e^\theta + r^2 e^{-\theta} - \mu^+_{\alpha\beta}(\theta) - \Phi * L_+(\theta) \tag{6.12}$$

가 된다. 여기서

$$\epsilon_+(\theta) \equiv \epsilon(\theta - \log r), \quad \mu^+_{\alpha\beta}(\theta) \equiv \mu^+_{\alpha\beta}(\theta - \log r)$$

을 정의하였다.

이 극한에서 바닥상태의 에너지는 식 (6.10)으로부터

$$E^0_{\alpha\beta}(R) = -\frac{1}{4\pi R}\int_{-\infty}^{\infty} e^\theta L_+(\theta) d\theta \tag{6.13}$$

가 된다. 식 (6.12)를 θ에 대해 미분하여 e^θ를 구하면

$$e^\theta = \epsilon'_+(\theta) + r^2 e^{-\theta} + {\mu^+_{\alpha\beta}}'(\theta) + \Phi * L'_+(\theta) \tag{6.14}$$

가 되고 이를 식 (6.13)의 우변에 있는 e^θ 대신 대입하면

$$E^0_{\alpha\beta}(R) = -\frac{1}{4\pi R}\int_{-\infty}^{\infty} L_+(\theta)\left[\epsilon'_+(\theta) + r^2 e^{-\theta} + {\mu^+_{\alpha\beta}}'(\theta) + \Phi * L'_+(\theta)\right] d\theta \tag{6.15}$$

를 얻을 수 있다.

이 식 우변의 둘째 항은

$$\begin{aligned}\int_{-\infty}^{\infty} r^2 e^{-\theta} L_+(\theta) d\theta &= \int_{-\infty}^{\infty} r e^{-\theta} L(\theta) d\theta = \int_{-\infty}^{\infty} r e^{\theta} L(\theta) d\theta \\ &= \int_{-\infty}^{\infty} e^{\theta} L_+(\theta) d\theta\end{aligned}$$

가 되어 $E^0_{\alpha\beta}(R)$이 된다. 여기서 처음 등식은 $\theta \to \theta + \log r$을, 둘째 등식은 $\theta \to -\theta$를, 그리고 셋째 등식은 $\theta \to \theta - \log r$의 변환을 한 것이다. 식 (6.15)의 맨 끝항은 콘볼루션의 정의에 따라

$$\int_{-\infty}^{\infty} d\theta \int_{-\infty}^{\infty} d\theta' L_+(\theta)\Phi(\theta - \theta')L'_+(\theta') = \int_{-\infty}^{\infty} L'_+(\theta)\Phi * L_+(\theta) d\theta$$

로 쓸 수 있고, 여기에 식 (6.12)를 대입하면

$$\int_{-\infty}^{\infty} L'_+(\theta)\left[e^{\theta} + r^2 e^{-\theta} - \mu^+_{\alpha\beta}(\theta) - \epsilon_+(\theta)\right] d\theta$$

가 된다. 이 식의 첫 항을 부분적분하면

$$\int_{-\infty}^{\infty} e^{\theta} L'_+(\theta) d\theta = e^{\theta} L_+(\theta)\Big|_{-\infty}^{\infty} - \int_{-\infty}^{\infty} e^{\theta} L_+(\theta) d\theta$$

가 되는데, 우변의 첫 항에서 $\theta \to \infty$일 때는 $L_+(\theta)$가 매우 빨리 0으로 가고, $\theta \to -\infty$일 때는 $L_+(\theta)$는 상수가 되지만 e^{θ}가 0으로 가므로 전체가 0이 되어 남는 적분은 $-E^0_{\alpha\beta}(R)$이 된다. 따라서 이를 정리하면

$$E^0_{\alpha\beta}(R) = -\frac{1}{4\pi R}\int_{-\infty}^{\infty}\Big[L_+(\theta)\epsilon'_+(\theta) - \epsilon_+(\theta)L'_+(\theta)$$
$$-\mu^+_{\alpha\beta}(\theta)L'_+(\theta) + \mu^+_{\alpha\beta}{}'(\theta)L_+(\theta) + r^2e^{-\theta}L'_+(\theta)\Big]d\theta \tag{6.16}$$

를 유도할 수 있다.

식 (6.16)의 처음 두 항은 (5.65)에서 유도한 것처럼 다이로그함수

$$E^0(R) = -\frac{1}{4\pi R}\mathscr{L}\left(\frac{1}{1+e^{\epsilon_0}}\right)$$

로 쓸 수 있다. 이때 ϵ_0는

$$\epsilon_0 = -\mu^{(0)}_{\alpha\beta} - \log(1+e^{-\epsilon_0}) \tag{6.17}$$

에 의해 결정된다. 여기서 $\mu^{(0)}_{\alpha\beta}$는 $|\theta| >> 1$일 때 화학적 위치에너지를 전개하여

$$\mu_{\alpha\beta}(\theta) \approx \mu^{(0)}_{\alpha\beta} + \mu^{(1)}_{\alpha\beta}e^{-|\theta|} + \mathscr{O}(e^{-2|\theta|}) \tag{6.18}$$

얻는 상수이다.

한편 화학적 위치에너지의 전개 (6.18)로부터

$$\mu^+_{\alpha\beta}(\theta) \approx \mu^{(0)}_{\alpha\beta} + r\mu^{(1)}_{\alpha\beta}e^{-|\theta|} + \mathscr{O}(r^2) \tag{6.19}$$

이므로 식 (6.14)는

$$\epsilon'_+(\theta) = e^{\theta} - \Phi * L'_+(\theta) + \mathscr{O}(r)$$

의 형태가 되어 경계에 의한 효과는 매우 작아진다. 따라서 식 (6.16)의 마지막 항은 제5장 제4절에서와 동일하게 되어 진공에너지 역시 식 (5.71)과 정확

히 같아진다.

경계에 의해 생기는 셋째와 넷째 항이 경계 진공에너지가 된다. 셋째 항을 부분적분하고 (6.19)를 이용하면

$$-\frac{2}{4\pi R}\int_{-\infty}^{\infty}\mu_{\alpha\beta}^{+}{}'(\theta)L_{+}(\theta)=-\frac{m\mu_{\alpha\beta}^{(1)}}{2\pi}\int_{-\infty}^{\infty}e^{-\theta}L_{+}(\theta)d\theta$$

를 얻을 수 있다. 끝의 적분은 식 (5.70)으로 주어지므로 경계 진공에너지는

$$E_{\alpha\beta}^{B}=-\frac{m\mu_{\alpha\beta}^{(1)}}{4\sin(\pi B)} \tag{6.20}$$

가 된다.

양쪽 경계가 각각 경계에너지를 가지므로 편의상 양쪽에 동일한 경계조건을 부여했다고 가정하자. 화학적 위치에너지의 정의 (6.7)과 경계 산란행렬 (6.2)로부터

$$\mu_{\alpha\alpha}(\theta)=\log[\overline{K}_{\alpha}(\theta)K_{\alpha}(\theta)]$$

가 되고 양쪽 경계는 똑같은 경계 진공에너지를 갖게 될 것이다. 식 (6.2)에 주어진 $R_{\alpha}(\theta)$는

$$\frac{\cos\left(x+\frac{i\theta}{2}\right)}{\cos\left(x-\frac{i\theta}{2}\right)}$$

형태의 인자를 갖는데($x=\pi/4,\pi B/4,\pi(1-B)/4$), 이것에 의한 화학적 위치에너지는

$$\log\left[K(\theta)K(-\theta)\right]=\log\left[\frac{\cosh\theta+\sin(2x)}{\cosh\theta-\sin(2x)}\right]$$

가 된다. $R_{\alpha}(\theta)$이 포함하는 또 다른 인자는

$$\frac{\cos x + i \sinh\theta}{\cos x - i \sinh\theta}$$

의 형태를 가지므로($x = \eta B, i\vartheta B$), 이로부터

$$\log\left[K(\theta)K(-\theta)\right] = 2\log\left[\frac{\cosh\theta - \cos x}{\cosh\theta + \cos x}\right]$$

가 된다. $\theta \to \infty$일 때,

$$\log\left[\frac{\cosh\theta + z}{\cosh\theta - z}\right] \approx 4ze^{-\theta} + \mathcal{O}(e^{-2\theta})$$

가 되므로 화학적 위치에너지는

$$\mu_{\alpha\alpha}(\theta) \approx -8\left[\cos(\eta B) + \cosh(\vartheta B) - \frac{1}{2}\sin\frac{\pi B}{2} - \frac{1}{2}\cos\frac{\pi B}{2} - 1\right]e^{-\theta} \tag{6.21}$$

를 얻을 수 있다.

이 결과로부터 $\mu^{(0)}_{\alpha\alpha} = 0$이기 때문에 다이로그함수에 들어갈 x_0는 경계가 없는 경우와 같아진다. 따라서 유효중심전하도 $c_{\text{eff}} = 1$, 즉 $\Delta_0 = 0$임을 알 수 있다. 그 의미는 양쪽 경계에 같은 경계조건이 부여되면 자유보존 등각장론이 가질 수 있는 가장 차원이 낮은 일차장은 진공상태임을 뜻하며 이는 경계조건의 퓨전법칙에 부합된다. 또한 식 (6.20)으로부터 경계 진공에너지는

$$E^B_\alpha = \frac{2m}{\sin(\pi B)}\left[\cos(\eta_\alpha B) + \cosh(\vartheta_\alpha B) - \frac{1}{2}\sin\frac{\pi B}{2} - \frac{1}{2}\cos\frac{\pi B}{2} - 1\right] \tag{6.22}$$

을 유도할 수 있다. 양쪽의 경계조건이 다를 경우에도 경계 진공에너지는 경계상수만 바꾸어 더하면 된다.

우리는 지금까지 식 (6.1)로 주어지는 sinh-고든 모형의 경계 라그랑지안에 대응하는 경계 진공에너지를 유도하였다. 또한 이 결과로부터 $\beta \leftrightarrow ib$의 변

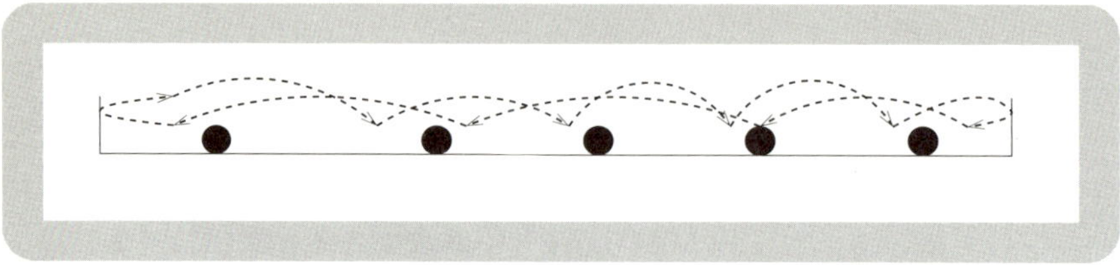

그림 6.3 입자들의 산란에 의한 비주기적 경계조건

환, 즉 $B \to -1/\lambda$로 바꾸면 사인-고든 모형의 경계 진공에너지를 얻을 수 있다. 그 이유는 진공에너지는 일종의 상관함수로서(다음 장에서 다룰 일점함수) 입자 스펙트럼과 관련이 없기 때문에 해석적 연속(analytic continuation)을 취할 수 있기 때문이다.

제 4 절 길쭉한 원통의 경우

4.1 경계 엔트로피

이번에는 그림 6.1에서 L은 유한하고 $R \to \infty$인 경우를 고려해보자. 열린 채널에서는 공간의 길이가 무한대이므로 입자들과 그들의 산란이 가능하다. 공간이 두 경계 사이에 존재하므로 그림 6.3처럼 입자는 경계에 부딪힌 후 방향으로 바꾸어 되돌아가는 산란을 생각해야 한다. 이로부터 입자들의 빠르기는

$$e^{2imR\sinh\theta_j} R_\alpha(\theta_j) R_\beta(\theta_j) \prod_{k\neq j}^{N} S(\theta_j - \theta_k) S(\theta_j + \theta_k) = 1 \qquad (6.23)$$

을 만족한다.

이 식의 로그에 열역학적 극한($N \to \infty$)을 취한 후

$$\rho(\theta) = \frac{1}{2R}\frac{dn}{d\theta}$$

으로 정의된 밀도로 나타내면

$$\rho(\theta) = \frac{m}{2\pi}\cosh\theta + \Phi \star \rho_1(\theta) + \frac{\Theta_{\alpha\beta}(\theta)}{4\pi R} \tag{6.24}$$

를 얻을 수 있다. 여기서 $\Theta_{\alpha\beta}$는

$$\Theta_{\alpha\beta}(\theta) = \frac{1}{i}\frac{d}{d\theta}\left[\log(R_\alpha R_\beta) - \log(S(2\theta))\right] - 2\pi\delta(\theta) \tag{6.25}$$

로 주어진다. 이 식 우변의 둘째 항은 식 (6.23)에서 입자가 자기 자신과는 산란할 수 없기 때문에 도입한 조건인 $k \neq j$를

$$\prod_{k\neq j}^{N} S(\theta_j - \theta_k)S(\theta_j + \theta_k) = \prod_{k}^{N} S(\theta_j - \theta_k)S(\theta_j + \theta_k) \times \frac{1}{S(0)S(2\theta_j)}$$

로 다시 쓰면서, 셋째 항 $\delta(\theta)$는 경계가 있을 경우 입자의 빠르기가 0이 될 수 없기 때문에 도입된 것이다.

한편 닫힌 채널의 관점에서 보면 분배함수는 식 (6.4)로 주어진다. 이때 $R \to \infty$이므로 H_{PBC}의 고유 에너지들 중 바닥상태만이 중요한 역할을 하게 된다. 따라서,

$$Z_C \approx \langle B_\beta|0\rangle\langle 0|B_\alpha\rangle e^{-RE_0(L)} = e^{-LRf(L)}g_\alpha g_\beta$$

로 주어진다. 여기서 $f(L)$은 온도가 $1/L$일 때의 단위 길이당 자유에너지이고

$$g_\alpha = \langle 0|B_\alpha\rangle$$

로 정의된 g_α는 '경계 자유도', $\log g_\alpha = s_\alpha^B$는 '경계 엔트로피'라고 불린다.

식 (6.24)를 만족시키면서 자유에너지를 최소화시키는 밀도 ρ, ρ_1를 찾는 과정은 제5장과 동일하다. 이를 통해 열역학적 베테안싸쯔 방정식은

$$\epsilon(\theta) = mL\cosh\theta - \Phi \star L(\theta)$$

가 되고, $f(L)$은 경계가 없을 때인 식 (5.27)과 같다. 또한 경계 엔트로피는

$$s_\alpha^B + s_\beta^B = \frac{1}{4\pi}\int_{-\infty}^{\infty} \Theta_{\alpha\beta}(\theta)L(\theta)d\theta \tag{6.26}$$

로 주어진다.

UV극한 $L \to 0$을 통해 등각장론에 대한 정보를 얻을 수 있다. 자유에너지의 카시미어 효과를 통해 제5장에서 설명한 경우들과 동일한 방법으로 유효중심전하를 유도할 수 있다. 이뿐 아니라 식 (6.26)으로부터 유도할 수 있는 경계 엔트로피도 UV극한에서 등각장론으로 해석이 가능하다.

4.2 등각장론의 경계 엔트로피

등각장론에서 열린 채널을 고려해보자. 양쪽의 경계조건은 부피에서 가능한 일차장들을 제한한다. 주어진 경계조건에 의해 허용되는 i번째 일차장의 개수를 $n^i_{\alpha\beta}$라고 부르면 분배함수는

$$Z_O = \sum_i n^i_{\alpha\beta}\chi_i(q)$$

가 된다. 여기서 χ_i는 i번째 일차장과 그에 딸린 이차장들에 대한 트레이스로

정의되는 캐릭터(character)로서

$$\chi_i(q) = \mathrm{Tr}_i \left[q^{L_0 - c/24} \right], \qquad q = e^{-L/R}$$

로 정의된다.

이를 닫힌 채널에서 보면 식 (6.4)에 의해 ($\tilde{q} = e^{-R/L}$)

$$Z_C = \sum_j \sum_{\alpha_j} \langle B_\beta | \alpha_i \rangle\rangle \langle\langle \alpha_j | B_\alpha \rangle e^{-RE_{\alpha_j}(L)} = \sum_j g_\alpha(j) g_\beta^\dagger(j) \chi_j(\tilde{q})$$

를 얻는다. 여기서 도입된 $|\alpha_i\rangle\rangle$는 '이시바시(Ishibashi)상태'라고 불리며 일차장 i와 그의 이차장들로 이루어진 상태로서

$$(L_n - \bar{L}_{-n}) |\alpha_i\rangle\rangle = 0$$

을 만족한다. q와 $\tilde{q}$는 모듈라 변환(modular transformation)으로 연결되어 있으며 캐릭터는 이 변환에 의해

$$\chi_j(\tilde{q}) = \sum_i S^i_j \chi_i(q) \tag{6.27}$$

를 만족한다. 따라서 $Z_O = Z_C$의 조건으로부터 다음과 같은 카디(Cardy) 방정식이 유도된다.

$$g_\alpha(j) g_\beta^\dagger(j) = \sum_i S^i_j n^i_{\alpha\beta} \tag{6.28}$$

여기서 도입된 계수 S^i_j를 모듈라 S 행렬이라고 하며 그 값은 대부분의 등각장론에 대해 잘 알려져 있다. $g_\alpha(j)$를 계산하는 과정은 '퓨전(fusion) 방법'에 의한다. 이에 따르면 양쪽 경계에 적용되면 일차장 **1**만 허용되는 '바닥 경계조건' $\tilde{0}$를 도입한다(그림 6.4 참조). 이를 식 (6.28)에 대입하면

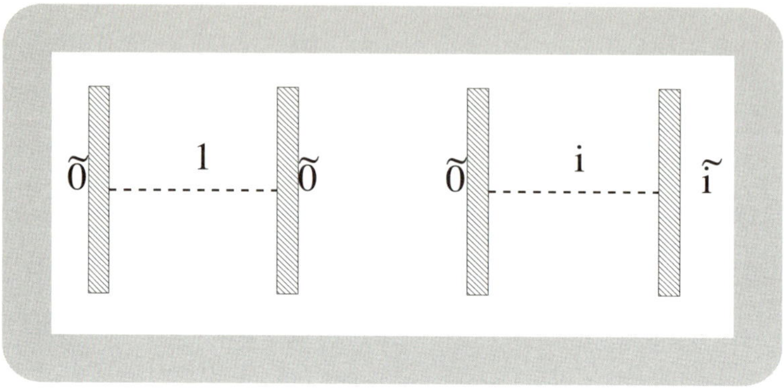

그림 6.4 등각장론의 경계조건

$$g_{\tilde{0}}(j)^2 = S_j^1 \quad \rightarrow \quad g_{\tilde{0}}(j) = \sqrt{S_j^1}$$

를 유도할 수 있다. 일차장의 곱은 $\mathbf{1} \times \mathbf{i} = \mathbf{i}$를 만족하므로 한쪽 경계에 $\tilde{0}$, 다른 쪽 경계에 $\tilde{i}$의 경계조건을 부여하면 일차장 $\mathbf{1}$만 허용되는 경계조건에 대해서

$$g_{\tilde{0}}(j) g_{\tilde{i}}(j) = S_j^i \quad \rightarrow \quad g_{\tilde{i}}(j) = \frac{S_j^i}{\sqrt{S_j^1}}$$

를 얻게 된다.

따라서 열역학적 베테안싸쯔 방정식 (6.26)의 UV극한에서 계산된 경계 엔트로피는

$$s_\alpha^B = \log g_\alpha(\mathbf{1}) = \frac{1}{2} \log S_\alpha^1$$

가 되어야 한다.[10)]

10) sinh-고든 모형의 UV극한은 무한 개의 일차장을 갖는 무리 등각장론이 되고, 위에서 유도한 카디 방정식을 그대로 적용할 수 없다. 따라서 여기서 더 자세한 계산은 생략하기로 한다.

제 7 장

상관함수

우리는 지금까지 입자들의 산란행렬을 유도하고 이를 이용하여 유한길이 효과를 계산하는 방법을 설명하였다. 질량이 m인 입자의 에너지-운동량 벡터를 p_μ라고 하면 이들은

$$p_0^2 - p_1^2 = m^2$$

을 만족하는데 이를 '질량껍질조건(mass-shell condition)'이라고 하고 입자는 '껍질 위의 조건(on-shell condition)'을 만족한다고 말한다.

입자뿐 아니라 양자장론의 국소 작용자(local operator)들도 에너지-운동량 벡터로 나타낼 수 있다. 이들은 원래 시공간 좌표 x^μ의 함수로 정의되지만 이를 퓨리에 변환시키면 에너지-운동량 벡터 k_μ의 함수로 표시할 수 있다. 그러나 입자의 경우와 달리 국소 작용자들을 표시하는 k_0와 k_1은 독립적인 변수이다. k_μ가 질량껍질조건을 만족하지 않는다는 뜻에서 국소 작용자는 '껍질 밖(off-shell)'에 있다고 말할 수 있다. 따라서 국소 작용자들은 입자상태와 매우

다른 성질을 갖는다. 특히 작용자들에 대한 기대값으로 정의되는 상관함수들은 물리 이론에서 매우 중요한 역할을 한다.

상관함수에 대한 가장 일반적인 정의는 경로적분

$$\langle O_1(x_1)O_2(x_2)\ldots O_n(x_n)\rangle = \int \mathscr{D}\phi O_1(x_1)O_2(x_2)\ldots O_n(x_n)e^{iS[\phi]} \quad (7.1)$$

를 이용한 것이지만, 이로부터 상관함수를 계산하기는 매우 힘든 일이다. 단지 라그랑지안을 섭동적으로 다룰 수 있다면 라그랑지안에서 상호작용항을 분리하여 $S = S_0 + S_1$으로 쓰고 $S_1 << S_0$라고 가정하여 S_1을 테일러(Taylor) 전개하는 섭동 이론이 사용될 수 있다. 상관함수는 상호작용이 없는 이론에 대한 무한히 많은 상관함수들의 합

$$\langle O_1(x_1)O_2(x_2)\ldots O_n(x_n)\rangle = \sum_{k=0}^{\infty}\frac{i^k}{k!}\langle O_1(x_1)O_2(x_2)\ldots O_n(x_n)(S_1)^k\rangle_0$$

로 쓸 수 있는데, 차수가 높은 항들은 매우 작아서 무시할 수 있으므로 처음 몇 개의 항들만 계산해도 상당히 정확한 상관함수를 얻을 수 있다.

그러나 이 방법은 사인-고든 모형과 같이 비섭동적 양상을 보이는 이론에는 적용할 수 없다. 라그랑지안 (1.3)의 상호작용은 재규격화군 계산에 의해 UV 극한에서 매우 작아지므로 섭동 이론이 성립되지만, 그 반대인 IR극한에서는 설혹 형식적으로 무한 항의 전개를 한다고 하더라도 각각의 항들이 다양한 형태로 발산하기 때문에 섭동 계산은 틀리게 된다. 지금까지 상호작용을 하는 양자장론에 대해 비섭동적으로 상관함수를 유도한 예는 없다.[11] 잘 알려진 2차원 이징(Ising) 모형의 상관함수는 정확히 계산되었지만, 이는 통계 모형으로 이에 대응하는 양자장론은 자유페르미온 이론이기 때문에 상호작용이 없는 경우에 해당된다.

---

11) 최근 대수적 베테안싸쯔를 바탕으로 XXZ-스핀고리 모형의 상관함수에 대한 연구는 많은 성과가 있었다[20].

이 장에서 계산하려는 사인-고든 모형의 상관함수는 두 가지이다. 먼저 하나의 작용자에 대한 기대값, 즉 일점함수를 계산할 것이다. 일점함수는 시공간 좌표에 무관하므로 엄밀한 의미에서 상관함수라고 할 수는 없지만, 이를 바탕으로 진공에너지 등을 계산하여 제5장과 제6장에서 산란행렬을 바탕으로 유도한 결과들과 비교할 수 있다는 점에서 중요한 물리량이라고 할 수 있다. 이를 위해 상관함수가 껍질 밖의 성질로서 입자와 무관함을 이용하여 우선 sinh-고든 모형의 일점함수를 계산한 후 그 결과를 해석적으로 연속시키면 된다. 이로부터 라그랑지안의 상수들과 산란행렬의 상수들 간의 비섭동적 관계식을 유도할 수 있다.

또한 새로운 전개를 이용하여 거의 정확한 두 작용자의 상관함수를 계산한다. 이미 설명하였듯이 통상적인 섭동 계산은 UV 영역에서만 적용이 가능하다. 따라서 IR 영역에서 잘 적용되는 전개 방법이 절실해지는데 이것은 '형태인자(form factor) 방법'으로 해결이 가능하다. 이들은 산란행렬을 이용하여 비섭동적으로 계산할 수 있고, 입자의 개수가 증가함에 따라 지수적으로 작아지므로 UV 영역의 섭동 계산에 대응하는 IR 영역의 상관함수 계산법이라고 할 수 있다.

제 1 절 일점함수

비록 일점함수는 시공간 좌표에 무관하여 물리계의 동적인 현상을 기술할 수는 없지만 계의 자유에너지나 진공에너지를 계산할 수 있는 방법을 제공하기 때문에 중요하다. 위에서 설명하였듯이 우리는 사인-고든 모형의 일점함수를 계산하기 위해서 앞장에서 도입한 sinh-고든 모형을 고려하기로 한다. 이 모형은 한 종류의 입자만을 갖기 때문에 열역학적 베테안싸쯔 분석이 용이할 뿐 아니라 그 UV극한이 매우 흥미로운 등각장론으로 기술된다. 식 (5.3)에 주어진 라그랑지안을 다음과 같이 크게 두 부분으로 나누어 쓰기로 한다.

$$\mathscr{L}_{\text{ShG}} = \left[\frac{1}{2}(\partial\varphi)^2 + \mu e^{b\varphi}\right] + \mu e^{-b\varphi} \tag{7.2}$$

중괄호로 묶인 부분은 '리우빌 모형(Liouville theory)'으로 불리는 매우 잘 알려진 등각장론이다. 이 모형은 초끈 이론과 저차원 양자중력의 연구에서 핵심적인 역할을 하기 때문에 오랫동안 연구되어 왔다. 이 모형은 자유보존 모형과 달리 지수함수 형태의 상호작용항을 가지고 있다. 보통 '우주상수(cosmological constant)'로 불리는 계수 μ는 차원이 없으며 보존장의 변환($\varphi \to \varphi$+상수)으로 항상 바꿀 수 있으므로 물리적인 의미를 갖지 못한다. 따라서 진정한 작용상수는 b라고 할 수 있다. 이에 따라 sinh-고든 모형은 리우빌 모형에 지수함수의 섭동항이 있는 것으로 볼 수 있다. 이 섭동항은 보존장의 변환에 의해 변하므로 μ는 차원을 갖게 되고 등각 대칭성은 깨진다.

무리 등각장론인 리우빌 모형의 상관함수는 극히 최근에 와서야 유도될 수 있었다. 여기서는 우선 리우빌 모형의 성질과 상관함수를 계산하는 방법을 간략히 설명한 후 이를 이용하여 sinh-고든 모형의 일점함수를 유도한다. 또 이 방법을 경계가 있는 모형으로 확장하면 sinh-고든 모형의 경계 일점함수를 얻을 수 있다.

1.1 리우빌 모형

리우빌 모형의 라그랑지안을 다시 쓰면

$$\mathscr{L}_{\text{LFT}} = \frac{1}{4\pi}(\partial\phi)^2 + \mu e^{2b\phi} + QR^{(2)}\phi \tag{7.3}$$

가 된다. 식 (7.2)에서 $b \to \sqrt{8\pi}b$와 $\phi = \sqrt{2\pi}\varphi$로 다시 정의한 것이다.

마지막 항은 배경전하로 불리는 위상기하적 항으로 $Q = b + 1/b$로 주어진

다. 이 모형의 스트레스-에너지 텐서는

$$T(z) = -(\partial\phi)^2 + Q\partial^2\phi, \qquad \bar{T}(\bar{z}) = -(\bar{\partial}\phi)^2 + Q\bar{\partial}^2\phi \tag{7.4}$$

로 주어지므로 중심전하는 작용자곱(operator product)

$$T(z)T(0) = \frac{c/2}{z^4} + \frac{2T(0)}{z^2} + \frac{\partial T(0)}{z} + \cdots \tag{7.5}$$

으로부터

$$c_L = 1 + 6Q^2$$

을 얻을 수 있다.

이 모형의 일차장들은

$$V_\alpha(z,\bar{z}) = e^{2\alpha\phi(z,\bar{z})}$$

로 주어지는데, 여기서 α를 '전하'라고 부르기로 한다. 이 일차장의 등각 차원은 스트레스-에너지 텐서와의 작용자곱을 통해

$$\Delta_\alpha = \alpha(Q - \alpha)$$

가 됨을 쉽게 알 수 있다. 기대했던 대로 V_b의 등각 차원은 1이 되어 μ는 차원이 없는 양이 된다. 이때 전하는

$$\alpha = \frac{Q}{2} + iP \tag{7.6}$$

로 주어지고, 임의의 실수인 P를 '운동량'으로 부르기로 한다. 따라서 리우빌 모형은 무한 개의 일차장을 갖는 '무리(irrational)' 등각장론이다.

리우빌 모형의 매우 흥미로운 특징은 두 개의 다른 일차장 V_α와 $V_{Q-\alpha}$의 등각 차원이 같다는 점이다. 등각장론이 다른 내부 대칭성을 갖지 않는다면 축퇴가 없어야 하므로 이 한 쌍의 작용자들은 동일한 일차장이어야 한다. 따라서 비례상수에 의해

$$N_\alpha V_\alpha \equiv N_{Q-\alpha} V_{Q-\alpha} \tag{7.7}$$

가 만족된다. 이는 식 (7.6)에 따라 이들은 서로 반대의 운동량 $P, -P$을 갖는 것에 해당되기 때문에 '반사관계식(reflection relation)'이라고도 한다.

준고전적 근사에서 보존장의 진동 모드들은 무시하고 오로지 제로 모드로만 기술할 수 있기 때문에($\phi \approx \phi_0$) 일차장 V_α는 $e^{2i\phi_0 P}$가 되어 제로 모드 ϕ_0를 1차원 좌표로 하고 운동량이 P인 평면파로 간주할 수 있다. 또 $V_{Q-\alpha}$는 $e^{-2i\phi_0 P}$인 평면파가 되며, 이들은 리우빌 모형의 해밀토니안을 제로 모드만으로 표시한 다음의 슈뢰딩거 방정식을 만족한다.

$$\left[-\frac{1}{2}\frac{\partial^2}{\partial \phi_0^2} + 2\pi\mu e^{2b\phi_0}\right]\Psi(\phi_0) = 2P^2\Psi(\phi_0) \tag{7.8}$$

$\phi_0 \to -\infty$인 영역에서 위치에너지가 매우 작아지므로 파동함수는 두 평면파의 중첩

$$\Psi(\phi_0) \approx e^{2i\phi_0 P} + R_L(\alpha)e^{-2i\phi_0 P}$$

로 주어진다. 여기서 $R_L(\alpha)$는 입사되는 평면파가 리우빌 모형의 위치에너지에 의해 반사될 확률진폭, 즉 '반사계수'이며 이를 그림 7.1로 나타낼 수 있다.

완벽한 양자 효과를 모두 고려하기 위해서는 제로 모드뿐 아니라 보존장의 진동 모드에 의한 영향도 모두 포함해서 계산하여야 한다. 우선 식 (7.7)에 의해 반사계수는 비례상수들에 의해 $N_{Q-\alpha}/N_\alpha$로 주어진다. 이 관계식은 반사계수가

$$R_L(\alpha)R_L(Q-\alpha) = 1 \tag{7.9}$$

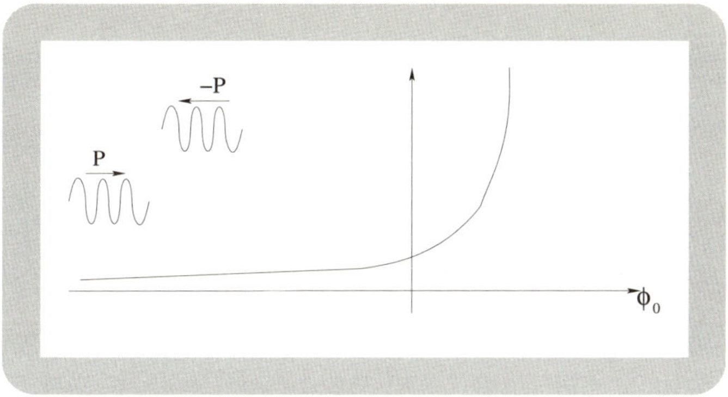

그림 7.1 리우빌 모형의 반사계수

을 만족함을 잘 보여준다.

한편 배경전하 Q가 존재하므로 리우빌 모형의 상관함수는 작용자전하들의 합이 Q가 될 때만 0이 아니다. 따라서,

$$\langle V_\alpha(z,\bar{z})V_{Q-\alpha}(0,0)\rangle_{\text{LFT}} = \frac{1}{|z|^{4\Delta_\alpha}} \tag{7.10}$$

을 만족한다. 반면에, 동일한 두 작용자의 상관함수는

$$\langle V_\alpha(z,\bar{z})V_\alpha(0,0)\rangle_{\text{LFT}} = \frac{R_L(\alpha)}{|z|^{4\Delta_\alpha}} \tag{7.11}$$

가 된다. 즉 반사계수는 이점 상관함수임을 알 수 있다.

1.2 반사계수

모든 등각장론들은 '축퇴 작용자(degenerate operator)'를 갖는다. 이 작용자는 일차장에 비라소로(Virasoro) 작용자 $L_{n<0}$이 곱해져 얻어지는 이차장(secondary field)이면서 일차장처럼 모든 $L_{n>0}$이 작용하면 0이 된다. 이들 축퇴 작용자는 매우 간단한 작용자곱을 갖는 특징이 있기 때문에 등각장론의 상관 함수들이 만족하는 미분방정식을 유도할 때 중요한 역할을 하는데, 특히나 리우빌 모형처럼 무리 등각장론에서는 그 중요성이 더욱 커진다. 리우빌 모형의 축퇴 작용자는

$$V_{\alpha_{n,m}}(z,\bar{z}) = e^{2\alpha_{n,m}\phi(z,\bar{z})}, \qquad \alpha_{n,m} = \frac{b}{2}(1-n) + \frac{1}{2b}(1-m)$$

으로 주어지며, 여기서 n, m은 1보다 크거나 같은 정수이다.

가장 간단한 축퇴 작용자인 $V_{-b/2}$와 다른 일차장의 작용자곱은

$$\begin{aligned} V_{-b/2}(z)V_\alpha(0) = C_+(\alpha) z^{\Delta_{\alpha-b/2}-\Delta_\alpha-\Delta_{-b/2}} V_{\alpha-b/2} \\ + C_-(\alpha) z^{\Delta_{\alpha+b/2}-\Delta_\alpha-\Delta_{-b/2}} V_{\alpha+b/2} \end{aligned} \tag{7.12}$$

로 주어지고, 계수 $C_\pm$를 '구조상수'라고 한다. 작용자의 규격상수를 잘 잡으면 $C_+ = 1$로 고정할 수 있으므로 C_-를 결정하기로 한다. 이를 위해 식 (7.12)의 양변에 $V_{Q-\alpha-b/2}$를 곱한 후 기대값을 취하면 (7.10)에 의해 C_-는 삼점 상관 함수

$$\langle V_{-b/2}(1) V_\alpha(0) V_{Q-\alpha-b/2}(\infty)\rangle_{\text{LFT}} \tag{7.13}$$

로 주어짐을 유도할 수 있다.

리우빌 위치에너지를 섭동 전개하면, 식 (7.13)은

$$\begin{aligned} &\langle V_{-b/2} V_\alpha V_{Q-\alpha-b/2}\rangle_{\text{LFT}} \\ &= \sum_{n=0}^{\infty} \frac{\mu^n}{n!} \int d^2 z_i \langle V_{-b/2} V_\alpha V_{Q-\alpha-b/2} \prod_{i=1}^{n} V_b(z_i)\rangle_0 \\ &= -\mu \int d^2 z \langle V_{-b/2}(1) V_\alpha(0) V_{Q-\alpha-b/2}(\infty) V_b(z)\rangle_0 \end{aligned}$$

로 쓸 수 있다. 여기서 $\langle \ldots \rangle_0$는 자유보존 이론에 대한 상관함수를 뜻하며, 이

역시 전하의 합이 배경전하 Q와 같아져야만 0이 되지 않기 때문에 무한 개의 항들 중 μ에 대한 1차항만 남는다. 이것은 자유보존 이론에 대한 사점함수가 되므로 C_{-}는

$$C_{-}(\alpha) = -\mu \int d^2z |z|^{-4b\alpha} |z-1|^{2b^2} = -\pi\mu \frac{\gamma(2b\alpha - 1 - b^2)}{\gamma(-b^2)\gamma(2b\alpha)} \tag{7.14}$$

임을 유도할 수 있다. 여기서 $\gamma(x) = \Gamma(x)/\Gamma(1-x)$로 정의된다.

다음 단계는 반사계수가 만족하는 함수관계식을 유도하는 것이다. 이를 위해 다음의 상관함수를 고려하자.

$$\langle V_\alpha V_{-b/2} V_{\alpha+b/2} \rangle_{\mathrm{LFT}}$$

이 상관함수는 두 가지 순서로 계산할 수 있다. 먼저 처음의 두 작용자에 대해 식 (7.12)를 적용하면 $V_{\alpha-b/2}$와 $V_{\alpha+b/2}$가 나오는데, 이중 $V_{\alpha-b/2}$는 세 번째 작용자 $V_{\alpha+b/2}$와의 상관함수가 0이 되므로 남는 것은 $V_{\alpha+b/2}$끼리의 상관함수, 즉 $R_L(\alpha + b/2)$가 된다. 이번에는 두 번째와 세 번째 작용자를 곱하여 0이 되지 않는 것은 두 개의 V_α들의 상관함수, 즉 $R_L(\alpha)$가 된다. 이 두 계산 결과는 같아야 하므로

$$R_L(\alpha - b/2) = C_{-}(\alpha) R_L(\alpha + b/2) \tag{7.15}$$

를 만족한다.

식 (7.14)로 주어진 C_{-}를 대입하여 얻는 함수식 (7.15)를 풀어서 $R_L(\alpha)$를 구할 수 있다. 그러나 이 식만으로는 해를 완전히 결정할 수 없기 때문에 부수적인 식을 유도해야 한다. 우선 리우빌 모형이 가지고 있는 이중 대칭성에 의해 식 (7.15)에서 b를 $1/b$로 변환시킨 식도 역시 만족되어야 한다. 또 조건식 (7.9)도 만족되어야 한다. 이들을 모두 만족하는 해는

$$R_L(\alpha) = -\left[\pi\mu\gamma(b^2)\right]^{-(2\alpha-Q)/b} \frac{\Gamma(2\alpha/b - 1/b^2)\Gamma(2\alpha b - b^2)}{\Gamma(2 - 2\alpha/b + 1/b^2)\Gamma(2 - 2\alpha b + b^2)} \tag{7.16}$$

이 됨을 알 수 있다[21].

이 결과는 리우빌 모형이 이중 대칭성 $b \to 1/b$을 가짐을 보여준다. 리우빌 모형의 계수 μ는 언제든지 바뀔 수 있으므로 이중 대칭 변환을 할 때 μ는 다음처럼 $\tilde{\mu}$로 바뀐다고 가정한다.

$$\left[\pi\mu\gamma(b^2)\right]^{1/b} \to \left[\pi\tilde{\mu}\gamma(1/b^2)\right]^{b} \tag{7.17}$$

양-박스터 방정식의 경우와 마찬가지로 식 (7.15)와 같은 함수관계식을 풀 때

$$U(\alpha - b/2) = U(\alpha + b/2), \quad U(\alpha - 1/2b) = U(\alpha + 1/2b),$$
$$U(\alpha)U(-\alpha) = 1$$

을 만족하는 CDD-인자 $U(\alpha)$를 곱해도 여전히 해가 된다. 이를 결정하기 위해 식 (7.8)로부터 얻어지는 준고전적 해와 비교하면, CDD-인자가 없는 경우가 해가 됨을 알 수 있다. 즉, 여기서도 제2장 제1절에서 설명한 최소 원리가 성립된다.

1.3 sinh-고든 모형의 일점함수

sinh-고든 모형의 일점함수는

$$\mathcal{G}(\alpha) \equiv \langle e^{2\alpha\phi}\rangle_{\mathrm{shgm}} = \int \mathcal{D}\phi e^{2\alpha\phi} \exp\left(-S_L - \int d^2x\, \mu e^{-2b\phi}\right)$$

로 정의된다(이 절은 참고문헌 [22]를 주로 참조하였다). 섭동항에 대해 테일러 전개를 하면 일점함수는 무한히 많은 리우빌 모형의 상관함수들에 대한 합

으로 쓸 수 있다.

$$\mathscr{G}(\alpha)=\sum_{n=0}^{\infty}\frac{(-\mu)^n}{n!}\int d^2x_1\ldots\int d^2x_n\langle e^{2\alpha\phi}e^{-2b\phi(x_1)}\ldots e^{-2b\phi(x_n)}\rangle_{\mathrm{LFT}} \tag{7.18}$$

한편, 리우빌 모형에서 짝을 이루는 두 작용자의 관계식 (7.7)은 상관함수 안에서도 성립해야 하므로,

$$\langle V_\alpha(z,\bar{z})\ldots\rangle_{\mathrm{LFT}}=R_L(\alpha)\langle V_{Q-\alpha}(z,\bar{z})\ldots\rangle_{\mathrm{LFT}} \tag{7.19}$$

이 만족된다. 이때 ...는 임의의 리우빌의 작용자들의 곱이다.

식 (7.18)의 각 항에 식 (7.19)를 적용하면 sinh-고든 모형의 일점함수도 다음의 반사관계식을 만족한다.

$$\mathscr{G}(\alpha)\equiv R_L(\alpha)\mathscr{G}(Q-\alpha) \tag{7.20}$$

위에서와 마찬가지로 이 함수관계식을 풀어서 sinh-고든 모형의 일점함수를 유도하려고 한다. sinh-고든 모형은 패리티 변환 $\phi\to-\phi$에 대해 불변하므로 일점함수는

$$\mathscr{G}(\alpha)=\mathscr{G}(-\alpha) \tag{7.21}$$

를 만족한다. 또 sinh-고든 모형 역시 결합상수에 대한 이중 대칭성을 가지므로[12)] 일점함수 역시 이 성질을 만족해야 한다.

식 (7.20)과 (7.21)을 만족하는 해를 찾기 위해 반사계수 (7.16)의 Γ함수들을 적분 형태로 고쳐서 다시 쓰면

12) 양자장과 작용상수를 다시 정의했기 때문에 식 (5.4)는 $B=b^2/(1+b^2)$으로 주어지고, 이중 대칭성도 식 (5.5)가 아니라 $b\to1/b$로 바뀐다.

$$R_L(\alpha) = -\left[\pi\mu\gamma(b^2)\right]^{-(2\alpha-Q)/b}$$
$$\times \exp\int_0^\infty \frac{dx}{x}\left[2(2\alpha Q - Q^2)e^{-x} - \frac{\sinh\frac{Qx}{2}\sinh[(2\alpha-Q)x]}{\sinh\frac{bx}{2}\sinh\frac{x}{2b}}\right] \tag{7.22}$$

가 된다. 여기에

$$Q(2\alpha - Q) = \alpha^2 - (Q-\alpha)^2,$$
$$\sinh(Qx)\sinh[(2\alpha-Q)x] = \sinh^2(\alpha x) - \sinh^2[(Q-\alpha)x]$$

를 이용하면

$$\mathscr{G}(\alpha) = \left[\frac{\pi\mu}{\gamma(-b^2)}\right]^{-\alpha^2/bQ}$$
$$\times \exp\int_0^\infty \frac{dx}{x}\left[2\alpha^2 e^{-x} - \frac{\sinh^2(\alpha x)}{2\sinh\frac{bx}{2}\sinh\frac{x}{2b}\cosh\frac{Qx}{2}}\right] \tag{7.23}$$

를 얻을 수 있다.

식 (7.23)은 매우 중요한 결과이다. 이 결과를 이용하여 sinh-고든 모형의 자유에너지를 유도할 수 있고, 이를 해석적으로 연속시키면 사인-고든 모형의 자유에너지를 얻게 된다. 우선 자유에너지를 μ에 대해 미분하면

$$-\frac{\partial f}{\partial\mu} = \langle 2\cosh(2b\phi)\rangle_{\text{shgm}} = \mathscr{G}(b)$$

가 되고 식 (7.23)으로부터 $\mathscr{G}(b)$를 계산하면

$$f(\mu) = \left[\frac{\pi\mu}{\gamma(-b^2)}\right]^{1/(1+b^2)}\frac{\Gamma\left(-\frac{B}{2}\right)\Gamma\left(\frac{1}{2}+\frac{B}{2}\right)}{\pi\Gamma\left(1+\frac{B}{2}\right)\Gamma\left(\frac{1}{2}-\frac{B}{2}\right)} \tag{7.24}$$

를 얻을 수 있다.

한편 제3장에서 유도한 솔리톤의 질량과 라그랑지안 변수와의 관계식 (3.2)와 (3.47)에 해석적 연속($\beta \to ib$)을 취하면

$$\mu = \frac{1}{\pi}\frac{\Gamma(-b^2)}{\Gamma(1+b^2)}\left[M\frac{\sqrt{\pi}\Gamma\left(\frac{1}{2}-\frac{B}{2}\right)}{2\Gamma\left(-\frac{B}{2}\right)}\right]^{2(1+b^2)}$$

이 되고, 이를 식 (7.24)에 대입하면

$$f(\mu) = \frac{M^2}{4}\tan\frac{\pi B}{2}$$

를 유도할 수 있다. 이 결과에 다시 해석적 연속을 취하면 사인-고든 모형의 자유에너지

$$f(\mu) = -\frac{M^2}{4}\tan\frac{\pi}{2\lambda} \tag{7.25}$$

를 얻게 된다. 여기서 λ는 식 (1.10)에서 정의된 사인-고든 모형의 결합상수이다. 이 결과는 sinh-고든 모형의 열역학적 베테안싸쯔를 통해 유도한 진공에너지 (5.72)와 정확히 일치한다. 또한 우리는 제8장에서 스핀격자 모형의 베테안싸쯔 방정식을 바탕으로 같은 결과를 독립적으로 유도하게 될 것이다. 열역학적 베테안싸쯔, 일점함수, 그리고 스핀격자 모형 등이 모두 동일한 결과를 준다는 사실은 이런 비섭동적 방법들의 정확성은 물론 해석적 연속과 같은 수학적 조작이 모두 성립함을 간접적으로 보여주는 것이다.

제 2 절 경계 일점함수*

우리는 제4장에서 사인-고든 모형의 적분가능성을 유지하는 경계 라그랑지

안 (4.9)와 경계 산란행렬 (4.20–4.23)을 유도한 바 있다. 그러나 이 둘을 완벽히 연결짓기 위해서는 각각이 포함하는 상수들 사이의 정확한 관계식

$$\mu_B, \varphi_0 \quad \longleftrightarrow \quad k, \xi \tag{7.26}$$

가 필요하다. 이 관계식을 유도하기 위해서 우선 경계 sinh-고든 모형을 고려한 후 그 결과에 해석적 연속을 취하는 방식으로 접근한다. 우리는 제6장에서 산란행렬로부터 sinh-고든 모형의 경계 진공에너지 (6.22)를 유도한 바 있다. 이 결과와 비교하기 위해 여기서는 경계 일점함수를 유도하고 이를 바탕으로 경계 진공에너지, 즉 경계 자유에너지를 계산할 것이다. 이 두 결과를 비교함으로써 식 (7.26)의 정확한 관계를 유도할 수 있다.

경계 일점함수의 계산 절차는 경계가 없을 때와 같다. 우선 경계가 있는 sinh-고든 모형의 경계 일점함수를 경계가 있는 리우빌 모형의 상관함수들의 무한합의 형태로 쓰고, 리우빌 모형의 경계 작용자가 만족하는 반사관계식을 유도한 후 이를 바탕으로 경계 일점함수가 만족하는 함수관계식을 유도할 것이다. 몇 가지 추가적인 조건들과 함께 이 함수관계식의 해를 찾으면 된다. 우선 경계가 있는 리우빌 모형부터 정의하기로 한다.

2.1 경계가 있는 리우빌 모형

등각장론은 적당한 '등각 경계조건'을 부여하면 경계가 존재함에도 여전히 등각 대칭성을 보존할 수 있다(이 절은 참고문헌 [23]을 주로 참조하였다). 일반적으로 경계가 존재하면 물리계가 가지고 있는 대칭성에 많은 변화가 있다. 예를 들어 운동량은 보존되지 않게 된다. 그럼에도 불구하고 무한 차원의 등각 대칭성이 유지될 수 있음은 상당히 놀라운 것이다. 주어진 등각장론에 대해 가능한 모든 등각 경계조건을 찾는 일은 이론적으로는 물론이고 실제 물리계에의 응용 측면에서도 중요한 문제이다. 최근에는 리우빌 모형과 같은 무리 등각장

론의 등각 경계조건들이 초끈 이론에서 나타나는 D-막의 비섭동적 성질을 알아내는 데 중요한 역할을 하기 때문에 많이 연구되고 있다.

리우빌 모형의 경계조건은 경계 라그랑지안을 찾는 데에서 시작된다. 경계를 빠져나가는 운동량이 존재할 수 없으므로 경계조건은 우선

$$T=\bar{T}$$

를 만족한다. 식 (7.4)로부터

$$(\partial\phi)^2-(\bar{\partial}\phi)^2-Q\partial^2\phi+Q\bar{\partial}^2\phi=0 \tag{7.27}$$

의 조건을 얻는다. 이를 (t,x) 좌표로 쓰면

$$(\partial_x\phi)(\partial_t\phi)-Q\partial_t\partial_x\phi=0 \tag{7.28}$$

이 된다. 사인-고든 모형에서와 마찬가지로 리우빌 모형에서도 경계 운동방정식을 유도하면 식 (4.8)과 같아지므로, 리우빌 모형의 경계 라그랑지안을 $V_L(\phi)$라고 하면

$$\partial_x\phi(0,t)=V_L''(\phi(0,t)) \tag{7.29}$$

가 성립된다. 이 식의 양변을 t로 미분하여

$$\partial_t\partial_x\phi(0,t)=V_L'(\phi(0,t))(\partial_t\phi)$$

식 (7.28)과 비교하면

$$V_L'(\phi(0,t))=QV_L''(\phi(0,t))$$

를 얻는다. 현재 우리는 고전적 운동방정식을 사용하고 있으므로 $Q=1/b$를

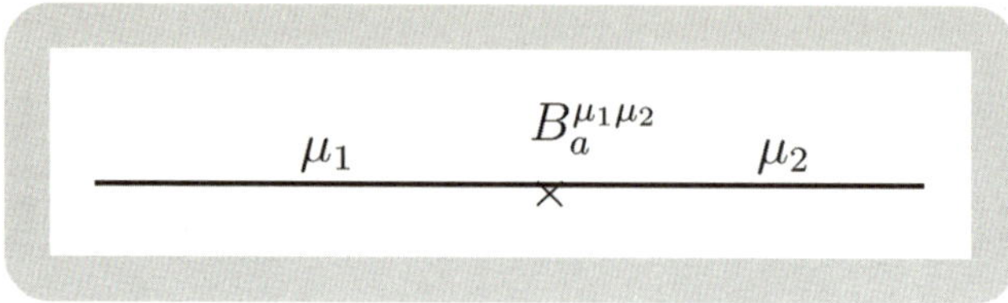

그림 7.2 **리우빌 모형의 경계 작용자**

사용하면 리우빌 모형의 경계 라그랑지안

$$V_L(\phi(0,t)) = \mu_B e^{b\phi(0,t)} \tag{7.30}$$

를 유도할 수 있다.

정리하면 경계가 도입된 리우빌 모형의 전체 작용량은

$$S_{\text{bLFT}} = \int d^2x \left(\frac{1}{4\pi} (\partial\phi)^2 + \mu e^{2b\phi} \right) + \int dt \, \mu_B^{(+)} e^{b\phi} \Big|_{x=B} \tag{7.31}$$

가 되고(B는 경계의 위치를 의미함), 식 (5.3)과 (6.1)로 정의되는 경계 sinh-고든 모형은

$$S_{\text{bshgm}} = S_{\text{bLFT}} + \mu \int d^2x e^{-2b\phi} + \mu_B^{(-)} \int dt e^{-b\phi} \Big|_{x=B} \tag{7.32}$$

의 형태로서 경계 리우빌 모형의 섭동으로 볼 수 있다. 경계 라그랑지안을 식 (6.1)과 비교하면 $\varphi \to 2\phi$와

$$\mu_B^{\pm} = \mu_B e^{\mp b\phi_0} \tag{7.33}$$

의 관계를 얻을 수 있다.

우선 식 (7.31)로 주어지는 등각 리우빌 모형을 고려해보자. 경계 리우빌 모

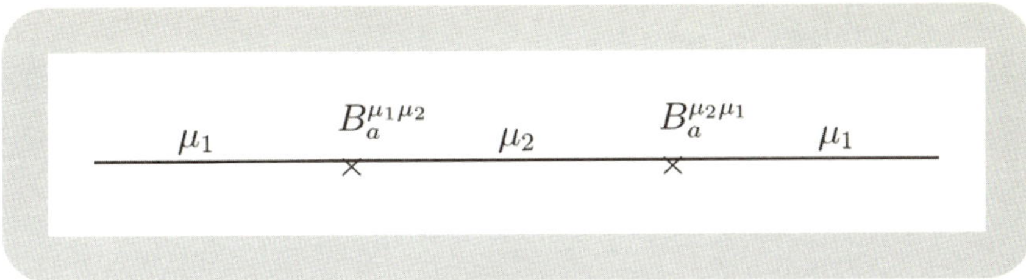

그림 7.3 리우빌 모형의 경계 상관함수

형의 등각 경계조건은 '경계 우주상수'라고도 불리는 임의의 실수 $\mu_B^{(+)}$에 의해 주어지는데, 당분간 이를 μ_B로 부르기로 한다. 경계에서의 일차장은 경계가 없을 때와 마찬가지로 꼭지 작용자 형태로서

$$B_a^{\mu_1\mu_2}(x=B,t) \equiv \exp[a\phi(B,t)]_{\mu_1\mu_2} \tag{7.34}$$

이고 그림 7.2처럼 양쪽의 경계조건에 관계된다. 여기서 μ_1, μ_2는 양쪽의 경계 우주상수들이다. 식 (7.31)은 양쪽 경계 우주상수가 같은 경우($\mu_1 = \mu_2$)에 해당하며 앞으로 우리는 이 경우만을 다루기로 하고, 경계 작용자는 $B_a^{\mu_B}$로 표시하기로 한다.

이 작용자의 차원은

$$\Delta_a = a(Q-a) \tag{7.35}$$

가 된다. 이 식에 따라 경계 라그랑지안의 차원은 1이 되기 때문에 경계 우주상수는 차원이 없어진다.

경계 작용자 역시 반사관계식이 성립한다. $B_{Q-a}^{\mu_B}$ 역시 $B_a^{\mu_B}$와 차원이 같아서 적당한 상수를 곱하면 두 작용자들이 같아야 하기 때문이다. 경계 반사계수도 다음과 같은 이점 상관함수로 정의된다(그림 7.3).

$$\langle B_a^{\mu_B}(x)B_a^{\mu_B}(0)\rangle = \frac{d(a|\mu_B)}{|x|^{2\Delta_a}} \tag{7.36}$$

반사계수의 계산은 경계가 없을 때와 마찬가지로 진행하면 된다. 우선 경계 축퇴 작용자 $B_{-b}^{\mu_1\mu_2}$와의 작용자곱

$$B_{-b}^{\mu_B}B_a^{\mu_B} = [B_{a-b}^{\mu_B}] + c_0[B_a^{\mu_B}] + c_-[B_{a+b}^{\mu_B}] \tag{7.37}$$

를 정의하고 구조상수 c_+를 스크린적분으로 계산한다. 이때 주의해야 할 것은 스크린적분에는 원래의 리우빌항뿐 아니라 경계 라그랑지안도 기여한다는 점이다.

우선 리우빌항을 한 번 집어넣은 형태의 스크린적분은

$$\begin{aligned} c_-^{(v)} &= -\mu\int_{\text{UHP}} d^2z\langle V_b(z,\bar{z})B_a^{\mu_B}(0)B_{-b}^{\mu_B}(1)B_{Q-a-b}^{\mu_B}(\infty)\rangle \\ &= -\mu\int_{\text{UHP}} d^2z\frac{|1-z|^{4b^2}}{|z|^{4ba}|z-\bar{z}|^{2b^2}} = -\mu\sin^2(2\pi ba)I_0(a) \end{aligned}$$

가 된다. 여기서 UHP는 복소평면 중 양수의 허수를 갖는 절반평면을 의미하고 두 번째 줄에 나오는 함수는

$$I_0(a) = -\frac{1}{\pi}\gamma(1+b^2)\Gamma(1-2ba)\Gamma(2ba-1)\Gamma(1-b^2-2ba)\Gamma(2ba-b^2-1)$$

로 정의된다.

경계항은 두 번 집어넣어야 전하보존의 조건을 만족한다. 이때 같은 쪽 경계항을 두 번 넣는 경우와 양쪽 경계항을 한 번씩 넣는 경우를 모두 고려하면

$$c_-^{(b)} = \frac{\mu_B^2}{2}\int_{-\infty}^{\infty}dt_1\int_{-\infty}^{\infty}dt_2\langle e^{b\phi(t_1)}e^{b\phi(t_2)}B_a^{\mu_B}(0)B_{-b}^{\mu_B}(1)B_{Q-a-b}^{\mu_B}(\infty)\rangle$$

$$
\begin{aligned}
&= \frac{\mu_B^2}{2}\int_{-\infty}^{\infty} dt_1 \int_{-\infty}^{\infty} dt_2 \frac{|(1-t_1)(1-t_2)|^{2b^2}}{|t_1-t_2|^{2b^2}|t_1t_2|^{2ba}} \\
&= 4\mu_B^2 \sin^2(\pi ba)\sin(\pi b^2) I_0(a)
\end{aligned}
$$

가 된다.

이 두 계산 결과를 더하면 ($c_- = c_-^{(v)} + c_-^{(b)}$), 경계 구조상수는

$$
c_- = 4\mu \sin(\pi b(a+is))\sin(\pi b(a-is))\sin^2(\pi ba)I_0(a) \tag{7.38}
$$

를 유도할 수 있다. 여기서 c_-를 인수분해된 형태로 쓰기 위해 경계 우주상수 대신

$$
\cosh^2(\pi bs) = \frac{\mu_B^2}{\mu}\sin(\pi b^2)
$$

으로 정의된 상수 s를 도입하였다.

경계가 없는 경우와 마찬가지로 이점함수가 만족하는 함수관계식을 유도하기 위해 삼점 경계 상관함수

$$
\langle B_a^{\mu_B} B_{-b}^{\mu_B} B_{a+b}^{\mu_B} \rangle
$$

를 고려한다. 축퇴 작용자를 어디에 먼저 곱하느냐에 따라 두 가지 경우가 생기고 이들이 같아야 하므로

$$
d(a|\mu_B) = c_-(a)d(a+b|\mu_B) \tag{7.39}
$$

를 얻는다. 또, 경계 반사계수 또한 유니태리티조건

$$
d(a|\mu_B)d(Q-a|\mu_B) = 1
$$

을 만족해야 한다. 또한 경계 리우빌 모형도 이중 대칭성을 가지므로 식 (7.39)

에 $b \to 1/b$의 변환을 취한 식도 역시 만족되어야 한다.[13)]

두 관계식을 풀기 위해 두 가지 함수를 도입하는 것이 편리하다. 우선

$$\mathrm{S}(x+b) = 2\sin(\pi b x)\mathrm{S}(x), \quad \mathrm{S}(x+1/b) = 2\sin(\pi b/x)\mathrm{S}(x)$$

로 정의된 함수 $\mathrm{S}(x)$는 $x = Q+nb+m/b$에서 근을 갖고, $x = -nb-m/b$에서 폴을 갖는다(여기서 m과 n은 0보다 크거나 같은 정수이다). 이 함수는 $0 < \Re e\ x < Q$의 영역에서

$$\log \mathrm{S}(x) = \int_0^\infty \frac{dt}{t}\left[\frac{\sinh((Q-2x)t)}{2\sinh(bt)\sinh(t/b)} - \frac{(Q/2-x)}{t}\right]$$

의 적분 형태로 쓸 수 있고, $\mathrm{S}(x)\mathrm{S}(Q-x) = 1$을 만족한다. 또,

$$G(x+b) = \frac{b^{1/2-bx}}{\sqrt{2\pi}}\Gamma(bx)G(x), \quad G(x+1/b) = \frac{b^{b/x-1/2}}{\sqrt{2\pi}}\Gamma(x/b)G(x)$$

를 만족하는 함수 $G(x)$는 $x = -nb-m/b$에서 근을 갖고, $\Re e\ x > 0$에 대해

$$G(x) = \exp\int_0^\infty \frac{dt}{t}\left[\frac{e^{-Qt/2} - e^{-xt}}{(1-e^{-bt})(1-e^{-t/b})} + \frac{(Q/2-x)^2}{2}e^{-t} + \frac{Q/2-x}{t}\right]$$

의 적분으로 표현된다.

식 (7.38)은 sin이나 Γ함수로 인수분해되어 있으므로 (7.39)의 해는 위에서 정의된 함수들의 곱으로 다음과 같이 쓸 수 있다.

$$d(a|\mu_B) = \frac{\left[\pi\mu\gamma(b^2)b^{2-2b^2}\right]^{\frac{Q-2a}{2b}} G(Q-2a)G^{-1}(2a-Q)}{\mathrm{S}(a+is)\mathrm{S}(a-is)\mathrm{S}^2(a)}$$

---

13) 우주상수 μ와 μ_B는 이중 대칭 변환에 의해 $\tilde{\mu}$와 $\tilde{\mu}_B$로 바뀌어야 한다.

이를 적분 형태로 쓰면

$$d(a|\mu_B) = \left[\pi\mu\gamma(b^2)b^{2-2b^2}\right]^{\frac{Q-2a}{2b}} G(Q-2a)G^{-1}(2a-Q) \qquad (7.40)$$
$$\times \exp\left\{-\int_{-\infty}^{\infty}\frac{dt}{t}\left[\frac{\sinh[(Q-2a)t]\cos^2(st)}{\sinh(bt)\sinh(t/b)}-\frac{(Q-2a)}{t}\right]\right\}$$

가 된다.

2.2 경계가 있는 sinh-고든 모형의 일점함수

식 (7.32)에서처럼 경계 sinh-고든 모형은 경계 리우빌 모형에 부피와 경계의 섭동항이 더해진 것으로 볼 수 있다(이 절은 참고문헌 [24]를 주로 참조하였다). 일반적으로 $\phi_0 \neq 0$이므로 이제부터는 μ_B^+와 μ_B^-를 구분하여야 한다. 여기서 μ_B^+는 리우빌 모형의 경계 우주상수이고, μ_B^-는 섭동항의 계수가 된다. sinh-고든 모형의 경계 일점함수

$$\mathcal{G}_B(a) = \langle e^{a\phi}\rangle_{\text{shgm}}$$

는 리우빌 모형의 상관함수들의 무한합으로

$$\langle e^{a\phi}\rangle_{\text{shgm}} = \sum_{n,m=0}^{\infty}\frac{(-\mu)^n(-\mu_B^-)^m}{n!m!}\int\langle e^{a\phi}e^{-2b\phi}\ldots e^{-b\phi}\ldots\rangle_{\text{LFT}}$$

처럼 쓸 수 있다(간단히 쓰기 위해 자세한 좌표들은 생략하였다). 따라서 리우빌 모형의 두 경계 작용자들 사이의 경계 반사관계식

$$B_a^{\mu_B^+}(x) = d(a|\mu_B^+)B_{Q-a}^{\mu_B^+}(x)$$

는 sinh-고든 모형에서도 그대로 성립되어

$$\mathcal{G}_B(a) = d(a|\mu_B^+)\mathcal{G}_B(Q-a) \tag{7.41}$$

를 만족한다.

경계 라그랑지안으로 인해 $\phi \to -\phi$ 대칭성은 깨지지만, 이 변환으로 인해 μ_B^-는 경계 우주상수로, μ_B^+는 섭동항의 계수로 해석할 수 있다. 따라서 경계 일점함수는

$$\mathcal{G}_B(-a) = d(a|\mu_B^-)\mathcal{G}_B(a-Q) \tag{7.42}$$

도 만족하여야 한다.

먼저 $\phi_0 = 0$인 경우를 고려하자. 이 경우 식 (7.41)과 (7.42)에 의해 $\mathcal{G}_B(a) = \mathcal{G}_B(-a)$임을 알 수 있고, 이는 $\phi \to -\phi$ 대칭성이 유지되기 때문이다. 이 두 식의 해는

$$\mathcal{G}_B(a|\mu_B) = \left[\frac{\pi\mu_B}{2^{b^2}\Gamma(-b^2)}\right]^{\frac{-a^2}{1+b^2}} \exp\int_0^\infty \frac{dx}{x}\left[\frac{a^2}{\sinh((1+b^2)x)} + a^2 e^{-x} - \frac{(e^x - 1 + e^{x(1+b^2)} + e^{b^2 x})\sinh^2(abx)}{2\sinh(b^2 x)\sinh x \sinh((1+b^2)x)}\right]$$

로 주어진다. 또, 경계 자유에너지는 경계 라그랑지안의 일점함수로서

$$\mathcal{G}_B(b|\mu_B) = \frac{\Gamma\left(\frac{1+2b^2}{2+2b^2}\right)\Gamma\left(\frac{b^2}{2+2b^2}\right)}{4\pi^{3/2}(1+b^2)\mu_B}\left[\frac{2\pi\mu_B}{\Gamma(-b^2)}\right]^{\frac{1}{1+b^2}} = -\frac{1}{2}\frac{\partial}{\partial\mu_B} f_B(\mu_B)$$

가 되므로,

$$f_B(\mu_B) = -\frac{1}{2\pi^{3/2}}\Gamma\left(\frac{1+2b^2}{2+2b^2}\right)\Gamma\left(\frac{b^2}{2+2b^2}\right)\left[\frac{2\pi\mu_B}{\Gamma(-b^2)}\right]^{\frac{1}{1+b^2}} \tag{7.43}$$

을 유도할 수 있다.

일반적인 $\phi_0 \neq 0$의 경우는 계산이 더욱 복잡해지지만, 식 (7.41)과 (7.42)

를 풀어서 일점함수를 구하는 방식은 동일하다. 또 이렇게 계산한 일점함수로부터 경계 자유에너지 $f_B(\mu_B, \phi_0)$를 계산할 수 있고 이를 열역학적 베테안싸쯔의 결과인 식 (6.22)와 비교하여 경계상수들 간의 관계식을 유도한 후, 사인-고든 모형에 대해서는 해석적 연속 $b \to i\beta$를 취하면 된다. 그러나 이 계산은 너무 기술적인 것이므로 여기서는 이에 대한 유도는 생략하고 그 결과만을 인용하기로 한다.

$$\cos\left(\frac{\beta^2(\vartheta + i\eta)}{8\pi}\right) = e^{-i\beta\phi_0}\sqrt{\frac{2\mu_B^2}{\mu}\sin\frac{\beta^2}{8}} \tag{7.44}$$

이 결과는 라그랑지안에 있는 경계상수들과 경계 산란행렬에 나오는 상수들 간의 정확한 관계를 주게 된다.

제 3 절 형태인자

비섭동 양자장론에서 상관함수를 계산하는 체계적인 방법이 존재하지 않기 때문에 비록 완벽한 상관함수를 계산할 수는 없다고 하더라도 충분히 빨리 수렴하는 항들의 합으로 상관함수를 표시할 수 있다면 원하는 정확성으로 상관함수를 알 수 있고 이를 여러 물리량을 계산하는 데 실용적으로 적용할 수 있을 것이다. 특히 정확한 산란행렬을 구할 수 있는 가적분 양자장론에서는 비록 질량껍질 밖의 물리량인 상관함수를 정확히 계산할 수는 없을지라도 산란행렬을 이용하여 형태인자(form factor)를 계산할 수 있고 이를 통해 상관함수를 표현할 수 있다. 여기서 형태인자란 껍질 밖의 작용자를 입자상태들에 대해 행렬요소(matrix element)를 취한 것을 말한다. 물론 산란행렬로부터 모든 형태인자들을 계산하기는 매우 어려운 문제이고, 또 상관함수를 하나의 함수가 아니라 무한 개의 전개항들의 합으로 표시할 수밖에 없다는 단점이 있지만, 이 방법은 결합상수의 크기에 무관하게 항상 입자들의 개수에 따라 빨리 수렴하기 때문에 그 응용성이 매우 넓다는 장점이 있다. 이 절에서는 산란행렬로부터 형태인자를 유도하는 방법과 이를 통해 상관함수와 그에 관련되는 물리량을 계산하는 방법을 설명한다. 이 절은 참고문헌 [25]를 주로 참조하였다.

3.1 형태인자의 성질

형태인자들이란 특정한 껍질 밖 작용자를 입자상태들에 대한 행렬 요소(matrix element)로서 다음과 같이 나타낼 수 있다.

$$F^{\mathscr{O}}_{a_1,\ldots,a_n}(\theta_1,\ldots,\theta_n) = \langle 0|\mathscr{O}(0)|A_{a_1}(\theta_1),\ldots,A_{a_n}(\theta_n)\rangle_{\text{in}} \tag{7.45}$$

이를 그림 7.4로 나타낼 수 있다. 여기서 첨자 $a_1,\ldots,a_n$은 입자들의 종류를 나타내는 것으로 사인-고든 모형의 솔리톤과 반솔리톤들에 대한 형태인자의 경우 $F^{\mathscr{O}}$는 2^n 크기의 행렬이 되고, 브리더와 같은 대각입자의 경우는 하나의 복소수가 된다. 또 들어오는 입자상태들을 체계적으로 정의하기 위해 입자의 빠르기에 $\theta_1 > \theta_2 > \ldots > \theta_n$의 순서를 도입하기로 한다. 행렬 요소는 들어오는 입자뿐 아니라 나가는 입자들에 대해서도 정의할 수 있고, 이 두 입자상태는 시간을 거꾸로 돌리는 것에 해당하여 전하짝(charge conjugation) 변환에 의해 연결되므로, 모두 들어오는 입자들로 쓸 수 있어서 형태인자는 항상

$$\begin{aligned} &{}^{\text{out}}\langle b_1(\theta'_1),\ldots,b_m(\theta'_m)|\mathscr{O}(0)|a_1(\theta_1),\ldots,a_n(\theta_n)\rangle_{\text{in}} \\ &= C^{b_1b'_1}\cdots C^{b_mb'_m}F_{b'_1,\ldots,b'_m,a_1,\ldots,a_n}(\theta'_1+i\pi,\ldots,\theta'_m+i\pi,\theta_1,\ldots,\theta_n) \end{aligned}$$

에 의해 식 (7.45)에 정의된 형태로 바꿔 쓸 수 있다.

형태인자를 계산하기 위해서는 이들이 만족하는 함수관계식을 유도해야 한다. 이를 위해서 몇 가지 수학적 성질을 규명하기로 한다.

그림 7.4 형태인자

1. F는 $\theta_{ij} = \theta_i - \theta_j$들의 함수로서 $0 \le \Im m\ \theta_{ij} \le 2\pi$의 영역에서 단순 폴(simple pole)들을 가질 수 있으며 이들을 제외하면 전 영역에서 해석(analytic)함수이다.

2. 빠르기의 순서가 바뀐 경우의 형태인자는 그림 7.5처럼 이웃하는 두 입자를 바꾸면 얻어진다. 이때 두 입자를 바꿀 때마다 산란행렬이 곱해져야 한다. 이를 식으로 나타내면

$$F^{\mathcal{O}}_{a_1,\ldots,a_i,a_{i+1},\ldots,a_n}(\theta_1,\ldots,\theta_i,\theta_{i+1},\ldots,\theta_n) = S^{a'_i a'_{i+1}}_{a_i a_{i+1}}(\theta_i - \theta_{i+1})$$
$$F^{\mathcal{O}}_{a_1,\ldots,a'_{i+1},a'_i,\ldots,a_n}(\theta_1,\ldots,\theta_{i+1},\theta_i,\ldots,\theta_n) \tag{7.46}$$

이 되고 이를 '왓슨(Watson) 방정식'이라고도 부른다. 이 함수관계식은 산란행렬로부터 형태인자를 얻을 수 있는 가장 기본적인 식이다.

3. 형태인자는 대상이 되는 작용자가 갖는 여러 물리적 성질들을 반영한다. 이들 중 홀로모픽(holomorphic) 차원 Δ와 반홀로모픽 차원 $\overline{\Delta}$의 차이인 스핀 $s = \Delta - \overline{\Delta}$은 형태인자를 결정하는 데 중요한 역할을 한다. 이 차원들은 비라소로(Virasoro) 작용자 $L_0 = E + P$, $\overline{L}_0 = E - P$에 의해 정의되므로 빠르기가 θ인 입자는 식 (2.2)로부터 Δ와 $\overline{\Delta}$는 각각 me^{θ}와

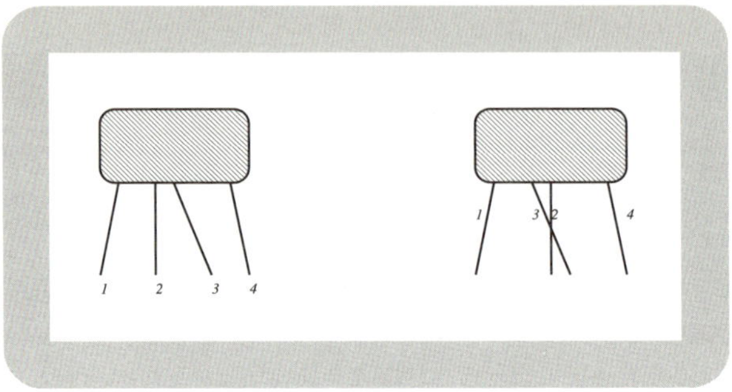

그림 7.5 형태인자의 왓슨 방정식

$me^{-\theta}$이 된다. 따라서 각 입자의 빠르기를 일정한 양만큼 변화시킨 후 L_0와 $\overline{L}_0$를 작용시키면

$$L_0|\theta_1+\Lambda,\ldots,\theta_n+\Lambda\rangle = e^{\Delta\Lambda}|\theta_1,\ldots,\theta_n\rangle,$$
$$\overline{L}_0|\theta_1+\Lambda,\ldots,\theta_n+\Lambda\rangle = e^{-\overline{\Delta}\Lambda}|\theta_1,\ldots,\theta_n\rangle$$

이 된다. 따라서 형태인자는

$$F^{\mathcal{O}}_{a_1,\ldots,a_n}(\theta_1+\Lambda,\ldots,\theta_n+\Lambda) = e^{s\Lambda}F^{\mathcal{O}}_{a_1,\ldots,a_n}(\theta_1,\ldots,\theta_n)$$

을 만족하고 s는 $\mathcal{O}$의 스핀이다.

4. 식 (2.2)에서 빠르기는 $2\pi i$의 주기를 갖는다. 산란행렬과 마찬가지로 형태인자도 빠르기 변수를 실수에서 복소수로 확장할 수 있고 이를 위해서는 적당한 해석적 성질을 규정해야 한다. 형태인자의 경우 다음의 모노드로미 성질을 도입하게 된다.

$$F_{a_1,\ldots,a_n}(\theta_1,\ldots,\theta_n+2\pi i) = F_{a_n,a_1,\ldots,a_{n-1}}(\theta_n,\theta_1,\ldots,\theta_{n-1}) \quad (7.47)$$

그림 7.6 형태인자의 해석적 성질

이를 그림으로 나타내면 7.6처럼 된다. 이것과 왓슨 방정식 (7.46)을 이용하면 임의의 빠르기를 $2\pi i$만큼 이동하였을 때 형태인자가 갖는 해석적 성질을 정의할 수 있다.

5. 형태인자는 단순 폴들을 갖는다. 이들의 원인은 크게 두 가지로 나눌 수 있다. 하나는 두 개의 들어오는 입자들이 전하짝 C에 의하여 연결되기 때문에 생기는 '상쇄 폴(annihilation pole)'이고 또 다른 하나는 구속입자들의 존재 때문이다. 먼저 상쇄 폴을 살펴보자. 상쇄 폴이란 두 입자가 갖는 빠르기의 차이가 $i\pi$가 될 경우이다. 이렇게 되면 식 (2.2)에서 알 수 있듯이 운동량 P가 서로 반대가 되어 두 입자가 쌍소멸할 수 있다. 이 때문에 형태인자는 폴을 갖게 되고 잉여(residue)항은

$$\begin{aligned} i \lim_{\theta'\to\theta}(\theta'-\theta)F_{a_1,\ldots,a_n,\bar{a},a}(\theta_1,\ldots,\theta_n,\theta'+i\pi,\theta) \\ = [1-\mathcal{T}_{aa}(\theta|\theta_1,\ldots,\theta_n)]_{a_1,\ldots,a_n}^{a'_1,\ldots,a'_n}F_{a'_1,\ldots,a'_n}(\theta_1,\ldots,\theta_n) \quad (7.48) \end{aligned}$$

을 만족한다. 여기서 $\mathcal{T}_{aa}$는 식 (5.40)에서 정의한 모노드로미행렬이다. 이 관계식은 $(n+2)$개의 입자들에 대한 형태인자를 n개의 입자들에 대

그림 7.7 형태인자의 구속입자 폴

한 형태인자와 연결하는 일종의 회귀식(recursive relation)의 역할을 한다.

6. 산란행렬의 폴은 구속입자들에 해당되고, 그때의 잉여항은 식 (2.9)에 의해

$$i \underset{\theta \to \theta_c}{\text{Res}} S_{ab}^{a'b'}(\theta) = -f_{ab}^c f_c^{a'b'} \tag{7.49}$$

가 된다. 이제 여러 입자들 중 임의의 두 입자들이 갖는 빠르기가 식 (2.28)을 만족하여 구속상태를 가질 수 있다면 형태인자는

$$\begin{aligned} i \lim_{\theta_a - \theta_b \to \theta_c} (\theta_a - \theta_b - \theta_c) \; \times \; & F_{a_1,\ldots,a_n,a_a,a_b}(\theta_1,\ldots,\theta_n,\theta_a,\theta_b) \\ = \; & f_{ab}^c F_{a_1,\ldots,a_n,a_c}(\theta_1,\ldots,\theta_n,\theta_c) \end{aligned}$$

를 만족한다(그림 7.7). 이 식 또한 $(n+1)$개 입자에 대한 형태인자를 n개 입자의 형태인자로 연결하는 회귀식이고 식 (7.48)과 함께 임의의 입자 수에 대한 형태인자를 계산하는 데 유용하게 사용된다.

이들 관계식으로부터 형태인자를 계산할 수 있다. 그러나 임의의 개수의 입자들에 대한 형태인자를 계산하기란 쉬운 일이 아니다. 특히 산란행렬이 비대

각일 경우 매우 고도의 수학적 분석이 필요하다. 지금까지 사인-고든 모형과 이징(Ising) 모형, 그리고 sinh-고든 모형에 대해 정확한 형태인자가 얻어진 바 있다. 특히 사인-고든 모형은 비대각 산란행렬을 가졌음에도 예외적으로 일반적 형태인자를 계산할 수 있다. 여기서 주목해야 할 것은 일점함수를 포함한 상관함수와 달리 형태인자는 껍질 밖의 작용자를 껍질 위의 입자상태와 연결지은 것이므로 그 결과는 입자상태에 따라 매우 달라진다는 점이다. 따라서 sinh-고든 모형의 대각 산란행렬을 이용하여 형태인자를 계산하였다고 해도 이 결과에 결합상수를 바꿔서 사인-고든 모형의 형태인자를 구할 수는 없다.

3.2 형태인자에 의한 상관함수

정확한 형태인자를 이용하여 이점 상관함수를 표현해보자. 스펙트럼 합에 의해 힐버트 공간의 모든 입자상태들을 두 작용자 사이에 삽입하면 상관함수는

$$\begin{aligned}\langle \mathscr{O}(x)\mathscr{O}(0)\rangle &= \sum_{\{a_i\}}\sum_{n=0}^{\infty}\int \frac{d\theta_1\ldots d\theta_n}{n!(2\pi)^n}\langle 0|\mathscr{O}(x)|A_{a_1}(\theta_1),\ldots,A_{a_n}(\theta_n)\rangle_{\rm in}\\ &\times \ {}_{\rm in}\langle A_{a_1}(\theta_1),\ldots,A_{a_n}(\theta_n)|\mathscr{O}(0)|0\rangle\\ &= \sum_{\{a_i\}}\sum_{n=0}^{\infty}\int \frac{d\theta_1\ldots d\theta_n}{n!(2\pi)^n}|F^{\mathscr{O}}_{a_1,\ldots,a_n}(\theta_1,\ldots,\theta_n)|^2 e^{-rE_n} \quad (7.50)\end{aligned}$$

으로 표시할 수 있다. 여기서 r은 2차원 유클리드 공간에서 두 작용자 사이의 거리 $r^2 = x_0^2 + x_1^2$이고 E_n은 중간에 삽입된 입자상태들의 에너지

$$E_n(\theta_1,\ldots,\theta_n) = \sum_{i=1}^{n} m_{a_i}\cosh\theta_i \quad (7.51)$$

이다.

상관함수를 r의 함수로 구하기 위해서는 정확한 형태인자를 알아야 할 뿐 아니라 이를 빠르기로 적분한 후 무한 개의 항들에 대해 더할 수 있어야 한다.

앞에서 명시한 정확한 형태인자를 구할 수 있는 모형에 대해서도 이 계산이 수행되지는 못한 상황이다. 따라서 상관함수를 잘 아는 형태의 함수로 표시할 수는 없다. 그러나 식 (7.50)과 (7.51)로부터 $E_n \geq nm$ (m은 가장 작은 질량)을 얻기 때문에 중간에 삽입된 입자들의 개수가 증가하면 그 항의 크기는 지수적으로 작아짐을 알 수 있다. 이 사실은 식 (7.50)을 전부 더할 필요 없이 처음의 몇 개 항만 더해도 매우 정확한 상관함수를 얻을 수 있음을 보여준다. 물론 매우 작은 크기의 영역 $r \to 0$에서는 더 많은 입자들을 포함시켜야 하지만 이 경우에는 어차피 UV극한을 기술하는 등각장론을 바탕으로 한 섭동 이론으로 기술할 수 있다. 질량이 없는 입자를 포함할 경우에도 E_n은 입자 수가 증가함에 따라 빠르기의 적분 영역이 축소되어 같은 사실을 준다는 것이 알려져 있다.

첫 항인 $n=0$의 경우는 일점함수임을 알 수 있다. 대부분의 작용자의 경우에는 일점함수가 0이 되지만 제1절에서 다룬 것처럼 복잡한 방법으로 이를 계산해야 할 경우도 생긴다. 단 이 항은 시공간의 거리 r에 무관하다는 점에서 실제 응용에서는 중요한 역할을 하지 않는다. 다음 $n=1$의 경우는 규격상수와 관련이 있다. 이를 형태인자에 관한 수학적 공리들을 이용하여 결정할 수는 없지만 적절한 물리적 추론에 의해 계산할 수 있는데 이는 구체적인 예를 들어 설명하기로 한다. 두 개의 입자에 대한 형태인자는 모든 적분가능한 양자장론들에 대해 정확한 계산이 가능하다. 또한 이를 바탕으로 여러 비섭동적 물리량을 유도할 수 있으며 대부분의 상관함수는 두 개의 입자까지 삽입하면 꽤 정확한 상관함수의 값을 근사적으로 얻을 수 있다.

두 개의 입자에 대한 형태인자는 항상 다음과 같이 쓸 수 있다.

$$F_{a_1 a_2}(\theta_1, \theta_2) = K_{a_1 a_2}(\theta_1, \theta_2) F^{\min}_{a_1 a_2}(\theta_1 - \theta_2)$$

여기서 $F^{\min}$은 해석함수로서 식 (7.46)을 두 개의 입자에 적용한 왓슨 방정식

$$F^{\min}_{a_1a_2}(\theta)=F^{\min}_{a_1a_2}(-\theta)S^{a_1'a_2'}_{a_1a_2}(\theta) \tag{7.52}$$

를 만족하고, 또 두 입자에 대한 식 (7.47)

$$F^{\min}_{a_1a_2}(i\pi-\theta)=F^{\min}_{a_1a_2}(i\pi+\theta) \tag{7.53}$$

도 충족시켜야 한다. $K_{a_1a_2}(\theta_1,\theta_2)$는 형태인자가 갖는 폴들과 작용자에 대한 정보를 담고 있는 항이다. 만약 구속입자에 의한 폴이 없을 경우에는 $K=1$이 된다.

이를 풀기 위해서 먼저 대각 산란행렬에 대해 왓슨 방정식의 해를 살펴본다. 산란행렬이 다음의 적분 표현

$$S(\theta)=\exp\left[\int_0^\infty \frac{dt}{t}f(t)\sinh\frac{\theta t}{\pi i}\right]$$

로 씌어진다면, $F^{\min}$은

$$F^{\min}(\theta)=\exp\left[\int_0^\infty \frac{dt}{t}\frac{f(t)}{\sinh t}\sin^2\frac{(i\pi-\theta)t}{2\pi}\right]$$

로 주어진다. 이 해가 식 (7.46)과 (7.53)을 만족하는 것을 쉽게 확인할 수 있다.

사인-고든 모형의 경우처럼 산란행렬이 비대각이더라도 이 방법을 적용할 수 있다. 먼저 식 (7.52)를 대각화하여 다시 쓰면

$$F^{\min}_i(\theta)=F^{\min}_i(-\theta)S_i(\theta),\qquad i=1,2,3,4 \tag{7.54}$$

가 된다. 여기서 S_i는 사인-고든 모형 산란행렬의 고유값으로 식 (2.11), (2.20), 그리고 (2.26)으로부터

$$F_{1,4}^{\min}(\theta) = \exp\left[\int_0^\infty \frac{dt}{t} \frac{\sinh\left[\frac{t}{2}\left(1-\frac{1}{\lambda}\right)\right]}{\sinh\frac{t}{2\lambda}\cosh\frac{t}{2}\sinh t}\sin^2\frac{\overline{\theta}t}{2\pi}\right] \tag{7.55}$$

$$F_2^{\min}(\theta) = \frac{\sinh\frac{\hat{\theta}}{2}}{\sinh\frac{\lambda\hat{\theta}}{2}}F_1^{\min}(\theta), \quad F_3^{\min}(\theta) = \frac{\cosh\frac{\hat{\theta}}{2}}{\cosh\frac{\lambda\hat{\theta}}{2}}F_1^{\min}(\theta) \tag{7.56}$$

를 얻을 수 있다. 여기서 $\overline{\theta} \equiv i\pi - \theta$이다.

파동함수 재규격화상수

몇 가지 대표적인 작용자들에 대해 정확한 형태인자와 상관함수를 유도해보기로 한다. 먼저 사인-고든 모형의 양자장 φ의 상관함수를 계산해보자. 섭동적 양자장론에서는 이 상관함수는 전달자(propagator)로서

$$\langle\varphi(x)\varphi(y)\rangle = Z(\lambda)\Delta_+(x-y, m_1^2) + \ldots \tag{7.57}$$

로 주어진다. 여기서 $Z(\lambda)$는 파동함수의 재규격화(renormalization)항으로서 제1장 제2절에서 도입한 바 있고 $\ldots$는 이점 상관함수를 스펙트럼으로 전개하였을 때 삽입될 수 있는 모든 입자들을 나타내는데 이중 가장 낮은 브리더 질량 m_1이 가장 큰 역할을 하므로 이 항만 따로 나타내었다. Δ_+는

$$\Delta_+(x, M^2) = \int \frac{d^2k}{(2\pi)^2} e^{-ik\cdot x}\theta(k_0)2\pi\delta(k^2 - M^2)$$

로 정의된 그린(Green)함수이고 이를 퓨리에 변환시켜 운동량 공간에서 나타내면 $i/(k^2 - M^2)$로 주어진다.

형태인자와 비교하기 위해 브리더가 존재하지 않는 영역 $\lambda < 1$에 대해 이 상관함수를 전개하면

$$\langle\varphi(x)\varphi(0)\rangle = \int \frac{d\theta_1 d\theta_2}{(2\pi)^2} \langle 0|\varphi(x)|A(\theta_1)\overline{A}(\theta_2)\rangle_{\text{in in}}\langle A(\theta_1)\overline{A}(\theta_2)|\varphi(0)|0\rangle + \ldots$$

이 된다. 여기서 패리티 대칭성 $\varphi \to -\varphi$에 의해 $\langle 0|\varphi(x)|0\rangle = 0$, $U(1)$전하보존에 의해 $\langle 0|\varphi(x)|A(\theta)\rangle = 0$와 $\langle 0|\varphi(x)|A(\theta_1)A(\theta_2)\rangle = 0$ 등을 사용하였다. ...는 두 개 이상의 입자들이 삽입된 항들을 의미한다. 이 식을 정리하면

$$\langle\varphi(x)\varphi(0)\rangle = \frac{1}{4\pi}\int_{-\infty}^{\infty} d\theta F^{(2)}(\theta)F^{(2)}(-\theta)\Delta_+(x, 2m^2(1+\cosh\theta)) \tag{7.58}$$

를 얻는다. 두 입자에 대한 형태인자를 완벽히 결정하기 위해서는 우선 질량을 가진 써링 모형의 행렬 요소

$$\langle f(\theta_1)|\overline{\psi}\gamma^\mu\psi(0)|f(\theta_2)\rangle = \overline{u}(\theta_1)\gamma^\mu u(\theta_2)F_3^{\min}(\overline{\theta})$$

를 이용한다. 여기서 f는 써링 모형의 페르미온, 즉 사인-고든 모형의 솔리톤이며 u는 디락(Dirac) 방정식의 해이다. 여기에 써링 모형의 $U(1)$전류 대신 사인-고든 모형의 전류를 대입하고 전하짝 C를 적용시키면

$$\langle 0|\epsilon^{\mu\nu}\partial_\nu\varphi(0)|A(\theta_1)\overline{A}(\theta_2)\rangle_{\text{in}} = -\frac{2\pi}{\beta}\overline{u}(\theta_1)\gamma^\mu u(\theta_2)F_3^{\min}(\overline{\theta})$$

가 된다. 좌변은 입자들의 에너지-운동량 벡터로 쓸 수 있고 우변의 디락 스피너(spinor)를 대입하면

$$F^{(2)}(\theta) = \frac{2\pi}{\beta}\frac{1}{\cosh\frac{\theta}{2}}F_3^{\min}(\theta)$$

가 됨을 보일 수 있다.

식 (7.58)을 (7.57)과 비교하기 위해서는 $\lambda < 1$을 $\lambda > 1$로 바꿔야 한다. 식 (7.55)에 주어진 $F_3^{\min}$의 적분 부분은 $\lambda > 1$일 경우 $\theta = i\alpha = i\pi(1-1/\lambda)$이 되어 발산함을 알 수 있다. 이는 형태인자가 B_1 브리더에 해당하는 구속입자 폴을 생성하기 때문이다. 이럴 경우에는 그림 7.8처럼 적분 경로를 바꿔야 하

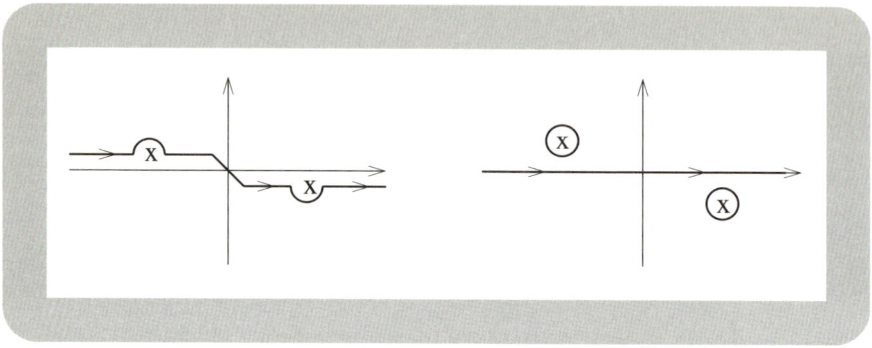

그림 7.8 $\lambda > 1$일 경우 식 (7.58)의 경로적분

고 이는 두 형태인자에 의해 생기는 폴들 근처에서의 경로적분을 더해주는 것으로 해결할 수 있다.

따라서 $\lambda > 1$일 경우 식 (7.58)은

$$\begin{aligned}\langle\varphi(x)\varphi(0)\rangle &= \frac{1}{4\pi}\left[\oint_{i\alpha}+\oint_{-i\alpha}+\int_{-\infty}^{\infty}\right]d\theta F^{(2)}(\theta)F^{(2)}(-\theta)\\ &\times\ \Delta_+(x,2m^2(1+\cosh\theta))\\ &= \frac{1}{2\pi}\oint_{i\alpha}d\theta F^{(2)}(\theta)F^{(2)}(-\theta)\Delta_+(x,m_1^2)+\dots \qquad (7.59)\end{aligned}$$

가 되고 이를 (7.57)과 비교하면 비섭동적 파동함수 재규격화상수를 다음과 같이 구할 수 있다.

$$\begin{aligned}Z(\lambda) &= \oint_{i\alpha}\frac{d\theta}{2\pi}F^{(2)}(\theta)F^{(2)}(-\theta)\\ &= \frac{1+\lambda}{\lambda}\left(\frac{2\lambda}{\pi}\sin\frac{\pi}{2\lambda}\right)^{-1}\exp\left[-\frac{1}{\pi}\int_0^{\pi/\lambda}\frac{x}{\sin x}dx\right]\end{aligned}$$

이 비섭동적 결과를 사인-고든 모형의 결합상수 β가 매우 작을 때($\lambda >> 1$) 테

일러전개하면

$$Z(\lambda) \approx 1 - \frac{12-\pi^2}{24\lambda^2} + \dots$$

가 되고 섭동 계산으로 쉽게 확인할 수 있다.

3.3 C 정리

C 정리(Theorem)는 처음 자몰로치코프(A. B. Zamolodchikov)에 의해 도입된 것으로 등각장론의 자유도를 기술하는 중심전하 c를 비등각 양자장론으로 확장하여 '유효중심전하'를 정의한 후 이 양이 축척에 따른 재규격화군 흐름에 관한 결과이다[26]. 중심전하는 식 (7.5)와 같이 등각장론의 에너지-운동량 텐서 성분 T의 작용자곱으로 정의되므로 T들의 상관함수로 계산할 수 있다. 비등각일 경우에는 식 (4.3)에 $s=1$을 대입한 경우처럼 에너지-운동량 텐서의 트레이스(trace)인 Θ가 존재한다. 따라서 일반적인 C 함수를 정의하기 위해서 다음의 상관함수들을 정의해야 한다.

$$\begin{aligned}\langle T(z,\bar{z})T(0,0)\rangle &= \frac{F(|z|^2)}{z^4}, \quad \langle\Theta(z,\bar{z})\Theta(0,0)\rangle = \frac{H(|z|^2)}{|z|^4} \\ \langle T(z,\bar{z})\Theta(0,0)\rangle &= \langle\Theta(z,\bar{z})T(0,0)\rangle = \frac{G(|z|^2)}{z^3\bar{z}}\end{aligned} \tag{7.60}$$

이렇게 도입된 함수들은 에너지가 보존에 관한 식 (4.3)에 의해

$$\dot{F} + \frac{1}{4}(\dot{G} - 3G) = 0, \quad \dot{G} - G + \frac{1}{4}(\dot{H} - 2H) = 0 \tag{7.61}$$

을 만족한다. 여기서 함수의 미분은 $\dot{X} = z\bar{z}X'(|z|^2)$으로 정의된다.

C함수는

$$C = 2F - G - \frac{3}{8}H \tag{7.62}$$

로 정의되며, 이를 $|z|^2$로 미분한 후 식 (7.61)을 사용하면

$$\dot{C} = -\frac{3}{4}H \tag{7.63}$$

가 된다. 식 (7.60)에서 H함수는 같은 작용자들 간의 상관함수이므로 항상 $H > 0$을 만족한다. 따라서 $\dot{C} < 0$이 되어 C가 거리 $r = |z|$의 단순감소함수임을 뜻하며 이를 자몰로치코프의 C 정리라고 한다. 우리는 이미 열역학적 베테안싸쯔를 사용하여 유한길이 효과로부터 유효중심전하 $c_{\text{eff}}(R)$을 계산한 바 있는데 이때 c_{eff}는 단순감소함수임을 입증할 수 있었다. 이는 물리계의 크기가 커짐에 따라 작은 크기의 양자적 요동은 덜 중요해지기 때문에 결과적으로 자유도가 점차 줄어드는 것으로 이해할 수 있다.

등각장론의 경우 $\Theta = 0$이므로 $F = c/2$, $G = H = 0$이 되어 C함수는 중심전하c가 되고 $\dot{c} = 0$을 만족하여 등각 대칭성을 유지한다. $\Theta \neq 0$이 되어 등각 대칭성이 깨진 경우라도 UV극한인 $r = 0$에서는 $C = c$가 되고 IR극한 $r = \infty$에서는 $C = 0$이 되므로

$$c = -\int_0^\infty dr \frac{2\dot{C}}{r} = \int_0^\infty dr \frac{3H}{2r} = \frac{3}{2}\int_0^\infty dr\, r^3 \langle \Theta(r)\Theta(0)\rangle \tag{7.64}$$

을 유도할 수 있다. 여기서 $\dot{C}$의 정의에 따라 $\dot{C} = \frac{r}{2}\frac{dC}{dr}$을 사용한 후 식 (7.63)과 (7.60)을 대입하였다.

식 (7.64)는 UV극한을 기술하는 등각장론의 중심전하를 등각 대칭성을 깨는 작용자의 상관함수로 나타낸 식이다. 식 (7.64)는 스펙트럼 전개를 통해

$$c = \frac{6}{\pi^2}\int_0^\infty \frac{d\mu}{\mu^3}\Im m \left[\int d^2x\, e^{-ip\cdot x} \langle \Theta(x)\Theta(0)\rangle \right]_{p^2=-\mu^2}$$

으로 쓸 수 있다. 이 식의 상관함수는 형태인자를 이용하여

$$\langle\Theta(x)\Theta(0)\rangle=\sum_{\alpha}\left|\langle 0|\Theta(0)|\alpha\rangle\right|^2 e^{ix\cdot p_\alpha}$$

로 전개할 수 있는데, 여기서 α는 여러 입자들이 있는 상태를 나타내고 p_α는 이 상태의 에너지-운동량 벡터이며 스펙트럼 벡터 q는 질량중심 좌표계에서 $q=(\mu,0)$으로 잡았다. 이를 바탕으로

$$c=\sum_{n=0}^{\infty}\int_{-\infty}^{\infty}\frac{d\theta_1\ldots d\theta_{2n}}{(2\pi)^{2n}}\frac{12}{(2n)!}\frac{|F_{2n}^{\Theta}(\theta_1,\ldots,\theta_{2n})|^2}{(\sum_i m_i\cosh\theta_i)^3}\delta\left(\sum_i m_i\sinh\theta_i\right)$$

를 얻을 수 있다. $\lambda>1$인 사인-고든 모형의 경우 가능한 입자상태는 솔리톤과 반솔리톤뿐이고 $\Theta=2\mu\cos(\beta\varphi)$이므로 $\varphi\to-\varphi$ 대칭성에 의해서 홀수 개의 입자상태에 대한 형태인자는 0이 됨을 알 수 있다.

처음 중요한 항을 주는 이점 형태인자을 다시 쓰면

$$c^{(2)}=\frac{3}{8\pi^2m^4}\int_{-\infty}^{\infty}d\theta\frac{1}{\cosh^4\theta}\left(|F_2^{\min}(2\theta)|^2+|F_3^{\min}(2\theta)|^2\right)$$

이 되는데, 여기에 식 (7.56)을 적용하면 적분할 함수는

$$\left(|F_2^{\min}|^2+|F_3^{\min}|^2\right)(\theta)=\left(\left|\frac{\sinh\frac{\hat\theta}{2}}{\sinh\frac{\lambda\hat\theta}{2}}\right|^2+\left|\frac{\cosh\frac{\hat\theta}{2}}{\cosh\frac{\lambda\hat\theta}{2}}\right|^2\right)|F_1^{\min}|^2(\theta)$$

로 쓸 수 있다. 이를 수치적으로 적분하여 중심전하를 유도할 수 있다.

제 8 장

비선형 적분방정식

지금까지는 주로 사인-고든 모형의 산란행렬을 유도하고 이를 바탕으로 유한길이 효과와 상관함수를 얻는 방법들에 대해 설명하였다. 사실 이런 비섭동적 방법은 라그랑지안을 바탕으로 한 전통적인 양자장론과는 다르다. 양-박스터 방정식으로부터 유도되는 산란행렬을 라그랑지안과 관련짓기 위해 많은 노력이 필요하다는 점에서 산란행렬을 바탕으로 한 방법이 갖는 단점을 보여준다고 할 수 있다. 또한 기술적으로도 산란행렬에 바탕을 둔 열역학적 베테안싸쯔 방법은 비대각일 경우에 적용이 힘들 뿐 아니라 비록 대각 산란행렬이라고 하더라도 바닥상태를 제외한 임의의 들뜬상태에 대한 유한길이 효과를 얻기 힘들다. 또 $\lambda > 1$인 경우의 사인-고든 모형은 솔리톤뿐 아니라 다양한 브리더들이 존재할 수 있고 이 경우의 열역학적 베테안싸쯔는 구해야 할 '가상에너지'들이 늘어나면서 다루기가 힘들어진다.

이런 단점들을 극복하고 사인-고든 모형에 대한 다양한 유한길이 효과를 계산하는 방법이 비선형 적분방정식으로서 최근에 많은 관심과 발전을 보이고 있

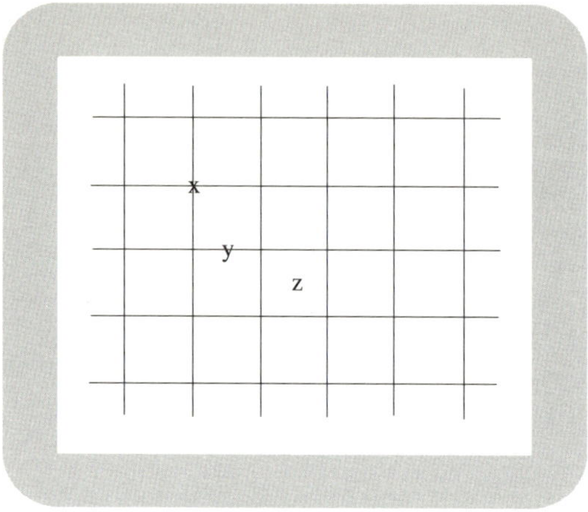

그림 8.1 정사각형 격자 모형의 국소변수들

다. 이 방법은 사인-고든 모형에 해당하는 격자 통계 모형인 XXZ 스핀고리 모형에 대한 베테안싸쯔 해를 바탕으로 한다. 격자 모형은 연속 공간을 띄엄띄엄 나눈 것이므로 두 모형을 일치시키기 위해서는 조심스럽게 격자상수를 0으로 보내야 한다. 이 과정을 통해 사인-고든 모형의 임의의 상태에 대한 유한길이 효과를 계산할 수 있는 비선형 적분방정식을 유도할 수 있다. 또한 비슷한 방법을 통해 경계가 있는 경우에도 이를 적용할 수 있는데 이는 제9장에서 다루기로 한다. 이 장은 참고문헌 [27]을 주로 참조하였다.

제 1 절 적분가능한 통계 모형

1.1 양-박스터 방정식

2차원 정사각형 격자에서 정의된 통계 모형에 국한하여 논의를 진행하고자 한다. 고전통계역학은 국소변수(local height variable)들의 열적 요동에 의해

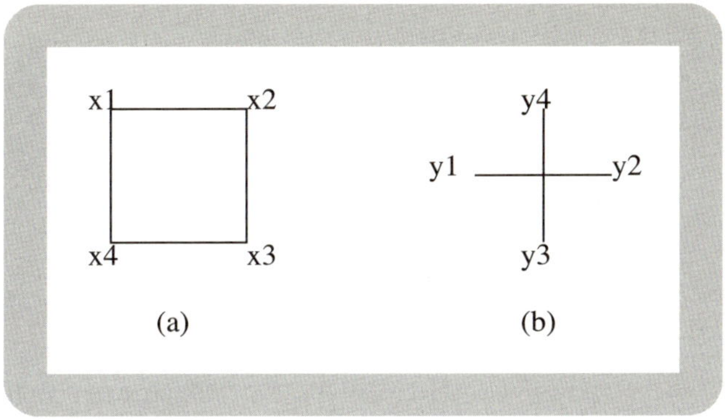

그림 8.2 **볼쯔만 가중치**: (a) **면**(face) **모형** (b) **꼭지점**(vertex) **모형**

정의된다. 시공간의 각 위치에서 연속적인 값을 갖는 양자장과 달리 각 위치마다 정의된 국소변수들은 몇 개의 불연속적인 값들만을 갖는다. 국소변수를 격자 위에 부여하는 방법으로 그림 8.1처럼 각 꼭지점에 정의하는 경우('x'), 각 변에 정의한 경우('y'), 면에 정의한 경우('z') 등이 가능하다. 이들 중 'x'와 'z'는 정사각형 격자의 '이중' 격자(dual lattice)로 서로 관련되기 때문에 동등하다고 할 수 있다.

통계 모형은 각 위치의 국소변수의 값에 따라 결정되는 확률, 즉 볼쯔만 가중치(Boltzmann wieght)로 정의된다. 볼쯔만 가중치는 격자의 각 위치마다 이웃하는 4개의 국소변수들이 갖는 값들에 따라 확률이 정해지는 것이다. 'x'의 위치에 국소변수를 잡을 경우에는 그림 8.2처럼 개개의 정사각형에 볼쯔만 가중치를 부여하고, 'y'에 국소변수를 부여하면 개개의 꼭지점에 볼쯔만 가중치를 부여한다. 앞의 경우를 면(face) 모형, 뒤를 꼭지점(vertex) 모형이라고 하며 여기에 부여되는 볼쯔만 가중치를

$$W(\sigma_1, \sigma_2 | \sigma_3, \sigma_4) \tag{8.1}$$

로 정의하면 분배함수는

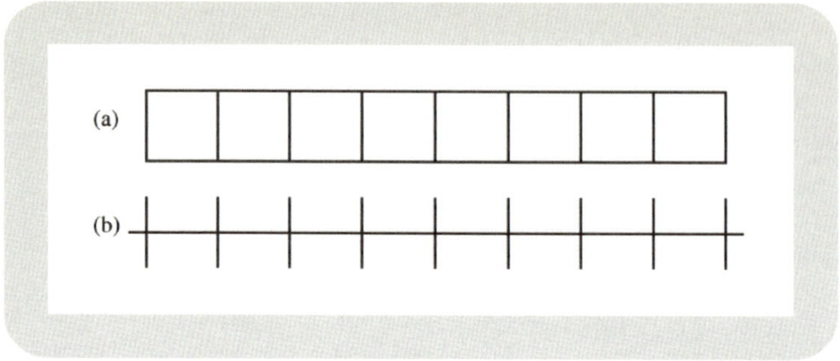

그림 8.3 전달행렬: (a) 면(face) 모형 (b) 꼭지점(vertex) 모형

$$Z = \sum_{\{\sigma_i\}} \prod_{F \text{ or } V} W(\sigma_1, \sigma_2 | \sigma_3, \sigma_4) \tag{8.2}$$

로 표현할 수 있다. 여기서 F와 V는 모형에 따라 모든 면이나 꼭지점을 뜻한다.

통계 모형도 적분이 가능하다. 이 말은 분배함수의 모든 가능한 국소변수들에 대한 합을 정확히 계산할 수 있음을 의미한다. 이런 모형을 가적분 통계 모형이라고 하며 이미 오랜 기간 동안의 연구를 통하여 매우 큰 발전을 거둔 분야이다. 가적분 통계 모형을 정의하기 위해 식 (5.40)과 같이 모노드로미행렬과 전달행렬을 도입하는 것이 편리하다. 주기적 경계조건을 도입하면 분배함수는 전달행렬들의 거듭곱의 트레이스로 표현할 수 있다. 그림 8.3은 두 형태의 통계 모형의 전달행렬을 보여준다. 분배함수를 전달행렬을 통해 쓰면

$$Z = \mathrm{Tr}\mathbf{T}(u)^M \approx \Lambda(u)^M$$

이 되는데, 여기서 M은 정사각형 격자의 열의 개수이다. 이 식의 두 번째 관계식은 열역학적 극한 $M \to \infty$에서는 $\mathbf{T}(u)$의 고유값들 중 가장 큰 값 $\Lambda(u)$만 중요해지기 때문이다.

통계 모형이 적분가능하기 위해서는 매우 많은 보존양들이 존재해야 한다. 즉 해밀토니안과 서로 교환가능한 전하들을 찾아야 한다. 이를 위해서 우선 연속적 변수 u를 도입하여 볼쯔만 가중치가 u의 함수라고 가정한다. 이로부터 식 (5.40)처럼 전달행렬은 스펙트럼 변수 u의 함수가 되고 이로부터 무한 개의 전하를

$$\log \mathbf{T}(u) = \sum_{n=0}^{\infty} \mathbf{Q}_n u^n \tag{8.3}$$

으로 정의할 수 있다. 특히 $\mathbf{Q}_1$은 해밀토니안의 역할을 한다. 따라서 무한 개의 보존전하들을 가질 충분조건은 전달행렬이

$$[\mathbf{T}(u), \mathbf{T}(v)] = 0$$

을 만족하는 것이다. 이로부터

$$[\mathbf{Q}_n, \mathbf{Q}_m] = 0$$

이 되어 무한 개의 보존량을 얻을 수 있다.

식 (5.5)로부터 알 수 있듯이 두 전달행렬이 교환가능할 필요충분조건은 볼쯔만 가중치가 양-박스터 방정식을 만족하는 것이다. 따라서 양-박스터 방정식은 주어진 통계 모형이 적분가능할 충분조건이 된다. 앞에서 다룬 양자장론에서 양-박스터 방정식은 이미 적분가능함이 입증된 경우에 산란행렬이 만족하는 방정식으로 도입되었고 이를 풀어서 비섭동적 산란행렬을 계산하는 데 사용되었다. 반면에 통계 모형에서는 가적분 모형을 정의하는 볼쯔만 가중치을 얻는 데 사용되어 분배함수 등 가적분 모형의 성질을 유도하는 데 적용될 수 없다.

이런 기능상의 차이점에도 불구하고 양자장론과 통계 모형이라는 두 개의 전혀 다른 분야에서 사용되는 양-박스터 방정식은 수학적으로 동일하다. 양-박스터 방정식에 대한 수학적인 결과에 의하면 그 해는 세 가지의 형태로 분류할 수

있다.

- 분수적(irrational) 해
- 삼각함수(trigonometric) 해
- 타원함수적(elliptic) 해

이 분류는 양-박스터 방정식의 해를 주는 함수가 스펙트럼 변수 u의 어떤 함수이냐에 따라 구분한 것이다. 특히 산란행렬은 삼각함수로 씌어지므로 통계 모형에서 나오는 양-박스터 방정식의 해들 중 삼각함수 해는 산란행렬과 정확히 일치한다.

1.2 여섯 꼭지점 모형 및 XXZ 스핀고리 모형

사인-고든 모형은 같은 질량을 갖는 두 개의 상태, 즉 솔리톤과 반솔리톤을 가지므로 산란행렬은 4×4 행렬이 된다. 이와 비슷하게 변에 부여되는 국소변수들이 두 가지 상태를 가질 수 있다고 가정하면 이를 편의상 양 방향의 화살표로 표시할 수 있다. 네 개의 변들마다 2개의 상태가 가능하므로 일반적으로 $2^4 = 16$개의 볼쯔만 가중치가 가능하지만 두 가지 조건을 부여하여 이를 줄이기로 한다. 먼저 한 꼭지점에 들어가는 화살표와 나오는 화살표의 개수가 동일하다는 조건이다. 이로 인해 6개의 볼쯔만 가중치가 가능함을 쉽게 알 수 있다. 이에 더하여 화살표의 방향을 동시에 반대로 바꿀 때 볼쯔만 가중치는 같다는 조건을 부여한다. 화살표의 수가 보존되는 것은 솔리톤들의 전하가 보존되는 것에 해당하고 화살표를 동시에 바꾸는 것은 전하역전 C 대칭성에 해당하기 때문에 이 조건들은 사인-고든 모형에서는 자연스러운 것임을 알 수 있다. 이렇게 얻어진 모형을 '여섯 꼭지점 모형(6 vertex model)'이라고 부르고 볼쯔만 가중치는 그림 8.4로 정의된다.

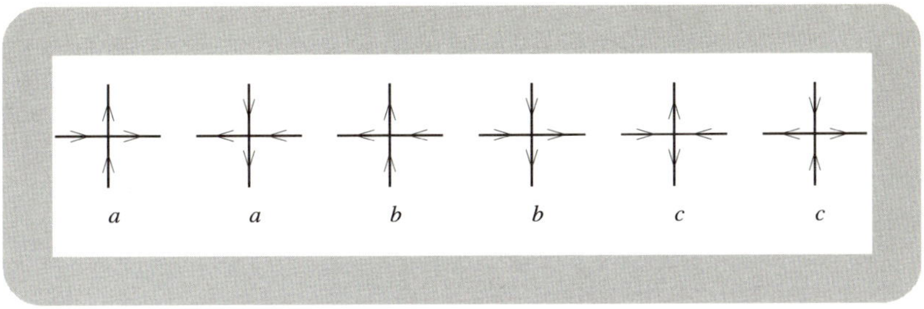

그림 8.4 여섯 꼭지점 모형의 볼쯔만 가중치

이들은 식 (2.11)과 동일하므로 양-박스터 방정식의 삼각함수 해와 같음을 알 수 있다. 산란행렬의 경우 앞에 곱해지는 비례함수를 유니태리티와 교차 대칭성으로 결정하였지만 격자 모형의 경우에는 확률인 볼쯔만 가중치들을 전부 더하여 1이 된다는 조건으로부터 이를 결정할 수 있다. 식 (2.24)에서 비례함수를 제외한 부분을 취하면

$$a(u) = \sinh(i\mu - u), \quad b(u) = \sinh u, \quad c(u) = \sinh(i\mu) \tag{8.4}$$

가 된다. 여기서 $\mu = \pi\lambda$와 $u = \lambda\theta$를 정의하였다. 또한 여섯 꼭지점 모형의 모노드로미행렬은 식 (5.42)와 (5.43)에 정의되어 있고 전달행렬은 $\mathbf{T} = \mathbf{A} + \mathbf{D}$로 주어진다.

전달행렬의 고유값을 구하는 문제는 양-박스터 방정식으로 해결할 수 없다. 이를 위해서는 제5장 제3절에서 설명한 바 있는 사인-고든 모형의 베테안싸쯔 방법이 필요하다. 식 (8.3)을 여섯 꼭지점 모형에 적용하여 해밀토니안을 계산하면

$$\mathscr{H}_{XXZ} = \sum_{n=1}^{N} \left(\sigma_n^x \sigma_{n+1}^x + \sigma_n^y \sigma_{n+1}^y + \cosh\eta \ \sigma_n^z \sigma_{n+1}^z \right) \tag{8.5}$$

을 얻을 수 있다. 여기서 σ_i^a 행렬들은

$$\sigma_i^a = \mathbf{1} \otimes \ldots \otimes \mathbf{1} \otimes \sigma^a \otimes \ldots \otimes \mathbf{1}$$

로 정의되며 i번째에 곱해지는 σ^a 행렬들은

$$\sigma^x = \begin{pmatrix} 0 & 1 \\ 1 & 0 \end{pmatrix}, \quad \sigma^y = \begin{pmatrix} 0 & -i \\ i & 0 \end{pmatrix}, \quad \sigma^z = \begin{pmatrix} 1 & 0 \\ 0 & -1 \end{pmatrix}$$

로 주어지는 파울리 행렬로서

$$[\sigma^i, \sigma^j] = 2i\epsilon_{ijk}\sigma^k, \qquad \{\sigma^i, \sigma^j\} = 2\delta_{ij}\mathbf{1}, \qquad i, j = x, y, z$$

를 만족한다.

이 해밀토니안으로 기술되는 모형을 'XXZ 모형'이라고 하며 σ^z 행렬 앞의 계수 $\cosh\eta$를 '비등방 변수(anisotropy)'라고 한다. 사인-고든 모형과 연결짓기 위해서 η는 허수로서 $0 < \mathfrak{Im}\ \eta < \pi$를 만족해야 한다. 따라서 새 비등방 변수 μ를 다음과 같이 정의한다.

$$\eta = i\mu, \qquad 0 < \mu < \pi \tag{8.6}$$

만약 $\mu = 0$이면 해밀토니안 (8.5)는 3차원 공간에서의 회전 대칭성을 갖는 'XXX 모형'이 된다. 주기적 경계조건은 스핀고리의 개수 N에 의해

$$\sigma_i^a = \sigma_{i+N}^a, \qquad a = x, y, z \tag{8.7}$$

로 주어진다. 이 해밀토니안은 $2^N \times 2^N$ 행렬이고 그 고유 벡터는 2^N의 크기를 갖는다.

여섯 꼭지점 모형과 XXZ 모형은 동등하고 사인-고든 모형과 밀접한 관련을 갖는다. 그러나 XXZ 스핀고리 모형은 양자장론으로 만들기 위해 단순히 연속

극한만을 취하면 사인-고든 모형이 되지 않고 $c = 1$ 자유보존 이론이 된다. 상호작용항인 위치에너지가 거의 무시되기 때문이다. 이를 방지하기 위해서는 격자에 비균질성(inhomogeneity)을 도입해야 한다.

제 2 절 비선형 적분방정식

2.1 광뿔 격자

우리는 이미 제5장 제3절에서 비균질 전달행렬을 정의한 바 있다. 각 꼭지점마다 부여되는 볼쯔만 가중치가 꼭지점마다 다른 스펙트럼 변수의 함수로 주어지기 때문이다. 비대각 산란행렬의 경우 스펙트럼 변수는 입자들의 빠르기이고 매 입자마다 각각의 빠르기를 갖기 때문에 비균질성은 쉽게 설명이 된다. 그러나 통계 모형에서는 스펙트럼 변수는 부차적인 것이다. 볼쯔만 가중치는 네 개의 국소변수들에 의해 주어지는 확률이고 스펙트럼 변수는 양-박스터 방정식를 만족하기 위해 잠정적으로 도입된 것이기 때문이다. 따라서 스핀고리의 전달행렬 $\mathbf{T}(u)$는 하나의 변수 u의 함수일 뿐 개개의 선들마다 다른 스펙트럼 변수가 도입될 필요는 없다. 그럼에도 비균질성을 격자 모형에 도입하면 흥미로운 상황이 생길 수 있다.

격자에서 스펙트럼 변수의 의미를 찾는다면 선들의 기울기라고 할 수 있다. 따라서 비균질 격자는 그림 8.5와 같이 나타낼 수 있다. 특히 흥미로운 경우는 광뿔 격자(light-cone lattice)이다. 이 격자는 선분들의 기울기를 45°씩 교대로 반복하는 형태로 그림 8.6과 같다.

그림 8.5 비균질 격자

그림 8.6 광뿔 격자

2.2 격자 비선형 적분방정식

비균질 격자 모형의 베테안싸쯔

제5장 제3절에서 유도한 베테안싸쯔는 임의의 비균질성을 갖는 경우에 해당하였다. 이를 광뿔 격자에 적용하려면 식 (5.58)에서

$$\theta_i = (-1)^i \Theta$$

를 대입하여 번갈아 가며 Θ와 $-\Theta$의 스펙트럼 변수를 부여하면 된다. 각각 N개씩 총 $2N$개가 있다면 베테안싸쯔 방정식은

$$[s(\xi_j - \Theta)s(\xi_j + \Theta)]^N = -\prod_{k=1}^{M_0} \frac{s(\xi_k - \xi_j)}{s(\xi_j - \xi_k)} \tag{8.8}$$

가 된다. 여기서 M_0는 근(root)의 개수이다. 식 (5.51)로부터

$$s(u) = \frac{\sinh(i\mu - u)}{\sinh u}$$

로 주어진다.

복소수 ξ_j들을 다음과 같이 다시 정의하면

$$\xi_j = u_j + \frac{i\mu}{2}$$

식 (8.8)은

$$\left[\frac{\sinh(u_j - \Theta + \frac{i\mu}{2})}{\sinh(u_j - \Theta - \frac{i\mu}{2})} \frac{\sinh(u_j + \Theta + \frac{i\mu}{2})}{\sinh(u_j + \Theta - \frac{i\mu}{2})}\right]^N = -\prod_{k=1}^{M_0} \frac{\sinh(u_j - u_k + i\mu)}{\sinh(u_j - u_k - i\mu)} \tag{8.9}$$

로 쓸 수 있다. 수식을 간편하게 하기 위해

$$u_j = \mu\lambda_j, \qquad \Theta = \mu\Lambda$$

를 정의한 후[14)]

$$e_n(\lambda) = \frac{\sinh\mu(\lambda + \frac{in}{2})}{\sinh\mu(\lambda - \frac{in}{2})} \tag{8.10}$$

을 도입하여 식 (8.9)를 다시 쓰면

$$\left[e_1(\lambda_j - \Lambda)e_1(\lambda_j + \Lambda)\right]^N = -\prod_{k=1}^{M_0} e_2(\lambda_j - \lambda_k), \qquad j = 1, \ldots, M_0 \tag{8.11}$$

가 된다.

이 식에 로그를 취하면

$$Z_N(\lambda_j) \;=\; 2\pi I_j, \qquad I_j = \mathbb{Z} + \frac{1}{2}, \tag{8.12}$$

$$Z_N(\lambda) \;=\; N\left[q_1(\lambda - \Lambda) + q_1(\lambda + \Lambda)\right] - \sum_{k=1}^{M_0} q_2(\lambda - \lambda_k) \tag{8.13}$$

가 된다. 여기서 도입된 함수는

$$q_n(\lambda) = \pi + i\log e_n(\lambda) = 2\tan^{-1}\left(\cot(\frac{n\mu}{2})\tanh(\mu\lambda)\right) \tag{8.14}$$

이다. 이 함수들은 기함수(odd function)이므로 $Z_N(\lambda) = -Z_N(-\lambda)$임을 알 수 있다. 식 (8.13)으로 정의되는 함수 $Z_N(\lambda)$는 식 (8.12)를 통해 근들의 위치를 결정할 수 있고 이를 '셈함수(counting function)'라고 부른다. 셈함수를 한 번 미분하면

14) 사인-고든 모형의 결합상수 λ와 여기서 정의한 스펙트럼 변수 λ를 혼동하지 않도록 주의해야 한다. 대부분 문맥에서 어떤 것을 의미하는지는 자명하다. 또한 이 책에서 그리스 문자 μ를 리우빌 모형이나 사인-고든 모형의 위치에너지의 계수로도 사용하고 있으나 역시 문맥상 무엇을 의미하는지 알 수 있을 것이다.

$$\frac{1}{2\pi}Z'_N(\lambda) = N\left[a_1(\lambda-\Lambda)+a_1(\lambda+\Lambda)\right] - \sum_{k=1}^{M_0} a_2(\lambda-\lambda_k) \qquad (8.15)$$

가 되고, 여기서

$$a_n(\lambda) = \frac{1}{2\pi}\frac{dq_n(\lambda)}{d\lambda} = \frac{\mu}{\pi}\frac{\sin(n\mu)}{\cosh(2\mu\lambda)-\cos(n\mu)} \qquad (8.16)$$

로 정의하였다.

베테안싸쯔의 근들

근들은 그 값에 따라 실근(real root)과 복소근(complex root)으로 나눌 수 있다. 일반적으로 바닥상태는 가능한 실근들이 모두 존재하는 상태이다.[15] 따라서 근의 개수 M_0는 $N/2$가 되어야 한다. 만약 실근들 중 빠진 것이 있다면 이를 '구멍(hole)'상태라고 한다. 근들의 숫자는 보존되므로 이 구멍들이 생기는 대신 복소근들이 나타난다.[16] 베테안싸쯔 방정식 (8.11)은 복소짝을 취해도 같으므로 복소근은 항상 복소짝으로 생김을 알 수 있다. 이들을 그림 8.7처럼 표시할 수 있다. $a_n(\lambda)$함수들의 주기(periodicity) 때문에 모든 근들은 '기본 영역'인 두 점선 사이에 국한시켰다. 실근의 개수를 M_R, 구멍의 개수를 N_H, 복소근의 수를 M_C라고 하면 식 (8.15)는

$$\frac{1}{2\pi}Z'_N(\lambda) \;=\; N\left[a_1(\lambda-\Lambda)+a_1(\lambda+\Lambda)\right] - \sum_{k=1}^{M_C} a_2(\lambda-\xi_k)$$

---

15) 해밀토니안 (8.5)는 반강자성(antiferromagnetic) 상태가 바닥상태임을 가정하고 쓴 것이다. 만약 해밀토니안의 전체 부호가 '−'로 바뀌면 강자성 상태, 즉 실근이 없는 것이 바닥상태가 된다.

16) 자세히 말하면 a_1과 a_2은 해석적 컷을 갖기 때문에 복소근의 허수 부분이 $\pi/2$와 $\pi/2\mu$ 중 더 작은 수보다 큰 경우 컷에 의한 보정을 해주어야 한다. 이런 허수근을 '넓은 근(wide root)'이라고 하는데, 여기서는 이런 차이는 생략하기로 한다.

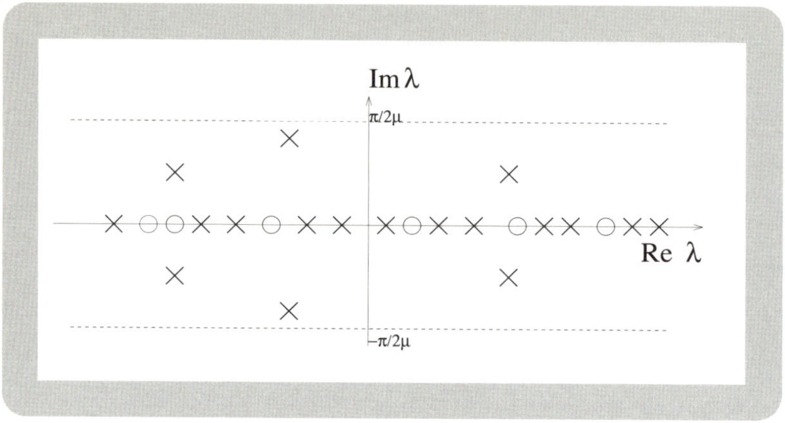

그림 8.7 **베테안싸쯔의 근들**: '×'는 근을, 'o'는 구멍상태를 나타낸다.

$$+\sum_{k=1}^{N_H} a_2(\lambda - h_k) - \sum_{k=1}^{M_R+N_H} a_2(\lambda - x_k) \tag{8.17}$$

로 다시 쓸 수 있다. x_k, h_k, ξ_k들은 각각 실근, 구멍, 복소근들의 위치를 나타낸다.

여기서 구멍상태들을 더해주고 빼준 후 실근과 구멍상태를 합쳐 실수축에 가능한 모든 베테상태를 하나로 묶어 표시하였다. 이 상태들은 식 (8.12)를 만족하는 가능한 모든 상태를 말한다(그림 8.8).

비선형 적분방정식의 유도

비선형 적분방정식을 유도하기 위해서 다음의 관계식을 사용한다.

$$a_2(\lambda - x_k) = \oint_{C_{x_k}} \frac{d\mu}{2\pi i} a_2(\lambda - \mu) \frac{iZ_N'(\mu) e^{iZ_N(\mu)}}{1 + e^{iZ_N(\mu)}} \tag{8.18}$$

여기서 x_k는 실근이나 구멍의 위치로서

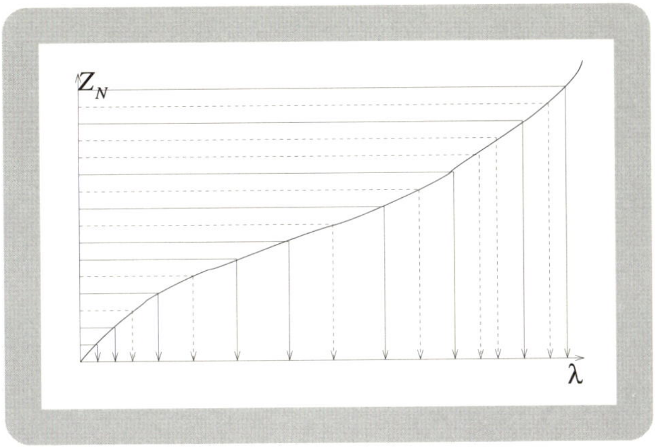

그림 8.8 **셈함수와 근들**: 실선은 실근을, 점선은 실제는 존재하지 않는 구멍상태를 의미한다. $Z_N(\lambda)$가 기함수이므로 $\lambda > 0$인 영역만 표시하였다.

$$e^{iZ_N(x_k)} = -1$$

을 만족하기 때문에 복소적분경로 C_{x_k}가 x_k를 감싸고 반시계방향으로 도는 폐곡선이면 잉여(residue) 계산에 의해 식 (8.18)이 만족됨을 쉽게 확인할 수 있다. 이를 식 (8.17)의 마지막 항에 적용하면

$$\sum_{k=1}^{M_R+N_H} a_2(\lambda - x_k) = \oint_{\sum_k C_{x_k}} \frac{d\mu}{2\pi i} a_2(\lambda - \mu) \frac{iZ_N'(\mu)e^{iZ_N(\mu)}}{1+e^{iZ_N(\mu)}} \tag{8.19}$$

가 된다. 여기서 복소경로 $\sum_k C_{x_k}$는 실수축을 반시계방향으로 에워싸는 하나의 폐곡선으로 대체할 수 있고 그림 8.9의 점선처럼 실축과 평행하며 약간의 허수부 $\pm i\epsilon$을 갖는 두 개의 경로 $C_\pm$로 나눌 수 있다. 복소경로적분을 실수적분으로 바꾸기 위해 각각의 경로에 대해 $\mu = x \pm i\epsilon$을 정의하면 식 (8.19)는

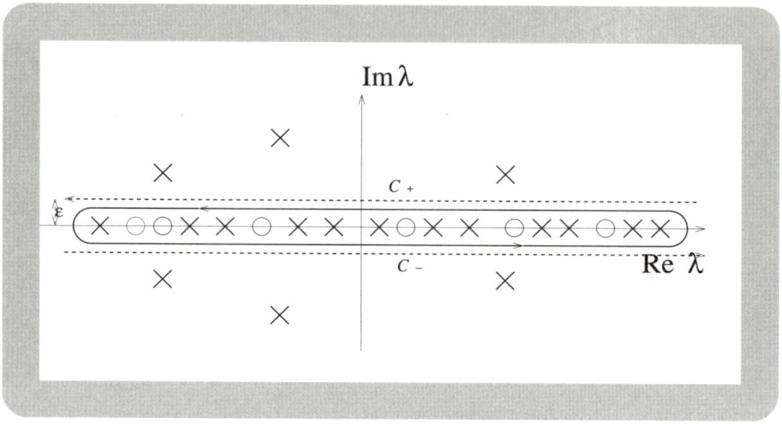

그림 8.9 복소경로적분

$$\sum_{k=1}^{M_R+N_H} a_2(\lambda - x_k) = \int_{-\infty}^{\infty} \frac{dx}{2\pi i} \left[a_2(\lambda - x + i\epsilon) \frac{iZ_N'(x-i\epsilon)e^{iZ_N(x-i\epsilon)}}{1+e^{iZ_N(x-i\epsilon)}} \right.$$
$$\left. - \ a_2(\lambda - x - i\epsilon) \frac{iZ_N'(x+i\epsilon)e^{iZ_N(x+i\epsilon)}}{1+e^{iZ_N(x+i\epsilon)}} \right] \qquad (8.20)$$

으로 쓸 수 있다.

식 (8.20)의 우변 첫 항에

$$\frac{iZ_N'(x-i\epsilon)e^{iZ_N(x-i\epsilon)}}{1+e^{iZ_N(x-i\epsilon)}} = \frac{-iZ_N'(x-i\epsilon)e^{-iZ_N(x-i\epsilon)}}{1+e^{-iZ_N(x-i\epsilon)}} + iZ_N'(x-i\epsilon)$$

을 대입하면 이 식은

$$\int_{-\infty}^{\infty} \frac{dx}{2\pi i} \left[a_2(\lambda - x + i\epsilon) iZ_N'(x - i\epsilon) + a_2(\lambda - x + i\epsilon) \frac{-iZ_N'(x-i\epsilon)e^{-iZ_N(x-i\epsilon)}}{1+e^{-iZ_N(x-i\epsilon)}} \right.$$
$$\left. - a_2(\lambda - x - i\epsilon) \frac{iZ_N'(x+i\epsilon)e^{iZ_N(x+i\epsilon)}}{1+e^{iZ_N(x+i\epsilon)}} \right]$$

이 된다. 첫 항은 $\epsilon \to 0$가 잘 정의되므로 좌변으로 옮기면 식 (8.17)은

$$
\begin{aligned}
&\int_{-\infty}^{\infty} \frac{dx}{2\pi} \left[\delta(\lambda - x) + a_2(\lambda - x)\right] Z_N'(x) \\
= \; & N\left[a_1(\lambda - \Lambda) + a_1(\lambda + \Lambda)\right] - \sum_{k=1}^{M_C} a_2(\lambda - \xi_k) + \sum_{k=1}^{N_H} a_2(\lambda - h_k) \\
+ \; & \int_{-\infty}^{\infty} \frac{dx}{2\pi i} \left[a_2(\lambda - x + i\epsilon) \frac{-iZ_N'(x - i\epsilon) e^{-iZ_N(x - i\epsilon)}}{1 + e^{-iZ_N(x - i\epsilon)}} \right. \\
- \; & \left. a_2(\lambda - x - i\epsilon) \frac{iZ_N'(x + i\epsilon) e^{iZ_N(x + i\epsilon)}}{1 + e^{iZ_N(x + i\epsilon)}} \right]
\end{aligned}
\tag{8.21}
$$

으로 쓸 수 있다.

이를 풀기 위해 다음과 같이 퓨리에 변환을 정의한다.

$$
\tilde{f}(\omega) = \int_{-\infty}^{\infty} f(\lambda) e^{i\omega\lambda} d\lambda, \qquad f(\lambda) = \frac{1}{2\pi} \int_{-\infty}^{\infty} \tilde{f}(\omega) e^{-i\omega\lambda} d\omega
$$

이에 따라 식 (8.21)을 퓨리에 변환시키면

$$
\frac{1}{2\pi}(1 + \tilde{a}_2(\omega)) \widetilde{Z_N'}(\omega) = 2N\cos(\omega\Lambda)\tilde{a}_1(\omega) - \sum_{k=1}^{M_C} \tilde{a}_2(\omega) e^{i\omega\xi_k} + \ldots \tag{8.22}
$$

가 된다. 함수 a_n들의 퓨리에 변환은

$$
\tilde{a}_n(\omega) = sign(n) \frac{\sinh\left(\frac{\pi\omega}{2\mu} - \frac{|n|\omega}{2}\right)}{\sinh\frac{\pi\omega}{2\mu}}, \qquad 0 < |n| < \frac{2\pi}{\mu} \tag{8.23}
$$

로 주어진다. 식 (8.22)의 $\ldots$은 식 (8.21)의 우변에 있는 나머지 항들의 퓨리에 변환을 나타낸다. 이로부터 $\widetilde{Z_N'}(\omega)$를 구한 후 다시 역퓨리에 변환을 취하면

$$
Z_N'(\lambda) = N[s(\lambda + \Lambda) + s(\lambda - \Lambda)]
$$

$$
\begin{aligned}
&- \sum_{k=1}^{M_C} 2\pi G(\lambda - \xi_k) + \sum_{k=1}^{N_H} 2\pi G(\lambda - h_k) \\
&+ i \int_{-\infty}^{\infty} dx G(\lambda - x + i\epsilon) \frac{d}{dx} \log[1 + e^{-iZ_N(x - i\epsilon)}] \\
&- i \int_{-\infty}^{\infty} dx G(\lambda - x - i\epsilon) \frac{d}{dx} \log[1 + e^{iZ_N(x + i\epsilon)}] \qquad (8.24)
\end{aligned}
$$

이 된다. 여기서

$$
\begin{aligned}
s(\lambda) &= \int_{-\infty}^{\infty} \frac{\tilde{a}_1(\omega)}{1 + \tilde{a}_2(\omega)} e^{-i\omega\lambda} d\omega = \frac{\pi}{\cosh(\pi\lambda)}, \qquad (8.25) \\
G(\lambda) &= \int_{-\infty}^{\infty} \frac{\tilde{a}_2(\omega)}{1 + \tilde{a}_2(\omega)} e^{-i\omega\lambda} \frac{d\omega}{2\pi} \qquad (8.26)
\end{aligned}
$$

임을 유도할 수 있다.

끝으로 식 (8.24)를 λ에 대해 적분하면

$$
\begin{aligned}
Z_N(\lambda) &= 2N \tan^{-1}\left(\frac{\sinh(\pi\lambda)}{\cosh(\pi\Lambda)}\right) - \sum_{k=1}^{M_C} \chi(\lambda - \xi_k) + \sum_{k=1}^{N_H} \chi(\lambda - h_k) \\
&+ i \int_{-\infty}^{\infty} dx G(\lambda - x + i\epsilon) \log[1 + e^{-iZ_N(x - i\epsilon)}] \\
&- i \int_{-\infty}^{\infty} dx G(\lambda - x - i\epsilon) \log[1 + e^{iZ_N(x + i\epsilon)}] \qquad (8.27)
\end{aligned}
$$

이 된다. 여기서

$$
\chi(\lambda) \equiv 2\pi \int_0^{\lambda} dx G(x) \qquad (8.28)
$$

를 정의하였다. 식 (8.27)을 비선형 적분방정식이라고 하며 처음 연구한 사람들의 이니셜을 따서 DdV(Destri-deVega) 방정식이라고도 한다.

이 식은 통상적인 베테안싸쯔 방정식이 선형인 것과 달리 우변의 콘볼루션항에 나오는 형태가 지수함수가 로그함수 안에 있는 비선형이어서 더 복잡하다는

단점이 있지만 대신 모든 가능한 실근들을 이미 적분 형태로 포함하였기 때문에 바닥상태와 들뜬상태들을 간단하게 다룰 수 있다는 장점이 있다.

에너지

비균질 XXZ 스핀고리 모형의 사이트당 에너지는

$$\frac{E^{\mathrm{latt}}}{N} = -\frac{\pi}{2N}\sum_{k=1}^{M_0}\left[a_1(\lambda_k-\Lambda)+a_1(\lambda_k+\Lambda)\right]$$

로 주어진다. 이를 위에서 도입한 근들과 구멍들로 구분하여 다시 쓰면

$$\begin{aligned}\frac{E^{\mathrm{latt}}}{N} &= -\frac{\pi}{2N}\left[\sum_{k=1}^{M_C}a_1(\xi_k-\Lambda)-\sum_{k=1}^{N_H}a_1(h_k-\Lambda)\right.\\ &\left.+\sum_{k=1}^{M_R+N_H}a_1(x_k-\Lambda)+\{\Lambda\to-\Lambda\}\right]\end{aligned} \tag{8.29}$$

이 된다. 우선 처음 세 항에 대해서만 고려하기로 한다. 이중 마지막 항에 식 (8.18)과 (8.19)의 방법을 적용하면

$$\begin{aligned}\sum_{k=1}^{M_R+N_H}a_1(x_k-\Lambda) &= \int_{-\infty}^{\infty}\frac{dx}{2\pi i}\left[a_1(x-\Lambda-i\epsilon)L_N'(x-i\epsilon)\right.\\ &\left.-a_1(x-\Lambda+i\epsilon)L_N'(x+i\epsilon)\right]\end{aligned} \tag{8.30}$$

이 된다. 여기서 식을 간단히 하기 위해

$$L_N(x)=\log\left[1+e^{iZ_N(x)}\right]$$

를 도입하였다. 식 (8.30)을 부분적분하면

$$\int_{-\infty}^{\infty}\frac{dx}{2\pi i}\left[a_1'(x-\Lambda+i\epsilon)L_N(x+i\epsilon)-a_1'(x-\Lambda-i\epsilon)L_N(x-i\epsilon)\right] \tag{8.31}$$

이 되고 이중 둘째 항을 복소짝을 취해 얻은

$$L_N(x-i\epsilon)=iZ_N(x-i\epsilon)+L_N(x+i\epsilon)^*$$

을 이용하여 다시 쓰면

$$\int_{-\infty}^{\infty}\frac{dx}{2\pi}\left[2\Im m\left(a_1'(x-\Lambda+i\epsilon)L_N(x+i\epsilon)\right)-a_1'(x-\Lambda)Z_N(x)\right] \tag{8.32}$$

가 된다. 여기서 마지막 항에는 $\epsilon\to 0$이 잘 정의되므로 이 극한을 취하였다. 이 마지막 항의 $Z_N(x)$ 대신 식 (8.27)을 이용하면

$$a_1'(x-\Lambda)Z_N(x)=a_1'(x-\Lambda)\left[2N\tan^{-1}\left(\frac{\sinh(\pi x)}{\cosh(\pi\Lambda)}\right)-\sum_{k=1}^{M_C}\chi(x-\xi_k)\right.$$
$$\left.+\sum_{k=1}^{N_H}\chi(x-h_k)+2\Im m\int_{-\infty}^{\infty}dyG(x-y-i\epsilon)L_N(y+i\epsilon)\right] \tag{8.33}$$

이 된다. 우변 첫 항은 N에 비례하므로 진공에너지가 된다. 둘째 항과 셋째 항은 식 (8.29)의 처음 두 항과 함께 정리하면

$$a_1(\xi_k-\Lambda)+\int_{-\infty}^{\infty}\frac{dx}{2\pi}a_1'(x-\Lambda)\chi(x-\xi_k)=\frac{1}{2\pi}s(\xi_k-\Lambda) \tag{8.34}$$

를 얻는다. 같은 방식으로 식 (8.32)의 첫 번째 항과 (8.33)의 마지막 항을 간단히 하면

$$\frac{1}{2\pi^2}\Im m\int_{-\infty}^{\infty}dx s'(x-\Lambda+i\epsilon)L_N(x+i\epsilon)$$

이 된다. 식 (8.29)의 나머지 세 항들은 이 결과들에 $\Lambda\to-\Lambda$만 바꾸면 그대로 성립하므로 이상을 종합하면

$$\frac{E^{latt}}{N} = -\frac{1}{4N}\left[\sum_{k=1}^{M_C} s(\xi_k - \Lambda) - \sum_{k=1}^{N_H} s(h_k - \Lambda) \right. \\ \left. + \frac{1}{\pi}\Im m \int_{-\infty}^{\infty} dx\, s'(x - \Lambda + i\epsilon) L_N(x + i\epsilon) + \{\Lambda \to -\Lambda\}\right] \tag{8.35}$$

를 얻는다.

2.3 연속극한

위에서 언급한 대로 비균질 상수 Λ를 도입한 것은 연속극한에서 상호작용항이 살아남아서 사인-고든 모형을 기술할 수 있게 하기 위해서이다. 연속극한은 격자상수 $a \to 0$와 격자의 크기 $N \to \infty$임에도 $Na = R$로 유한한 길이를 갖게 하는 것이다. 이때 Λ를 무한대로 보내면서 질량의 차원을 갖는 유한한 양

$$M = \frac{4}{a}e^{-\pi\Lambda}, \qquad a \to 0,\ \Lambda \to \infty \tag{8.36}$$

를 정의할 수 있다. 이 양은 비선형 적분방정식을 분석한 결과로부터 사인-고든 모형 솔리톤의 질량이 됨을 확인하게 될 것이다.

이 극한을 식 (8.27)에 적용해보자. 우선 $N \to \infty$에서 $Z_N(\lambda)$가 잘 정의되는 함수 $Z(\lambda)$로 수렴한다고 가정한다. 이는 유도될 연속적 비선형 적분방정식으로부터 자명해질 것이다. 또한 수식을 간단히 하기 위해 $\pi\lambda = \theta$로 정의하기로 한다. 식 (8.27)의 우변 첫 항은 $\Lambda \to \infty$에서

$$Na = R, \qquad 4Ne^{-\pi\Lambda}\sinh(\pi\lambda) = MR\sinh\theta$$

가 됨을 알 수 있다. 나머지 함수들과 변수들도 π를 곱하여 λ에서 θ로 바꾼 형태로 정의하면 연속적 비선형 적분방정식은

$$\begin{aligned} Z(\theta) &= MR\sinh\theta - \sum_{k=1}^{M_C}\chi(\theta-\xi_k) + \sum_{k=1}^{N_H}\chi(\theta-h_k) \\ &+ \frac{2}{\pi}\Im m\int_{-\infty}^{\infty} d\theta' G(\theta-\theta'-i\epsilon)\log\left[1+e^{iZ(\theta'+i\epsilon)}\right] \end{aligned} \tag{8.37}$$

이 되고 구멍이나 근의 위치는

$$Z(x_k) = 2\pi I_k$$

로 얻어진다.

격자의 사이트당 에너지와 연속 공간의 에너지밀도를 비교하면

$$\frac{E^{\mathrm{latt}}}{N} = \frac{E}{Na} \quad \rightarrow \quad E^{\mathrm{latt}} = \frac{E}{a}$$

가 된다. 또 식 (8.25)에서 유도할 수 있는

$$\begin{aligned} s(x-\Lambda) + s(x+\Lambda) &\approx 4\pi e^{-\pi\Lambda}\cosh x, \\ s'(x-\Lambda+i\epsilon) + s'(x+\Lambda+i\epsilon) &\approx 4\pi e^{-\pi\Lambda}\sinh(x+i\epsilon) \end{aligned}$$

과 식 (8.36)을 이용하면 식 (8.35)의 연속극한은

$$\begin{aligned} E &= -M\left[\sum_{k=1}^{M_C}\cosh\xi_k - \sum_{k=1}^{N_H}\cosh h_k \right. \\ &+ \left. \frac{1}{\pi}\Im m\int_{-\infty}^{\infty} d\theta \sinh(\theta+i\epsilon)\log\left[1+e^{iZ(\theta+i\epsilon)}\right]\right] \end{aligned} \tag{8.38}$$

이 됨을 유도할 수 있다.

제 3 절 비선형 적분방정식의 분석

열역학적 베테안싸쯔와 마찬가지로 비선형 적분방정식를 해석함수로 풀 수는 없지만 UV와 IR극한에서는 중요한 물리량을 정확하게 얻을 수 있다. 일반적인 R값에 대해서도 비교적 간단한 수치해석으로 그 해를 구할 수 있다. 유한한 공간에서 정의되는 양자장론을 하나의 적분방정식으로 해결할 수 있음은 매우 놀라운 것이다.

3.1 IR극한

먼저 비교적 간단한 IR극한 $MR \to \infty$를 생각해보자. 식 (8.37) 우변의 첫 항이 가장 커지므로

$$Z(\theta) \approx MR\sinh\theta - \sum_{k=1}^{M_C} \chi(\theta - \xi_k) + \sum_{k=1}^{N_H} \chi(\theta - h_k) \tag{8.39}$$

로 근사할 수 있다. 마지막 콘볼루션항은 $\epsilon > 0$일 때 매우 작아지므로 무시할 수 있기 때문이다.

구멍입자=솔리톤

구멍입자만 있는 경우($M_C = 0$)를 고려해보자. 구멍은 솔리톤에 해당하기 때문에 이 계는 N_H개의 솔리톤들이 길이가 R인 1차원 상자에 갇혀 있는 상황이 된다. 따라서 양자화조건은

$$MR\sinh\xi_j + \sum_{k=1}^{N_H} \chi(\xi_j - \xi_k) = 2\pi I_j \tag{8.40}$$

가 된다.

한편 이 물리계에 대한 주기적 경계조건을 그림 5.2처럼 구하면

$$e^{iMR\sinh\xi_j}\prod_{k=1}^{N_H}S(\xi_j-\xi_k)=1 \tag{8.41}$$

이 된다. 여기서 M은 솔리톤의 질량이다. 양변에 로그를 취하고 식 (2.26)과 (8.26) 및 (8.28)을 비교하면 두 식이 정확히 일치함을 알 수 있다. 강조하고 싶은 것은 비선형 적분방정식의 유도과정에서 나타난 $\chi(\theta)$함수는 전혀 다른 격자 모형의 베테안싸쯔에서 나왔지만 사인-고든 모형의 솔리톤-솔리톤 산란행렬의 로그와 정확히 같다는 점이다. 이로부터 연속극한을 취한 비선형 적분방정식이 사인-고든 모형을 기술하고, 구멍은 솔리톤에 해당함을 알 수 있다.

반솔리톤

논의를 간단히 하기 위해 브리더 폴이 존재하지 않는 $\lambda<1$인 경우를 고려하자. 두 개의 입자로 가능한 상태는 $AA,\bar{A}\bar{A},A\bar{A},\bar{A}A$이다. 이미 구멍입자가 솔리톤에 해당함을 보였으므로 솔리톤과 반솔리톤이 섞여 있는 경우를 구해야 한다. 이 상태는 위상전하가 0이므로 두 가지 경우가 가능하다. 위상전하가 0이 되기 위해서는 우선 두 개의 구멍상태를 상쇄할 근 두 개를 더해야 하고 이들에 의한 에너지가 실수값을 갖기 위해서는 이 두 근이 서로 복소관계에 있는 한 쌍의 복소근이어야 함을 알 수 있다. 두 구멍의 위치를 h_1,h_2, 한 쌍의 복소근의 위치를 $\xi_\pm=\rho\pm i\sigma$라고 하면 IR극한에서

$$\begin{aligned}Z(\theta) &= MR\sinh\theta+\chi(\theta-h_1)+\chi(\theta-h_2)\\ &- \left[\chi(\theta-\rho+i\sigma)+\chi(\theta-\rho-i\sigma)\right]\end{aligned} \tag{8.42}$$

$$Z(h_{1,2}) = 2\pi I_{1,2},\qquad Z(\rho\pm i\sigma)=2\pi I_\pm \tag{8.43}$$

를 만족한다. 이로부터 얻을 수 있는 방정식 중 하나는

$$MR\sinh(\rho+i\sigma)+\chi(\rho+i\sigma-b_1)+\chi(\rho+i\sigma-b_2)-\chi(2i\sigma)=2\pi I_+ \quad (8.44)$$

이다.

IR극한 ($MR \to \infty$)에서 좌변의 첫 항은 매우 큰 허수부를 갖게 되는 반면 우변은 항상 실수이므로 좌변의 나머지 항이 큰 허수를 상쇄해야 한다. 한편 χ 함수는 허수축의 특별한 값을 제외하고는 유한한 크기를 가지므로 좌변의 마지막 항인 $\chi(2i\sigma)$가 이 역할을 담당해야 한다. 우리는 위에서 χ가 $\log S$임을 보였는데 이 솔리톤-솔리톤 산란행렬은 식 (2.26)에서 보듯이 $\theta = i\pi$에서 0이 되므로 $\chi(i\pi)$는 매우 큰 허수부를 갖게 된다. 따라서 $MR \to \infty$일 때 $\sigma \to \pi/2$로 수렴함을 알 수 있다. 식 (8.44)를 $\sigma = \pi/2$ 근처에서 테일러전개한 후 허수부를 비교하면

$$MR\cosh\rho + \Re e \log\left(\sigma - \frac{\pi}{2}\right) \approx 0 \quad (8.45)$$

을 얻을 수 있다. 이로부터 σ는 $\pi/2$에 지수적으로 빨리 수렴함을 알 수 있다.

또 실수부는

$$\Re e\left[\chi\left(\rho+\frac{i\pi}{2}-b_1\right)+\chi\left(\rho+\frac{i\pi}{2}-b_2\right)\right]=2\pi I_+$$

를 만족한다. 식 (8.28)로부터 $\lambda < 1$일 때

$$\Re e\left[\chi\left(\theta+\frac{i\pi}{2}\right)\right]=\frac{i}{2}\log\left(\frac{\sinh\left[\lambda\left(\frac{i\pi}{2}+\theta\right)\right]}{\sinh\left[\lambda\left(\frac{i\pi}{2}-\theta\right)\right]}\right) \quad (8.46)$$

가 됨을 쉽게 보일 수 있는데 이 함수는 단순증가함수로서 $\theta \to \infty$일 때 우변은 $\pi(1-\lambda)$가 되므로 $0 \le I_+ \le (1-\lambda)/2$를 만족해야 실수 ρ가 존재할 수 있다. 따라서 $I_+ = 0$만이 가능한 해를 줄 수 있음을 알 수 있다. 이 경우 좌

변이 0이 되기 위해서는 (8.46)이 기함수라는 사실로부터

$$\rho = \frac{\theta_1 + \theta_2}{2}$$

임을 유도할 수 있다.

이 결과를 (8.43)에 대입하면

$$Z(\theta_1) = MR \sinh \theta_1 + \chi(\theta_1 - \theta_2) - 2\Re e\ \chi\left(\frac{\theta_1 - \theta_2}{2} + \frac{i\pi}{2}\right) = 2\pi I_1$$

이 되고 이 식을 지수함수 위로 올리면

$$e^{iMR\sinh\theta_1} S_3(\theta_1 - \theta_2) = 1$$

이 된다. 여기서 S_3는 식 (7.54)에 도입된 바 있는 사인-고든 모형 산란행렬 (2.24)의 $A\bar{A}$에 해당하는 고유값이다. 이로부터 IR극한에서 솔리톤과 반솔리톤 상태는 두 개의 구멍과 두 구멍의 중간에 위치하고 허수부를 $i\pi/2$를 갖는 한 쌍의 복소근으로 기술됨을 입증할 수 있다.

3.2 UV극한

IR극한에서 입자상태들과 베테안싸쯔상태들을 연결한 후에는 이들이 UV극한 $MR \to 0$에서 $c = 1$ 보존의 등각장론 상태들 중 어떤 것들과 재규격화군 흐름으로 연결되는지를 규명해야 한다. 이를 위해서 제4장 2절에서 설명한 열역학적 베테안싸쯔의 UV극한을 구하는 방법과 비슷한 계산을 수행해야 한다. 여기서는 논의를 간단히 하기 위해 구멍상태만 있는 경우를 고려하기로 한다.

UV극한 $MR \to 0$에서 셈함수 Z에 대해

$$Z\left(\theta + \log\frac{2}{MR}\right) \equiv Z_+(\theta)$$

를 정의하면 비선형 적분방정식 (8.37)은

$$\begin{aligned} Z_+(\theta) &= \alpha + \phi(\theta) \\ &+ \frac{2}{\pi}\Im m \int_{-\infty}^{\infty} d\theta' G(\theta - \theta' - i\epsilon) L_+(\theta' + i\epsilon) \end{aligned} \tag{8.47}$$

$$\phi(\theta) \equiv e^{\theta} + \sum_{j=1}^{N_H^+} \chi(\theta - \hat{h}_j), \quad L_+(x) \equiv \log(1 + e^{iZ_+(x)}) \tag{8.48}$$

로 쓸 수 있다. 여기서 구멍들 중 UV극한 $MR \to 0$에서 매우 커지는 구멍들의 개수를 N_H^+라고 하고 이들의 위치를

$$h_k = \hat{h}_k - \log\frac{MR}{2}, \qquad \hat{h}_k \sim \mathscr{O}(1)$$

로 다시 정의하였으며 나머지 구멍들에 의한 항은 상수 α로 정의하면

$$\alpha = (N_H - N_H^+)\chi_\infty, \qquad \chi_\infty \equiv \chi(\infty) = \frac{\pi}{2}(1 - \lambda) \tag{8.49}$$

가 된다.

각각의 구멍의 위치는 셈함수 $(k = 1, \ldots, N_H^+)$를 이용한 식

$$\begin{aligned} Z_+(\hat{h}_k) &= e^{\hat{h}_k} + \sum_{j=1}^{N_H^+} \chi(\hat{h}_k - \hat{h}_j) \\ &+ \frac{2}{\pi}\Im m \int_{-\infty}^{\infty} d\theta' G(\hat{h}_k - \theta' - i\epsilon) L_\pm(\theta' + i\epsilon) = 2\pi I_k^+ \end{aligned} \tag{8.50}$$

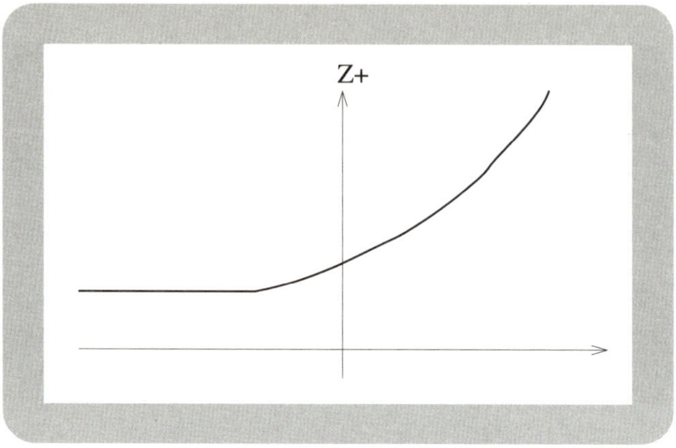

그림 8.10 고원(Plateau) 방정식

에 의해 결정된다. 만약 $\theta \to \infty$이면 $\phi(\theta) \to \infty$이므로

$$Z_+(\theta) \approx e^{\theta} \to \infty, \qquad e^{iZ_+(\theta+i\epsilon)} \approx e^{-(\epsilon-i)e^{\theta}} \to 0$$

임을 알 수 있다. 반대로 $\theta \to -\infty$이면 식 (8.47)로부터

$$Z_+(-\infty) = (N_H - 2N_H^+)\chi_\infty + \frac{\chi_\infty}{\pi} 2\Im m \ L_+(-\infty + i\epsilon) \tag{8.51}$$

을 얻게 된다. 이는 Z_+가 $\theta \to -\infty$일 때 상수로 수렴한다는 의미이다. 이를 바탕으로 Z_+는 그림 8.10의 형태를 갖게 된다. 식 (8.51)은 평평한 부분의 값을 결정하기 때문에 '고원(Plateau) 방정식'이라고도 한다. 이를 풀기 위해서 $\epsilon \to 0$일 때

$$2\Im m \ L_+(-\infty + i\epsilon) = \frac{1}{i} \log \left[\frac{1 + e^{iZ_+(-\infty+i\epsilon)}}{1 + e^{-iZ_+(-\infty-i\epsilon)}} \right] = Z_+(-\infty)$$

를 얻는다. 이를 식 (8.51)에 대입하면

$$Z_+(-\infty) = \frac{(N_H - 2N_H^+)\chi_\infty}{1 - \frac{\chi_\infty}{\pi}} \tag{8.52}$$

가 된다.

에너지 (8.38)과 카시미어에너지 (5.1)을 비교하면 유효중심전하

$$c_{\text{eff}} = \frac{12}{\pi}\left[-\sum_{k=1}^{N_H^+} e^{\hat{h}_k} + \frac{1}{\pi}\Im m \int_{-\infty}^{\infty} d\theta e^{\theta+i\epsilon} L_+(\theta+i\epsilon) \right] \tag{8.53}$$

을 구할 수 있다. 우변의 첫 항 대신 식 (8.50)을 대입하면

$$\begin{aligned} c_{\text{eff}} &= -24\sum_{k=1}^{N_H^+} I_k^+ \\ &+ \frac{12}{\pi^2}\Im m \int_{-\infty}^{\infty} d\theta \left[e^{\theta+i\epsilon} - 2\sum_{k=1}^{N_H^+} G(\hat{h}_k - \theta - i\epsilon) \right] L_+(\theta+i\epsilon) \end{aligned} \tag{8.54}$$

이 된다. 여기서 $\chi(\hat{h}_k - \hat{h}_j)$는 기함수이므로 j,k에 대한 합이 0임을 이용하였다. 이 식의 마지막 항은 식 (8.48)에 의해

$$\frac{12}{\pi^2}\Im m \int_{-\infty}^{\infty} d\theta \phi'(\theta+i\epsilon) L_+(\theta+i\epsilon)$$

으로 쓸 수 있다.

이 적분을 계산하기 위해서 다음에 기술하는 정리(Destri Lemma)가 필요하다.

데스트리(Destri) 정리

어떤 함수 $f(x)$가

$$-i\log f(x)=\phi(x)+\frac{2}{\pi}\Im m\int\frac{dy}{i}G(x-y-i\epsilon)\log[1+f(y+i\epsilon)] \quad (8.55)$$

를 만족하면

$$\begin{aligned}&2\Im m\int\frac{dx}{i}\phi'(x+i\epsilon)\log[1+f(x+i\epsilon)] \quad (8.56)\\ =\ &-2\Re e\int_\Gamma\frac{du}{u}\log(1+u)-\frac{1}{2\pi}\int dx\,G(x)\left[F^2(\infty)-F^2(-\infty)\right]\end{aligned}$$

가 성립된다.

여기서 Γ는 복소평면에서 $-\infty+i\epsilon$과 $+\infty+i\epsilon$을 연결하면서 함수의 '가지자르기(branch cut)'와 만나지 않는 임의의 경로이고

$$F(x)=2\Im m\log[1+f(x+i\epsilon)] \quad (8.57)$$

으로 정의된다.

이 정리를 사용하기 위해서 식 (8.47)과 (8.55)를 비교하면

$$f(x)=e^{iZ_+(x)}$$

임을 알 수 있다. 따라서 $f(\infty+i\epsilon)=F(\infty)=0$이 되고, $f(-\infty+i\epsilon)$과 $F(-\infty)$는 고원 방정식 (8.52)로부터 얻을 수 있다. $Z_+(-\infty)$가 실수이고 $|f(-\infty+i\epsilon)|=1$이 되므로 식 (8.57)에 나오는 경로적분 Γ는 그림 8.11과 같이 된다. 복소평면에서 어떤 특이점도 없으므로 경로 Γ는 (C_1+C_2)로 대치할

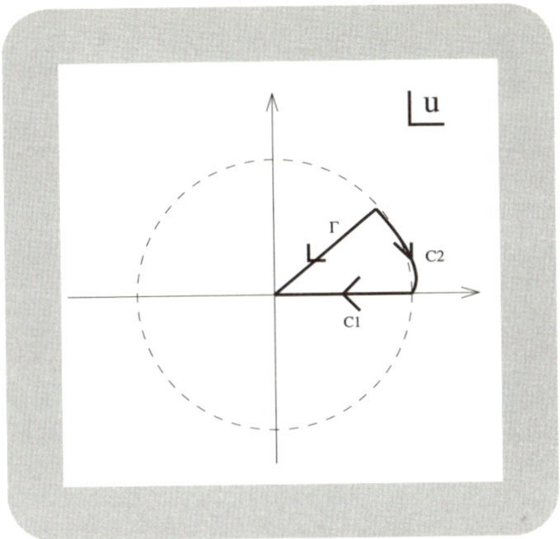

그림 8.11 복소경로적분

수 있다. 우선 C_1의 적분은

$$\int_1^0 \frac{du}{u}\log(1+u) = -\frac{\pi^2}{12}$$

이 되고 C_2의 적분은 $u = e^{i\alpha}$로 정의하여

$$\Re e \int_{Z_+(-\infty)}^0 i d\alpha \log(1+e^{i\alpha}) = -\frac{1}{2i}\int_{Z_+(-\infty)}^0 d\alpha \log\frac{1+e^{i\alpha}}{1+e^{-i\alpha}} = \frac{1}{2}Z_+^2(-\infty)$$

를 유도할 수 있다.

이상을 전부 합치면

$$c_{\text{eff}} = 1 - 24\sum_{k=1}^{N_H^+} I_k^+ + \frac{6}{\pi^2}\left[\frac{\chi_\infty}{\pi}F^2(-\infty) - Z_+^2(-\infty)\right] \tag{8.58}$$

가 된다. 식 (8.57)로부터 $F(-\infty) = Z_+(-\infty)$이고 이는 식 (8.52)로 주어지므로 식 (8.58)에서 $c_{\text{eff}} = 1 - 24\Delta$로 정의된 들뜬상태의 등각 차원을 다음과

같이 구할 수 있다.

$$\Delta = \frac{1}{4}\left(\frac{\chi_\infty}{\pi}\right)^2 \frac{(N_H - 2N_H^+)^2}{1-\frac{\chi_\infty}{\pi}} + \sum_{k=1}^{N_H^+} I_k^+ \tag{8.59}$$

이 등각 차원은 사인-고든 모형의 UV극한을 기술하는 자유보존 등각장론의 일차장들의 차원이 된다.

$c = 1$ 등각장론

상호작용을 하지 않는 보존장의 라그랑지안은

$$L = \frac{1}{8\pi}\int_0^L (\partial_\mu \varphi)^2 dx$$

로 주어진다. 이로부터 에너지-운동량 텐서의 홀로모픽항을 구하면

$$T(x) = \frac{1}{8\pi}(\partial_z \varphi)^2$$

이 된다. 만약 보존장이 반지름 R인 원 위에서 값을 갖는다면

$$\varphi(x+L,t) \equiv \varphi(x,t) + 2\pi R m, \qquad m \in \mathbb{Z} \tag{8.60}$$

를 만족한다.

보존장의 짝운동량은

$$\pi(x,t) = \frac{\delta L}{\delta \dot{\varphi}(x,t)} = \frac{1}{4\pi}\dot{\varphi}(x,t)$$

가 되고 특히 제로 모드는 운동량 양자화에 의해

$$\pi_0 = \frac{n}{R}, \qquad n \in \mathbb{Z}$$

를 가져야 한다. 이로부터 보존장을 홀로모픽과 반홀로모픽으로 나누어 진동 작용자들로 나타내면

$$
\begin{aligned}
\varphi(x,t) &= \phi(z)+\bar{\phi}(\bar{z}) \\
\phi(z) &= \frac{1}{2}\varphi_0 - i p_+ \log z + i\sum_{k\neq 0}\frac{a_k}{k}z^{-k} \\
\bar{\phi}(\bar{z}) &= \frac{1}{2}\varphi_0 - i p_- \log \bar{z} + i\sum_{k\neq 0}\frac{\bar{a}_k}{k}\bar{z}^{-k}
\end{aligned}
$$

가 된다. 여기서 $z=\exp[2\pi(t-ix)/L]$이고 $p_\pm$는

$$
p_\pm = \frac{n}{R} \pm \frac{1}{2}mR
$$

로 주어진다. 따라서 일차장의 등각 차원은

$$
\Delta_\pm = \frac{1}{2}\left(\frac{n}{R} \pm \frac{1}{2}mR\right)^2 \tag{8.61}
$$

임을 알 수 있다.

이 결과를 비선형 적분방정식으로부터 유도한 식 (8.59)와 비교하기 위해 사인-고든 모형의 보존장을 $\varphi \rightarrow \varphi/\sqrt{4\pi}$로 바꾸면 위치에너지는 $\cos(\beta\varphi/\sqrt{4\pi})$가 되기 때문에

$$
R = \frac{\sqrt{4\pi}}{\beta}
$$

임을 알 수 있다. 또 식 (8.49)로부터

$$
\chi_\infty = \pi\left(1-\frac{4\pi}{\beta^2}\right) = \pi(1-R^2)
$$

을 얻을 수 있으므로 비선형 적분방정식으로부터 유도한 (8.59)는

$$n = m = N_H - 2N_H^+$$

를 갖는 일차장에 해당하고 I_k^+들은 이 일차장으로부터 파생되는 이차장에 해당하는 결과를 얻는다.

제 9 장

경계가 있는 경우의 비선형 적분방정식

우리는 제4장에서 경계가 존재할 때 사인-고든 모형의 입자 스펙트럼과 산란행렬 등을 설명한 바 있다. 비대각 산란행렬에 대해서는 열역학적 베테안싸쯔가 잘 적용되지 않기 때문에 앞에서 설명한 비선형 적분방정식을 경계가 있는 경우에 적용할 수 있다면 효율성이 매우 클 것이다. 이 장에서는 XXZ 스핀 고리 모형의 가적분성을 유지하는 경계조건을 도입하고, 그에 대한 베테안싸쯔 방정식을 유도한 다음 연속극한을 취하여 경계가 있는 사인-고든 모형의 비섭동적 결과를 유도하는 방법을 설명한다. 이 장은 참고문헌 [28]을 주로 참조하였다.

제 1 절 경계 베테안싸쯔

격자 모형에 경계가 도입되었을 때를 고려하자. 여섯 꼭지점 모형의 경우 사인-고든 모형의 산란행렬과 동일한 양-박스터 방정식을 만족하므로 삼각함수의 해에 대해서 볼쯔만 가중치는 산란행렬과 비례하였다. 사인-고든 모형에 경계가 도입되면 경계 양-박스터 방정식을 만족하는 경계 산란행렬이라는 새로운 물리량이 나타났듯이 경계가 있는 격자 모형을 정의하기 위해서는 경계 볼쯔만 가중치라는 물리량을 새로 도입해야 하고 이 경계 양-박스터 방정식은 적분 가능성을 위해서 경계 양-박스터 방정식을 만족해야 한다. 따라서 여섯 꼭지점 모형의 경계 볼쯔만 가중치는 사인-고든 모형의 경계 산란행렬 (4.12)에 비례한다. 또 제8장에서처럼 격자 모형은 스핀고리 모형에 연결된다. 여섯 꼭지점 모형은 XXZ 스핀고리 모형이 되는데 여기에 경계가 도입되면 식 (8.5)에 추가로 경계 해밀토니안이 도입되는 형태를 갖는다.

1.1 고정 경계조건

고정(Dirichlet) 경계조건은 경계 산란행렬이 대각 성분만 있는 경우로서 이에 대응하는 경계 해밀토니안은

$$\mathscr{H}_{BXXZ} = \sum_{n=1}^{N-1} \left(\sigma_n^x \sigma_{n+1}^x + \sigma_n^y \sigma_{n+1}^y + \cosh\eta \; \sigma_n^z \sigma_{n+1}^z \right) + h_- \sigma_1^z + h_+ \sigma_N^z$$

가 된다. 경계변수 $h_\pm$는 사인-고든 모형의 고정 경계조건을 주는 경계상수 $\varphi_0^\pm$와 관련된다.

고정 경계조건의 베테안싸쯔 해는 주기적 경계조건과 마찬가지 방법, 즉 대수적 베테안싸쯔 방법으로 유도되었다. 여기서 자세한 유도는 생략하고 그 결과만을 인용한다. 비선형 적분방정식의 유도를 위하여 비균질항 Λ를 도입하면 베테안싸쯔 방정식은

$$\left[e_1(\lambda_j-\Lambda)e_1(\lambda_j+\Lambda)\right]^N e_{H_+}(\lambda_j)e_{H_-}(\lambda_j)=\prod_{k=1,k\neq j}^{M_0} e_2(\lambda_j-\lambda_k)e_2(\lambda_j+\lambda_k) \tag{9.1}$$

가 된다[29]. 함수 $e_n(\lambda)$은 식 (8.10)에서 정의된 바 있고 경계상수 $H_\pm$는 경계 해밀토니안의 상수 $h_\pm$에 의해

$$h_\pm=\sin\mu\cot\left(\frac{\mu}{2}H_\pm\right)$$

로 주어진다.

주기적 경계조건과 다른 점은 경계상수에 관계되는 항 $q_{H_\pm}(\lambda)$가 존재한다는 것과 베테안싸쯔 근들이 $\pm\lambda_k$ 짝으로 존재하여 그 수가 $2M_0$으로 주기적 경계조건에 비해 두 배가 된다는 것이다. 따라서 일반성을 잃지 않고도 $\Re e\ \lambda_k>0$으로 규정할 수 있다. 또 $k\neq j$라는 조건도 이를 없애는 대신 $e_2(2\lambda_j)$로 나누는 것이 편리하다. 이들을 모두 고려하여 베테안싸쯔 방정식을 다시 쓰면

$$\begin{aligned}&\left[e_1(\lambda_j-\Lambda)e_1(\lambda_j+\Lambda)\right]^N e_{H_+}(\lambda_j)e_{H_-}(\lambda_j)e_2(2\lambda_j)\\&=-\prod_{k=1}^{M_0}e_2(\lambda_j-\lambda_k)e_2(\lambda_j+\lambda_k)\end{aligned}$$

가 된다.

이후의 진행방식은 경계가 없는 경우와 동일하다. 먼저 식 (9.1)에 로그를 취하면

$$\begin{aligned}Z_N(\lambda_j)&=2\pi I_j,\qquad I_j=\mathbb{Z}+\frac{1}{2},\\Z_N(\lambda)&=N\left[q_1(\lambda-\Lambda)+q_1(\lambda+\Lambda)\right]+q_{H_+}(\lambda)+q_{H_-}(\lambda)+q_2(2\lambda)\\&\quad-\sum_{k=1}^{M_0}\left[q_2(\lambda-\lambda_k)+q_2(\lambda+\lambda_k)\right]\end{aligned} \tag{9.2}$$

가 된다.

식 (9.2)를 더 간단히 하기 위해 $-\lambda_k \equiv \lambda_{-k}$를 정의하고 편의상 $\lambda_0 = 0$의 항을 더한 후 다시 빼면 이 식의 마지막 항은

$$\sum_{k=1}^{M_0}[q_2(\lambda-\lambda_k)+q_2(\lambda+\lambda_k)] = \sum_{k=-M_0}^{M_0} q_2(\lambda-\lambda_k) - q_2(\lambda)$$

가 된다. 이에 따라

$$\begin{aligned} Z_N(\lambda) &= N[q_1(\lambda-\Lambda)+q_1(\lambda+\Lambda)] + q_{H_+}(\lambda) + q_{H_-}(\lambda) \\ &+ q_2(2\lambda) + q_2(\lambda) - \sum_{k=-M_0}^{M_0} q_2(\lambda-\lambda_k) \end{aligned}$$

로 쓸 수 있다.

이 셈함수는 주기적 경계조건과 마찬가지로 $Z_N(\lambda) = -Z_N(-\lambda)$를 만족한다. 이 함수를 한 번 미분하면

$$\begin{aligned} \frac{1}{2\pi} Z'_N(\lambda) &= N[a_1(\lambda-\Lambda)+a_1(\lambda+\Lambda)] + a_{H_+}(\lambda) + a_{H_-}(\lambda) + a_1(\lambda) \\ &+ b_1(\lambda) + a_2(\lambda) - \sum_{k=1}^{M_0}[a_2(\lambda-\lambda_k)+a_2(\lambda+\lambda_k)] \end{aligned}$$

가 되고, 여기서 $a_n(\lambda)$는 식 (8.16)에서 정의된 바 있고 $b_1(\lambda)$는

$$b_n(\lambda) = \frac{i}{2\pi}\frac{d}{d\lambda}\log\frac{\cosh\mu(\lambda+\frac{in}{2})}{\cosh\mu(\lambda-\frac{in}{2})} = -\frac{\mu}{\pi}\frac{\sin(n\mu)}{\cosh(2\mu\lambda)+\cos(n\mu)}$$

로 정의된다.

1.2 일반적인 경계 XXZ 스핀고리 모형

일반적인 경계조건을 가지면서 적분가능한 스핀고리 모형이 최근 제안된 바 있다[30]. 이 경우 해밀토니안은

$$
\begin{aligned}
\mathscr{H} &= \sum_{n=1}^{N-1}\left(\sigma_n^x\sigma_{n+1}^x+\sigma_n^y\sigma_{n+1}^y+\cosh\eta\;\sigma_n^z\sigma_{n+1}^z\right)+\mathscr{H}_B\\
\mathscr{H}_B &= \sinh\eta\,\big[\coth\alpha_-\tanh\beta_-\sigma_1^z-\coth\alpha_+\tanh\beta_+\sigma_N^z\\
&+ \operatorname{csch}\alpha_-\operatorname{sech}\beta_-\left(\cosh\theta_-\sigma_1^x+i\sinh\theta_-\sigma_1^y\right)\\
&+ \operatorname{csch}\alpha_+\operatorname{sech}\beta_+\left(\cosh\theta_+\sigma_N^x+i\sinh\theta_+\sigma_N^y\right)\big]
\end{aligned}
$$

로 주어진다. 일반적인 비대각적 경계조건의 경우 각 경계 당 세 개씩의 경계 상수들 $\alpha_\pm,\beta_\pm,\theta_\pm$가 도입된다.

이 모형이 베테안싸쯔로 풀리기 위해서는 이들 경계상수들 간에

$$
\alpha_-+\beta_-+\alpha_++\beta_+=\pm(\theta_--\theta_+)+\eta k \tag{9.3}
$$

의 관계식이 성립해야 한다. 여기서 k는 정수로서

$$
M_0=\frac{1}{2}(N-1+k)
$$

로 주어진다.

이 경우 베테안싸쯔 방법에 의해, 에너지는 베테근들 λ_j에 의해

$$
\begin{aligned}
E &= -\frac{2\pi\sin\mu}{\mu}\sum_{j=1}^{N/2}a_1(\lambda_j)+\frac{1}{2}(N-1)\cosh\eta\\
&+ \frac{1}{2}\sinh\eta\,(\coth\alpha_-+\tanh\beta_-+\coth\alpha_++\tanh\beta_+)
\end{aligned} \tag{9.4}
$$

가 되고, 베테근들은 베테안싸쯔 방정식

$$e_1(\lambda_j)^{2N+1}\ g_1(\lambda_j)\frac{e_{2a_--1}(\lambda_j)\ e_{2a_+-1}(\lambda_j)}{g_{1+2ib_-}(\lambda_j)\ g_{1+2ib_+}(\lambda_j)}$$
$$= -\prod_{k=1}^{M_0} e_2(\lambda_j-\lambda_k)\ e_2(\lambda_j+\lambda_k), \qquad j=1,\cdots,M_0 \tag{9.5}$$

로 결정된다. 여기서 g_n은

$$g_n(\lambda)=e_n(\lambda\pm\frac{i\pi}{2\mu})=\frac{\cosh\mu\left(\lambda+\frac{in}{2}\right)}{\cosh\mu\left(\lambda-\frac{in}{2}\right)}$$

으로 정의된다. 고정 경계조건 [?, ?]은 $\beta_\pm\to\pm\infty$의 경우에 해당하고 이 경우 식 (9.3)은 당연히 만족된다.

해밀토니안이 실수값의 고유 에너지를 갖기 위해서는 경계상수들 중 $\alpha_\pm,\theta_\pm$는 허수, $\beta_\pm$는 실수가 되어야 한다. 따라서 다음과 같이 새로운 경계상수들을 정의하는 것이 편리하다.

$$\alpha_\pm=i\mu a_\pm, \qquad \beta_\pm=\mu b_\pm, \qquad \theta_\pm=i\mu c_\pm$$

이제 $a_\pm,b_\pm,c_\pm$는 모두 실수이다. 해밀토니안 (9.3)이 $\alpha_\pm\mapsto\alpha_\pm+2\pi i$의 변환에 대해 불변임을 이용하면 $\alpha_\pm$를

$$-\pi+\frac{\mu}{2}<\Im m\ \alpha_\pm<\pi+\frac{\mu}{2}, \quad \frac{1}{2}-\nu<a_\pm<\frac{1}{2}+\nu \tag{9.6}$$

로 제한할 수 있다. 여기서 $\nu\equiv\frac{\pi}{\mu}>1$로 정의하였다. 새로운 경계상수들로 조건식 (9.3)을 쓰면 실수부와 허수부에 의해

$$a_-+a_+=\pm|c_--c_+|+k, \quad b_-+b_+=0 \tag{9.7}$$

이 된다. 에너지 E는 경계상수들 중 $c_\pm$에 대해서는 차이 $|c_- - c_+|$에만 달려 있다. 이는 경계 해밀토니안이 z-축에 대한 회전을 통해 $c_\pm \mapsto c_\pm$+상수로 변화하기 때문이다. 따라서 두 상수들 중 하나를 소거할 수 있다.

제 2 절 바닥상태

이 모형에서 N이 매우 크다고 가정하면 에너지는 N에 따라 크게 세 항으로 나눌 수 있다. 가장 큰 항은 크기가 N에 비례하는 부피(bulk) 에너지항이고 경계에서의 상호작용과 무관하다. 그 다음으로 큰 항이 경계에 의한 항으로 크기는 N의 0승, 즉 $\mathcal{O}(1)$이다. 그 다음 항은 주기적 경계조건에서 다루었던 카시미어에너지로 크기는 $1/N$에 비례한다. 우선 경계에너지부터 살펴보기로 한다. 이를 위해서 바닥상태만을 고려해도 충분하다. 바닥상태는 $M_0 = N/2$에 의해 주어지므로 $k=1$에 해당한다. 식 (9.6)으로부터 $-2\nu < a_- + a_+ - 1 < 2\nu$가 만족되어야 하므로 조건식 (9.7)로부터 $k=1$은 $|c_- - c_+| < 2\nu$를 의미하는데 이 조건은 $c_\pm$의 주기 $c_\pm \mapsto c_\pm + 2\nu$에 의해 항상 만족됨을 알 수 있다.

2.1 바닥상태의 에너지

먼저 실근들의 밀도를 결정하기 위해서 식 (9.5)에 로그를 취하면

$$Z(\lambda_j) = 2\pi j, \qquad j = 1, \cdots, \frac{N}{2} \tag{9.8}$$

이 되고 셈함수 $Z(\lambda)$는

$$Z(\lambda) \;=\; (2N+1)q_1(\lambda) + r_1(\lambda) + q_{2a_- -1}(\lambda) - r_{1+2ib_-}(\lambda) + q_{2a_+ -1}(\lambda)$$

$$- \ r_{1+2ib_+}(\lambda) - \sum_{k=1}^{\frac{N}{2}} [q_2(\lambda - \lambda_k) + q_2(\lambda + \lambda_k)] \tag{9.9}$$

로 주어진다. 여기서 $q_n(\lambda)$는 (8.14)에서 정의된 바 있고 $r_n(\lambda)$는

$$r_n(\lambda) = i \ln g_n(\lambda)$$

로 정의된다.

실근 $\{\lambda_k\}$와 $\{-\lambda_k\}$들은 항상 짝으로 생기므로 $\{\lambda_k\}$는 양수로 정의할 수 있다. 따라서 $\lambda_{-k} \equiv -\lambda_k$를 정의하면 식 (9.9)의 마지막 항은

$$-\sum_{k=1}^{\frac{N}{2}} [q_2(\lambda - \lambda_k) + q_2(\lambda + \lambda_k)] = - \sum_{k=-\frac{N}{2}}^{\frac{N}{2}} q_2(\lambda - \lambda_k) + q_2(\lambda)$$

로 쓸 수 있다. 밀도 $\rho(\lambda)$는

$$\begin{aligned} \rho(\lambda) \ &= \ 2a_1(\lambda) - \int_{-\infty}^{\infty} d\lambda' \ a_2(\lambda - \lambda') \ \rho(\lambda') + \frac{1}{N} \big[a_1(\lambda) + b_1(\lambda) \\ &+ \ a_2(\lambda) + a_{2a_- -1}(\lambda) - b_{1+2ib_-}(\lambda) + a_{2a_+ -1}(\lambda) - b_{1+2ib_+}(\lambda) \big] \end{aligned} \tag{9.10}$$

를 만족하며 여기서 a_n은 식 (8.16)으로, b_n은

$$b_n(\lambda) = \frac{1}{2\pi} \frac{d}{d\lambda} r_n(\lambda) = -\frac{\mu}{\pi} \frac{\sin(n\mu)}{\cosh(2\mu\lambda) + \cos(n\mu)}$$

로 정의된다. 이 선형 적분방정식 (9.10)은 퓨리에 변환으로 쉽게 풀 수 있다. 그 해는

$$\rho(\lambda) = \frac{1}{\pi} s(\lambda) + \frac{1}{N} R(\lambda) \tag{9.11}$$

로 씌어지고 $s(\lambda)$는 식 (8.25)로, $R(\lambda)$는

$$
\begin{aligned}
R(\lambda) \;=\; & \int_{-\infty}^{\infty} \frac{d\omega}{2\pi}\, e^{-i\omega\lambda} \left\{ \frac{\sinh((\nu-2)\omega/4)\cosh(\nu\omega/4)}{\sinh((\nu-1)\omega/2)\cosh(\omega/2)} \right. \\
& + \frac{\sinh((\nu-2)\omega/2)}{2\sinh((\nu-1)\omega/2)\cosh(\omega/2)} \\
& + s_{+}\frac{\sinh((\nu-|2a_{+}-1|)\omega/2)}{2\sinh((\nu-1)\omega/2)\cosh(\omega/2)} \\
& \left. + \frac{\sinh((1+2ib_{+})\omega/2)}{2\sinh((\nu-1)\omega/2)\cosh(\omega/2)} + (+\leftrightarrow -) \right\} \qquad (9.12)
\end{aligned}
$$

로 주어진다. 여기서 퓨리에 변환 (8.23)과

$$
\hat{b}_n(\omega) = -\frac{\sinh(n\omega/2)}{\sinh(\nu\omega/2)}, \qquad 0 < \Re e\; n < \nu
$$

그리고 $s_{\pm} = \mathrm{sgn}(a_{\pm} - \frac{1}{2})$ 을 이용하였다. 따라서 식 (9.6)에 의해 $|2a_{\pm} - 1| < 2\nu$가 만족된다.

2.2 부피에너지와 경계에너지

실근들의 밀도를 $1/N$ 크기까지 구했으므로 , 식 (9.4)로부터

$$
\begin{aligned}
E \;=\; & -\frac{2\pi\sin\mu}{\mu}\sum_{j=1}^{\frac{N}{2}} a_1(\lambda_j) + \ldots = -\frac{\pi\sin\mu}{\mu}\left[\sum_{j=-\frac{N}{2}}^{\frac{N}{2}} a_1(\lambda_j) - a_1(0)\right] + \ldots \\
=\; & -\frac{\pi\sin\mu}{\mu}\left[N\int_{-\infty}^{\infty} d\lambda\, a_1(\lambda)\,\rho(\lambda) - a_1(0)\right] + \ldots
\end{aligned}
$$

를 얻는다. 여기서 $(\ldots)$는 식 (9.4) 중에서 베테근들에 관계하지 않는 항이다.

이 식에 밀도 (9.11)을 대입하면 바닥상태의 에너지는

$$E = E_{\text{bulk}} + E_{\text{boundary}}$$

로 쓸 수 있다. 첫 항은 N에 비례하는 부피에너지로

$$\begin{aligned} E_{\text{bulk}} &= -\frac{2N\pi\sin\mu}{\mu}\int_{-\infty}^{\infty} d\lambda\, a_1(\lambda)\, s(\lambda) + \frac{1}{2}N\cos\mu \\ &= -N\sin^2\mu\int_{-\infty}^{\infty} d\lambda\, \frac{1}{(\cosh(2\mu\lambda)-\cos\mu)\cosh(\pi\lambda)} + \frac{1}{2}N\cos\mu \end{aligned}$$

가 되고 두 번째 항은 크기가 N^0인 경계에너지로서

$$\begin{aligned} E_{\text{boundary}} = &-\frac{\pi\sin\mu}{\mu}\int_{-\infty}^{\infty} d\lambda\, a_1(\lambda)\,[R(\lambda)-\delta(\lambda)] - \frac{1}{2}\cos\mu \\ &+ \frac{1}{2}\sin\mu\,(\cot\mu a_- + i\tanh\mu b_- + \cot\mu a_+ + i\tanh\mu b_+) \end{aligned} \tag{9.13}$$

로 주어진다. 여기서 $R(\lambda)$는 식 (9.12)로 정의된다. 또 경계상수들은 $k=1$일 때의 조건식 (9.7)을 만족하여야 한다.

경계에너지 (9.13)이 양쪽 경계의 값들을 각각 더한 것이므로 각 경계에서의 에너지는

$$\begin{aligned} E^{\pm}_{\text{boundary}} &= -\frac{\sin\mu}{2\mu}\int_{-\infty}^{\infty} d\omega\, \frac{1}{2\cosh(\omega/2)}\left\{\frac{\sinh((\nu-2)\omega/4)}{2\sinh(\nu\omega/4)} - \frac{1}{2}\right. \\ &+ \left. s_{\pm}\frac{\sinh((\nu-|2a_{\pm}-1|)\omega/2)}{2\sinh((\nu-1)\omega/2)\cosh(\omega/2)} + \frac{\sinh(\omega/2)\cos(b_{\pm}\omega)}{\sinh(\nu\omega/2)}\right\} \\ &+ \frac{1}{2}\sin\mu\cot\mu a_{\pm} - \frac{1}{4}\cos\mu \end{aligned}$$

로 주어짐을 알 수 있다.

2.3 경계상수들 간의 관계식

주기적 경계조건일 때와 마찬가지로 경계가 있는 사인-고든 모형과 관련을 맺기 위해서는 먼저 비균질성을 도입한 후 연속극한을 취해야 한다. 식 (8.36)과 같이 $N \to \infty$일 때

$$R = Na\,, \qquad M = \frac{2}{a} e^{-\pi\Lambda}$$

를 정의한다. 여기서 M은 솔리톤의 질량이 됨을 보인 바 있다.

주기적 경계조건과 마찬가지로 비균질 경계 XXZ 스핀고리 모형에 연속극한을 취하면 경계가 있는 사인-고든 모형이 되어야 한다. 경계 사인-고든 모형은 식 (4.9)에 주어진 경계 라그랑지안을 갖는데 지금 우리가 다루는 것은 두 개의 경계가 있는 경우이므로 $B_+ + B_-$가 된다.

$$B_\pm(\varphi, \frac{d\varphi}{dy}) = \mu_\pm \cos(\frac{\beta}{2}(\varphi - \varphi_0^\pm)) \pm \frac{\pi\gamma_\pm}{\beta}\frac{d\varphi}{dy} \tag{9.14}$$

여기에 도입된 경계상수들은 격자 모형의 그것들과 관련을 지어야 한다. 우선 결합상수는 $\beta^2 = 8(\pi - \mu) = 8\pi(\nu - 1)/\nu$가 됨은 제8장에서 입증한 바 있다.

비균질 격자의 경우 셈함수는 식 (9.8)과 같이

$$\begin{aligned} Z(\lambda) &= N\left[q_1(\lambda+\Lambda) + q_1(\lambda-\Lambda)\right] + q_1(\lambda) + r_1(\lambda) + q_{2a_- -1}(\lambda) \\ &- r_{1+2ib_-}(\lambda) + q_{2a_+ -1}(\lambda) - r_{1+2ib_+}(\lambda) \\ &- \sum_{k=1}^{\frac{N}{2}} \left[q_2(\lambda-\lambda_k) + q_2(\lambda+\lambda_k)\right] \end{aligned} \tag{9.15}$$

로 주어진다.

또 식 (9.11)처럼 바닥상태의 밀도를 $1/N$항까지 계산하면

$$\rho(\lambda) = s(\lambda+\Lambda) + s(\lambda-\Lambda) + \frac{1}{N}R(\lambda) \tag{9.16}$$

이 된다. 여기서 $s(\lambda)$와 $R(\lambda)$는 식 (9.12)에 정의된 바 있다. 또 에너지도

$$\begin{aligned} E &= -\frac{1}{a}\sum_{j=1}^{\frac{N}{2}}\left[a_1(\lambda_j+\Lambda)+a_1(\lambda_j-\Lambda)\right] \\ &= -\frac{1}{a}\left\{N\int_{-\infty}^{\infty} d\lambda\, a_1(\Lambda-\lambda)\rho(\lambda) - a_1(\Lambda)\right\} \end{aligned}$$

가 되므로 여기에 (9.16)을 대입하여 N과 N^0에 비례하는 항들을 쓰면

$$E = E_{\text{bulk}} + E_{\text{boundary}}$$

가 되고 여기서

$$\begin{aligned} E_{\text{bulk}} &= -\frac{N}{a}\int_{-\infty}^{\infty} d\lambda\, a_1(\Lambda-\lambda)\left[s(\lambda+\Lambda)+s(\lambda-\Lambda)\right] \\ &= -\frac{N}{a}\int_{-\infty}^{\infty}\frac{d\omega}{2\pi}\frac{\cos^2(\omega\Lambda)\ \sinh((\nu-1)\omega/2)}{\sinh(\nu\omega/2)\cosh(\omega/2)}, \\ E_{\text{boundary}} &= -\frac{1}{a}\int_{-\infty}^{\infty} d\lambda\, a_1(\Lambda-\lambda)\left[R(\lambda)-\delta(\lambda)\right] \\ &= -\frac{1}{a}\int_{-\infty}^{\infty}\frac{d\omega}{2\pi}\frac{\cos(\omega\Lambda)\ \sinh((\nu-1)\omega/2)}{\sinh(\nu\omega/2)}\left[\hat{R}(\omega)-1\right] \end{aligned}$$

이 된다.

이 식들에 연속극한을 취하면

$$E_{\text{bulk}} = \frac{1}{4}M^2 R\cot(\nu\pi/2) \tag{9.17}$$

$$
\begin{aligned}
E_{\text{boundary}} &= -\frac{M}{2}\left[-\cot(\nu\pi/4)-1+\frac{\cos((\nu-2s_+a_+)\pi/2)}{\sin(\nu\pi/2)}\right. \\
&\quad \left.+\frac{\cosh(\pi b_+)}{\sin(\nu\pi/2)}+(+\leftrightarrow -)\right] \qquad (9.18)
\end{aligned}
$$

를 유도할 수 있다. 식 (9.17)에서 구한 부피에너지 E_{bulk}는 $\nu = 1 + 1/\lambda$을 이용하면 열역학적 베테안싸쯔에서 유도한 결과 (5.72)와 동일함을 알 수 있다. 사인-고든 모형의 경계에너지를 식 (9.18)과 비교하면 경계상수들을 연결할 수 있다. 경계 열역학적 베테안싸쯔로부터 유도한 경계에너지

$$
\begin{aligned}
E(\eta,\vartheta) &= -\frac{M}{2\cos(\pi/(2\lambda))}\left[-\frac{1}{2}\cos(\pi/(2\lambda))+\frac{1}{2}\sin(\pi/(2\lambda))\right. \\
&\quad \left.-\ \frac{1}{2}+\cos(\eta/\lambda)+\cosh(\vartheta/\lambda)\right]
\end{aligned}
$$

와 비교함으로써 격자 모형과 사인-고든 모형의 경계상수들 간의 관계식

$$
\begin{aligned}
\eta_\pm &= (1+\lambda-2\lambda a_\pm)\frac{\pi}{2}=(\lambda+1)(\frac{\pi}{2}+i\alpha_\pm), \\
\vartheta_\pm &= \lambda\pi b_\pm=(\lambda+1)\beta_\pm \qquad (9.19)
\end{aligned}
$$

를 유도할 수 있다.

또 경계 산란행렬과 경계 라그랑지안의 경계상수들 사이의 관계식[17)]

$$
\cos\left(\frac{\beta^2}{8\pi}(\eta_\pm+i\vartheta_\pm)\right)=\frac{\mu_\pm}{\mu_c}e^{-\frac{i}{2}\beta\varphi_0^\pm}, \quad \mu_c=\sqrt{\frac{2\mu_{\text{bulk}}}{\sin\left(\frac{\beta^2}{8}\right)}}
$$

로부터 격자 경계상수들과 사인-고든 모형 경계 라그랑지안 상수들 간의 관계

17) 라그랑지안의 정의가 약간 다르기 때문에 식 (7.44)와 약간의 차이가 있다.

는

$$\begin{aligned}\sinh(\alpha_\pm+\beta_\pm) &= i\frac{\mu_\pm}{\mu_c}e^{-\frac{i}{2}\beta\varphi_0^\pm}\,,\\ \sinh(\alpha_\pm-\beta_\pm) &= i\frac{\mu_\pm}{\mu_c}e^{+\frac{i}{2}\beta\varphi_0^\pm}\end{aligned} \tag{9.20}$$

가 된다. 또 다른 경계상수 $\theta_\pm$는 식 (9.14)의 $\gamma_\pm$와 관련되는데 이는 뒤에서 설명하기로 한다.

특별한 경우로 고정 경계조건 $\beta_\pm \to \pm\infty$를 살펴보자. 식 (9.20)에 이를 적용하면

$$\frac{4\pi}{\beta}\varphi_0^\pm = \left(\frac{\nu-2a_\pm}{\nu-1}\right)\frac{\pi}{2} = (1+\lambda-2\lambda a_\pm)\frac{\pi}{2} \tag{9.21}$$

를 얻는다. 한편 경계 산란행렬을 표시하는 두 종류의 경계상수들 간의 관계식 (4.29)에 고정 경계조건 $k_\pm \to 0$을 적용하면 $\xi_\pm = \eta_\pm$를 얻을 수 있다. 여기에 식 (9.19)를 대입하면

$$\xi_\pm = \left(\frac{\nu-2a_\pm}{\nu-1}\right)\frac{\pi}{2} = (1+\lambda-2\lambda a_\pm)\frac{\pi}{2}$$

를 얻을 수 있다. 이 식을 (9.21)과 비교하면 $\xi_\pm = \frac{4\pi}{\beta}\varphi_0^\pm$가 되고 이는 식 (4.33)과 동일함을 알 수 있다.

2.4 경계상수 $\varkappa_\pm$

주기성

경계상수 $\varkappa_\pm$는 $\beta/2$의 주기를 가짐을 보기 위해 경로적분 $\int \mathscr{D}\varphi\ e^{-\mathscr{A}_E}$을 고려하자. 여기서 $\mathscr{A}_E$은 유클리드 공간에서 정의된 작용량으로 경계가 없는 사인-고든 모형의 작용량에 경계 라그랑지안 (9.14)의 시간에 대한 적분이 더해

진 형태이다. 따라서 경계에 의해 생기는 항은

$$e^{-i(x_+\Delta\varphi(x_+)-x_-\Delta\varphi(x_-))} \tag{9.22}$$

가 되고 여기서

$$\Delta\varphi(x) \equiv \int_{-\infty}^{\infty} dy\ \partial_y \varphi(x,y) = \varphi(x,y=\infty) - \varphi(x,y=-\infty)$$

로 주어진다. 한편 경계 사인-고든 모형의 양자장은

$$\varphi(x,y) \mapsto \varphi(x,y) + \frac{4\pi}{\beta} \tag{9.23}$$

의 주기성을 가진다. 따라서 y(시간) 방향으로 주기조건을 부여하여 $\varphi(x,y=\infty)$와 $\varphi(x,y=-\infty)$가 동일한 양자장이 되기 위해서는

$$\Delta\varphi(x_\pm) = \frac{4\pi}{\beta} n_\pm$$

를 만족해야 한다. 이를 식 (9.22)에 대입하면

$$e^{-\frac{4\pi i}{\beta}(x_+ n_+ - x_- n_-)}$$

가 되고 이로부터

$$x_\pm \mapsto x_\pm + \frac{\beta}{2} \tag{9.24}$$

를 얻을 수 있다.

경계를 가진 자유보존 등각장론

UV극한에서 사인-고든 모형과 경계 라그랑지안 (9.14)는 경계를 가진 $c = 1$ 자유보존 등각장론이 된다.

$$L_M = \int_{x_-}^{x_+} dx\ \frac{1}{2}\left((\partial_t \varphi)^2 - (\partial_x \varphi)^2\right) - \varkappa_+ \partial_t \varphi(x_+) + \varkappa_- \partial_t \varphi(x_-)$$

변분을 취해 운동방정식을 유도하면

$$\left(\partial_t^2 - \partial_x^2\right) \varphi(x,t) = 0, \qquad \partial_x \varphi(x,t)|_{x=x_\pm} = 0$$

이 된다. 경계 라그랑지안의 $\partial_t \varphi$항은 '가장자리(marginal) 작용자'이므로 운동방정식과 중심전하에 영향을 미치지는 않지만 등각 차원들에 영향을 주게 된다. 이를 보이기 위해 정준(canonical) 양자화를 도입한다. 먼저 운동량 작용자 Π

$$\Pi = \frac{\delta \mathscr{L}}{\delta(\partial_t \varphi)} = \partial_t \varphi - \varkappa_+ \delta(x - x_+) + \varkappa_- \delta(x - x_-) \tag{9.25}$$

를 도입하면 양자장은

$$\varphi(x,t) = \varphi_0 + \pi_0 \frac{t}{L} + \frac{i}{\sqrt{\pi}} \sum_{n \neq 0} \frac{1}{n} \alpha_n \cos \frac{\pi n(x - x_-)}{L} e^{-i\pi n t/L} \tag{9.26}$$

로 전개할 수 있다. 여기서 $L = x_+ - x_-$이다. 운동량 작용자 Π는 식 (9.26)을 (9.25)에 대입하면 된다. 이로부터 운동량 제로 모드 Π_0는

$$\Pi_0 = \int_{x_-}^{x_+} dx\ \Pi(x,t) = \pi_0 - \varkappa_+ + \varkappa_- \tag{9.27}$$

를 만족함을 알 수 있다.

같은 시간에 정의되는 교환관계식

$$[\Pi(x,t),\varphi(x',t)] = -i\delta(x-x')$$
$$[\Pi(x,t),\Pi(x',t)] = [\varphi(x,t),\varphi(x',t)] = 0$$

으로부터

$$[\alpha_n,\alpha_m] = n\delta_{n+m,0}, \qquad [\Pi_0,\varphi_0] = -i$$

를 유도할 수 있다.

해밀토니안은

$$H = \int_{x_-}^{x_+} dx\ \mathscr{H}, \qquad \mathscr{H} = \Pi\ \partial_t\varphi - \mathscr{L}$$

로 정의되므로 여기에 모드전개를 대입하면

$$H = \frac{1}{2L}\pi_0^2 + \text{ modes} \tag{9.28}$$

가 된다. 여기서 "modes"는 α_n들로 주어진다. 이 등각장론의 일차장들과 이들로부터 파생하는 이차장들은 해밀토니안의 고유 벡터들이 된다. 이차장들은 음의 모드 α_{-n}들이 폭(Fock) 진공상태에 곱해져서 얻어지므로 일차장은 제로 모드의 파동함수에 의해 결정된다. 이 파동함수는

$$\Psi(\varphi_0) = e^{i\Pi_0\varphi_0}$$

가 되므로 만약 보존이 반지름 r인 원에서만 정의되면, 다시 말해 보존장이

$$\varphi(x,t) \mapsto \varphi(x,t) + 2\pi r$$

의 주기성을 가진다면, $\Psi(\varphi_0) = \Psi(\varphi_0 + 2\pi r)$을 만족하기 위해 운동량 제로 모드는 양자화되어야 한다.

$$\Pi_0 = \frac{n}{r}, \qquad n \in \mathbb{Z} \tag{9.29}$$

경계가 있는 사인-고든 모형은 $r = 2/\beta$가 되므로 이 주기성은 UV극한에서도 그대로 유지된다.

식 (9.27), (9.28) 그리고 (9.29)로부터 에너지 고유값은

$$E_{0,n} = \frac{1}{2L}\left(\frac{n}{r} + x_+ - x_-\right)^2$$

을 유도할 수 있다. 에너지를 등각장론과 비교하면

$$E_{0,n} = -\frac{\pi}{24L}(c_{\text{eff}} - 1) = \frac{\pi}{L}\Delta_n$$

으로부터 등각장론의 차원

$$\begin{aligned}\Delta_n &= \frac{1}{2\pi}\left(\frac{n\beta}{2} + x_+ - x_-\right)^2 \\ &= \frac{1}{4\nu(\nu-1)}\left[2n(\nu-1) + \frac{4}{\beta}(\nu-1)(x_+ - x_-)\right]^2\end{aligned} \tag{9.30}$$

을 유도할 수 있다. 이 결과는 $x_\pm$의 주기성 (9.24)와 일치함을 알 수 있다.

경계 산란행렬

제4장에서 설명한 바와 같이 경계상수 $x_\pm$때문에 사인-고든 모형의 경계 산란행렬 중 비대각 성분 $Q_\pm$ (4.20–4.23)에 $e^{\pm i\gamma_\pm}$를 곱해야 한다. $x_\pm$와 $\gamma_\pm$의 관계식을 유도하기 위해서 한쪽의 경계만을 고려하기로 한다. $x_- = -\infty$와

$x_+ = 0$로 주어지는 반쪽 민코프스키 공간에서 라그랑지안은

$$L_M = L_M(x_+ = 0) - x_+ \partial_t \varphi(x = 0)$$

으로 쓸 수 있다.

입자들의 산란진폭을 경로적분으로 나타내면

$$\begin{aligned}&\int \mathscr{D}\varphi \ \exp\left(i\int_{-\infty}^{\infty} dt \ L_M\right)\\&= e^{-ix_+\Delta\varphi}\int \mathscr{D}\varphi \ \exp\left(i\int_{-\infty}^{\infty} dt \ L_M(x_+ = 0)\right)\end{aligned}$$

으로서

$$\Delta\varphi = \varphi(x = 0, t = \infty) - \varphi(x = 0, t = -\infty)$$

로 주어진다. 이를 구체적으로 나타내기 위해 우선 $\varphi(x = -\infty) = 0$으로 고정한다. 솔리톤이 경계와 산란하여 다시 솔리톤이 되는 성분 P_+는

$$\varphi(x = 0, t = \mp\infty) = \frac{2\pi}{\beta} \qquad \Rightarrow \qquad \Delta\varphi = 0$$

이기 때문에 산란진폭은 x_+에 무관하다. 비슷하게 반솔리톤도 마찬가지가 된다. 그러나 솔리톤이 산란하여 반솔리톤이 되는 경우에는

$$\varphi(x = 0, t = \mp\infty) = \pm\frac{2\pi}{\beta} \qquad \Rightarrow \qquad \Delta\varphi = -\frac{4\pi}{\beta}$$

를 만족하므로 경계 산란진폭이

$$\exp\left(i\frac{4\pi}{\beta}x_+\right)$$

를 갖는다(반솔리톤이 솔리톤이 되는 경우는 이것의 복소짝이 된다). 이로부터

$$\gamma_{\pm} = \frac{4\pi}{\beta}\varkappa_{\pm} \tag{9.31}$$

를 유도할 수 있다.

2.5 비선형 적분방정식과 카시미어에너지

비균질 격자에서 구한 셈함수에 연속극한을 취해 비선형 적분방정식를 유도하는 방식은 제8장에서 자세히 유도한 주기적 경계조건과 같다. 이를 그대로 식 (9.15)에 적용하면 우선

$$\begin{aligned}\frac{d}{d\lambda}Z(\lambda) &= N\left[s(\lambda+\Lambda)+s(\lambda-\Lambda)\right]+2\pi R(\lambda)\\ &\quad -\int_{-\infty}^{\infty}\frac{d\lambda'}{i}G(\lambda-\lambda'+i\epsilon)\frac{d}{d\lambda'}\ln(1-e^{-iZ(\lambda'-i\epsilon)})\\ &\quad +\int_{-\infty}^{\infty}\frac{d\lambda'}{i}G(\lambda-\lambda'-i\epsilon)\frac{d}{d\lambda'}\ln(1-e^{iZ(\lambda'+i\epsilon)})\end{aligned}$$

을 유도할 수 있고 여기에 연속극한을 취하면

$$\begin{aligned}Z(\theta) &= 2MR\sinh\theta+P_{\text{bdry}}(\theta)\\ &\quad +\frac{2}{\pi}\Im m\int_{-\infty}^{\infty}d\theta'\;G(\theta-\theta'-i\epsilon)\;\ln(1-e^{iZ(\theta'+i\epsilon)})\end{aligned} \tag{9.32}$$

을 유도할 수 있다. 여기서 $s(\lambda)$와 $G(\lambda)$는 식 (8.25)와 (8.26)에 정의된 바 있고 연속극한에서 $\theta\equiv\pi\lambda$로 변수 변환을 한 것도 제8장과 같다. 주기적 비선형 적분방정식과 가장 큰 차이점은 $P_{\text{bdry}}(\theta)$항의 존재인데 이는 경계상수들에

의해 결정되며 식 (9.12)에서 정의된 $R(\lambda)$와

$$P'_{\rm bdry}(\theta) = 2R(\theta)$$

를 만족한다. 또 카시미어에너지는

$$E_{\rm Casimir} = -\frac{M}{2\pi}\Im m \int_{-\infty}^{\infty} d\theta\ \sinh(\theta + i\epsilon)\ln(1 - e^{iZ(\theta+i\epsilon)}) \qquad (9.33)$$

이 된다.

제 3 절 들뜬상태[18)]

3.1 비선형 적분방정식와 카시미어에너지

제8장에서 설명한 것처럼 들뜬상태에 대한 경계 비선형 적분방정식은 식 (9.32)에 복소근들과 구멍들에 의한 항을 더해주면 된다. 경계가 있을 경우 베테근들은 항상 짝$(\lambda_k, -\lambda_k)$으로 존재하므로 비선형 적분방정식은

$$\begin{aligned} Z(\theta) &= 2MR\sinh\theta + g(\theta) + P_{bdry}(\theta) \\ &+ \frac{2}{\pi}\Im m\int_{-\infty}^{\infty} d\theta'\ G(\theta - \theta' - i\epsilon)\ \ln(1 - e^{iZ(\theta'+i\epsilon)}) \end{aligned} \qquad (9.34)$$

이 된다. 보통 소스(source)항이라고 불리는 $g(\theta)$는 베테근들에 의해 결정되는데 여기서는 구멍들만 고려하기로 한다. 이 경우 소스항은

$$g(\theta) = \sum_{j=1}^{N_H}\left[\chi(\theta - \theta_j^H) + \chi(\theta + \theta_j^H)\right]$$

18) 이 절은 참고문헌 [31]을 주로 참조하였다.

로 주어지고 $\chi(\theta)$는 식 (8.28)에서 정의하였다. 구멍들의 위치는 베테 방정식

$$Z(\theta_j^H) = 2\pi I_j^H, \qquad j = 1, \ldots, N_H$$

로 결정된다. 여기서 I_j^H는 양의 정수로 정의된다. $I_j = 0$은 $\theta_j = 0$을 주는데 이는 근이 될 수 없기 때문이다.

카시미어에너지는 식 (9.33)에 베테근의 에너지를 더한

$$\begin{aligned} E_{\text{Casimir}} &= M \sum_{j=1}^{N_H} \cosh \theta_j^H \\ &- \frac{M}{2\pi} \int_{-\infty}^{\infty} d\theta \, \Im m \, \sinh(\theta + i\epsilon) \ln(1 - e^{f^{(+)}(\theta + i\epsilon)}) \end{aligned} \tag{9.35}$$

이 된다.

3.2 UV극한

UV극한 $MR \to 0$은 제8장과 똑같은 방법으로 계산할 수 있다. 이를 통해 계산된 등각 차원은

$$\begin{aligned} \Delta_n &= \frac{1}{4\nu(\nu-1)} \left\{ \nu \left[\frac{1}{2}(s_+ + s_-) + N_H^0 - N_H^\infty - 2N_S^0 + 2N_S^\infty \right] \right. \\ &- \left. \left(k - 1 + 2N_H^0 - 4N_S^0 \right) \mp |c_- - c_+| \right\}^2 \\ &+ \sum_{j=1}^{N_H^\infty} I_j^{H\,\infty} - 2 \sum_{j=1}^{N_S^\infty} I_j^{S\,\infty} - \frac{1}{2}(N_H^\infty - 2N_S^\infty)(N_H^\infty - 2N_S^\infty + 1) \end{aligned}$$

로 등각장론으로 계산한 식 (9.30)과 정확히 일치한다. 여기서 격자 모형과 경계 사인-고든 모형의 상수들의 관계식

$$c_\pm = \frac{4}{\beta}(\nu-1)\varkappa_\pm$$

를 유도할 수 있다. 또 정수는

$$\frac{1}{2}(s_+ + s_-) + N_H^0 - N_H^\infty = k - 1 + 2N_H^0 = 2n$$

을 만족한다. N_H^0는 UV극한에서도 크기가 커지지 않는 구멍들의 개수, N_H^∞는 발산하는 구멍들의 개수를 나타낸다.

3.3 IR극한

구멍이 한 개 있는 경우 IR극한 $mR \to \infty$를 고려해보자. 비선형 적분방정식 (9.34)와 에너지 (9.36)에서 적분항은 매우 작아지므로 무시하면

$$Z(\theta) = 2MR\sinh\theta + P_{\text{bdry}}(\theta) + \chi(\theta-\theta_H) + \chi(\theta+\theta_H)$$

이 된다. 구멍에 대한 베테 방정식 $e^{iZ(\theta_H)} = 1$은

$$e^{2iMR\sinh\theta_H} e^{i\left(P_{bdry}(\theta_H) + \chi(2\theta_H)\right)} = 1 \tag{9.36}$$

이 된다.

이 식은 솔리톤 한 개가 매우 긴 길이를 가진 상자에 들어가 있는 상태를 기술해야 한다. 이 입자는 혼자 존재하므로 주기적 경계조건은 경계에서의 산란으로만 결정된다. 이를 식으로 나타내면

$$\begin{aligned} &e^{2iMR\sinh\theta_H} R(\theta_H;\eta_+,\vartheta_+,\gamma_+)R(\theta_H;\eta_-,\vartheta_-,\gamma_-)|\theta_H,(\pm)\rangle \\ &= |\theta_H,(\pm)\rangle \end{aligned} \tag{9.37}$$

가 되며 $R(\theta;\eta_\pm,\vartheta_\pm,\gamma_\pm)$는 식 (4.12)로 주어지고 여기에 식 (9.31)로 정의된 $e^{\pm i\gamma_\pm}$를 $Q_\pm$에 곱하면 된다.

식 (9.37)은 행렬식이다. 이를 식 (9.36)과 비교하기 위해서는 이 행렬식의 고유값을 계산해야 한다. 이를 계산하면 상당히 복잡하지만 만약 양쪽 경계 상수들 사이의 조건식들이 만족되면 놀랍게도 이 식들이 간단해져서 정확히 (9.36)과 일치함을 보일 수 있다. 이 결과는 경계가 있는 비선형 적분방정식이 경계 사인-고든 모형을 기술할 수 있음을 확인해주는 것이다.

참고문헌

[1] C. Itzykson and J.-B. Zuber, Quantum Field Theory, McGraw Hill.

[2] M. E. Peskin and R. Schroeder, Introduction to Quantum Field Theory, Addison-Wesley.

[3] F. Dashen, B. Hasslacher and A. Neveu, Phys. Rev. D11 (1975) 3424.

[4] S. Coleman, Phys. Rev. D11 (1975) 2088.

[5] B. Klaiber, Lectures in Theoretical Physics, lectures at the Summer Institute for Theoretical Physics, Univ. of Colorado, Boulder, 1967.

[6] S. Mandelstam, Phys. Rev. D11 (1975) 3026.

[7] A. B. Zamolodchikov and Al. B. Zamolodchikov, Ann. Phys. 120 (1979) 253.

[8] V. E. Korepin and L. D. Faddeev, Teor. Mat. Fiz. 25 (1975) 147.

[9] L. Faddeev, *Lecture in Les Houches, Session XXXIX, 1982.*

[10] A. A. Belavin and V. G. Drinfeld, Funct. Anal. and Appl. 16 (1982) 159.

[11] M. Jimbo, Lett. in Math. Phys. 10 (1985) 63.

[12] D. Bernard and A. LeClair, Commun. Math. Phys. 142 (1991) 99.

[13] M. Lüscher, Nucl. Phys. B135 (1978) 1.

[14] Al. B. Zamolodchikov, Int. J. of Mod. Phys. A10 (1995) 1125.

[15] S. Ghoshal and A. B. Zamolodchikov, Int. J. Mod. Phys. *A9* (1994) 3841.

[16] P. Mattsson and P. Dorey, J. Phys. A33 (2000) 9065.

[17] Z. Bajnok, L. Palla, G. Tak₩'acs, and G.Zs. Tóth, Nucl. Phys. B622 (2002) 548.

[18] Al. B. Zamolodchikov, Nucl. Phys. B342 (1991) 695.

[19] A. LeClair, G. Mussardo, H. Saleur and S. Skorik, Nucl. Phys. *B453* (1995) 581.

[20] N. Kitanine, J. M. Maillet, and V. Terras, Nucl. Phys. B554 (1999) 647.

[21] A. B. Zamolodchikov and Al. B. Zamolodchikov, Nucl. Phys. B477 (1996) 577; J. Teschner, Phys. Lett. B363 (1995) 65.

[22] S. Lukyanov and A. B. Zamolodchikov, Nucl. Phys. B493 (1997) 571.

[23] V. Fateev, A. B. Zamolodchikov and Al. B. Zamolodchikov, hep-th/0001012 (2000).

[24] V. Fateev, S. Lukyanov, A. B. Zamolodchikov and Al. B. Zamolodchikov, Phys. Lett. B405 (1997) 83.

[25] M. Karowski and P.H. Weisz, Nucl. Phys. B139 (1978) 455; M. Karowski, Phys. Rep. 49 (1979) 229.

[26] A. B. Zamolodchikov, Sov. J. Nucl. Phys. 46 (1987) 1090.

[27] G. Feverati, Ph.D. Thesis to Univ. of Bologna, hep-th/0001172 (2000).

[28] C. Ahn and R. Nepomechie, Nucl. Phys. B241 (1984) 333.

[29] E. K. Sklyanin, J. Phys. *A21* (1988) 2375.

[30] R. I. Nepomechie, J. Stat. Phys. *111* (2003) 1363; J. Cao, H.-Q. Lin, K.-J. Shi, Y. Wang, cond-mat/0212163 (2002).

[31] C. Ahn, Z. Bajnok, R. Nepomechie, L. Palla, G. Takacs, Nucl. Phys. B714 (2005) 307.

찾아보기

ㄱ

ㄷ

ㄹ

ㅁ

ㅂ

ㅅ

양자 사인-고든 모형

Quantum Sine-Gordon Model

지은이 | 안창림
펴낸날 | 2006년 1월 31일
펴낸이 | 김용숙
펴낸곳 | 이화여자대학교출판부
주　소 | 서울시 서대문구 대현동 11-1 (우 120-750)
등　록 | 1954년 7월 6일 제9-61호
전　화 | 편집부 02) 3277-3163, 3277-3242,
영업부 02) 3277-3164, 362-6076
팩　스 | 02) 312-4312
E-mail | press@ewha.ac.kr
인터넷서점 | http://www.ewhapress.com
편집책임 | 이혜지
디자인 · 제작 | 이환기획
TEX 편집 | 김강수

값 25,000원

© 안창림, 2006
ISBN 89-7300-668-1 93420

*잘못된 책은 바꾸어 드립니다.